Technik im Fokus

Weitere Bände zur Reihe finden Sie unter
http://www.springer.com/series/8887.

Klaus Mainzer

Künstliche Intelligenz – Wann übernehmen die Maschinen?

2., erweiterte Auflage

 Springer

Prof. em. Dr. Klaus Mainzer,
Emeritus of Excellence
Technische Universität München
München, Deutschland

„Konzeption der Energie-Bände in der Reihe Technik im Fokus: Prof. Dr.-Ing. Viktor Wesselak, Institut für Regenerative Energiesysteme, Hochschule Nordhausen"

ISSN 2194-0770   ISSN 2194-0789 (electronic)
Technik im Fokus
ISBN 978-3-662-58045-5   ISBN 978-3-662-58046-2 (eBook)
https://doi.org/10.1007/978-3-662-58046-2

Die Deutsche Nationalbibliothek verzeichnet diese Publikation in der Deutschen Nationalbibliografie; detaillierte bibliografische Daten sind im Internet über http://dnb.d-nb.de abrufbar.

Springer ist ein Imprint der eingetragenen Gesellschaft Springer-Verlag GmbH, DE und ist ein Teil von Springer Nature.
Die Anschrift der Gesellschaft ist: Heidelberger Platz 3, 14197 Berlin, Germany

Vorwort zur 2. Auflage

In der 2. Auflage wird auch das Thema Künstliche Intelligenz und Quantum Computing (Abschn. 10.3) berücksichtigt, nachdem diese Technologie absehbar ist. Neben der Innovation von Künstlicher Intelligenz rücken die Herausforderungen von Sicherheit und Verantwortung in den Vordergrund. Sie werden in der 2. Auflage durch die zusätzlichen Kap. 11 und 12 berücksichtigt: Im Machine Learning benötigen wir mehr Erklärung und Zurechnung von Ursachen und Wirkungen, um ethische und rechtliche Fragen der Verantwortung (z. B. beim autonomen Fahren oder in der Medizin) entscheiden zu können. Zudem ist Künstliche Intelligenz bereits eine Schlüsseltechnologie, die den globalen Wettstreit der Gesellschaftssysteme entscheiden wird. Wie sollen wir unsere individuellen Freiheitsrechte in der KI-Welt behaupten? Europa wird sich nicht nur als technischer KI-Standort, sondern auch mit seinem moralischen Wertesystem positionieren müssen.

München   Klaus Mainzer
im August 2018

Vorwort

Künstliche Intelligenz beherrscht längst unser Leben, ohne dass es vielen bewusst ist. Smartphones, die mit uns sprechen, Armbanduhren, die unsere Gesundheitsdaten aufzeichnen, Arbeitsabläufe, die sich automatisch organisieren, Autos, Flugzeuge und Drohnen, die sich selbst steuern, Verkehrs- und Energiesysteme mit autonomer Logistik oder Roboter, die ferne Planeten erkunden, sind technische Beispiele einer vernetzten Welt intelligenter Systeme. Sie zeigen uns, wie unser Alltag von KI-Funktionen bestimmt ist.

Auch biologische Organismen sind Beispiele von intelligenten Systemen, die wie der Mensch in der Evolution entstanden und mehr oder weniger selbstständig Probleme effizient lösen können. Gelegentlich ist die Natur Vorbild für technische Entwicklungen. Häufig finden Informatik und Ingenieurwissenschaften jedoch Lösungen, die anders und sogar besser und effizienter sind als in der Natur. Es gibt also nicht „die" Intelligenz, sondern Grade effizienter und automatisierter Problemlösungen, die von technischen oder natürlichen Systemen realisiert werden können.

Dahinter steht die Welt lernfähiger Algorithmen, die mit exponentiell wachsender Rechenkapazität (nach dem Mooreschen Gesetz) immer leistungsfähiger werden. Sie steuern die Prozesse einer vernetzten Welt im Internet der Dinge. Ohne sie wäre die Datenflut nicht zu bewältigen, die durch Milliarden von Sensoren und vernetzten Geräten erzeugt werden. Auch Forschung und Medizin benutzen zunehmend intelligente Algorithmen, um in einer wachsenden Flut von Messdaten neue Gesetze und Erkenntnisse zu entdecken.

Seit ihrer Entstehung ist die KI-Forschung mit großen Visionen über die Zukunft der Menschheit verbunden. Löst die „künstliche Intelligenz" den Menschen ab? Einige sprechen bereits von einer kommenden „Superintelligenz", die Ängste und Hoffnungen auslöst. Dieses Buch ist ein Plädoyer für Technikgestaltung: KI muss sich als Dienstleistung in der Gesellschaft bewähren.

Seit meinem Studium war ich von den Algorithmen fasziniert, die künstliche Intelligenz erst möglich machen. Man muss ihre Grundlagen kennen, um ihre Leistungen und Grenzen abschätzen zu können. Erstaunlicherweise, das ist eine wesentliche Einsicht dieses Buchs, ändern noch so schnelle Supercomputer nichts an den logisch-mathematischen Grundlagen, die von menschlicher Intelligenz bewiesen wurden. Erst auf der Grundlage dieses Wissens lassen sich auch gesellschaftliche Auswirkungen bewerten. Zu diesem Zweck hatten wir bereits Ende der 1990er Jahre das Institut für Interdisziplinäre Informatik an der Universität Augsburg gegründet. An der Technischen Universität München kam die Leitung der Carl von Linde-Akademie und im Rahmen der Exzellenzinitiative 2012 die Gründung des Munich Center for Technology in Society (MCTS) hinzu. Im Themennetzwerk der Deutschen Akademie für Technikwissenschaften (acatech) steht ebenfalls „Technik im Fokus – Daten Fakten Hintergründe", wie diese neue Buchreihe im Springer-Verlag heißt. Als langjähriger Autor im Springer-Verlag habe ich diesen Beitrag gerne geschrieben und danke für die bewährte Unterstützung.

München   Klaus Mainzer
im September 2015

Inhaltsverzeichnis

Nachdem mich das Klingeln meines Weckers etwas unsanft aufgeschreckt hat, wünscht mir die vertraute und freundliche Frauenstimme von Susanne einen guten Morgen und fragt, wie ich geschlafen habe. Etwas verschlafen erkundige ich mich nach meinen Terminen heute Morgen. Susanne erinnert mich an einen Termin in Frankfurt bei unserer Zweigstelle. Freundlich, aber bestimmt erinnert sie mich auch an das ärztlich verschriebene Bewegungstraining. Ich blicke auf meine Armbanduhr, die meinen aktuellen Blutdruck und die Blutwerte angibt. Susanne hat Recht. Ich müsste etwas tun. Susanne und der Wecker stecken in meinem Smartphone, das ich nach Dusche und Ankleiden in die Tasche stecke und zum Wagen eile. Zum Cockpit meines Wagens gewandt erkläre ich kurz mein Fahrziel. Nun habe ich Zeit für einen Kaffee und lese entspannt die Zeitung. Mein Wagen steuert selbstständig auf die Autobahn. Unterwegs weicht der Wagen einem Baufahrzeug aus. Er hält sich vorbildlich an die Verkehrsvorschriften und kommt dennoch besser voran als einige menschliche Fahrer, die gestresst mit überhöhter Geschwindigkeit, Lichthupe und zu kurzen Abständen schneller sein wollen. Menschen sind eben chaotische Systeme, denke ich noch. Dann bitte ich Susanne, mir Marktprofile unserer Produkte anzugeben, die sie blitzschnell mit Big Data Algorithmen ausfiltert. In der Frankfurter Zweigstelle angekommen lasse ich den Wagen selbstständig einparken. Die Halbleiterproduktion in unserem Betrieb ist weitgehend automatisch. Auch spezielle Kundenwünsche können Online im Verkauf eingegeben werden. Die Produktion richtet sich dann selbstständig auf diese speziellen Wünsche ein. Nächste Woche will ich nach Tokio und unseren japanischen Geschäftspartner treffen. Ich muss ihn noch bitten, mich nicht in eines der neuen Roboterhotels unterzubringen. Beim letzten Mal ging dort alles automatisch wie beim Einchecken auf dem Flughafen. Selbst im Empfang

© Springer-Verlag GmbH Deutschland, ein Teil von Springer Nature 2019
K. Mainzer, *Künstliche Intelligenz – Wann übernehmen die Maschinen?*,
Technik im Fokus, https://doi.org/10.1007/978-3-662-58046-2_1

saß eine freundliche Roboterdame. Mit menschlichem Service wird es zwar etwas teurer sein. Aber da bin europäisch „altmodisch" und ziehe wenigstens im Privaten menschliche Zuwendung vor …

Das war kein Science Fiction Scenario. Das waren KI-Technologien, die technisch heute realisierbar sind und als Teilgebiet der Informatik und Ingenieurwissenschaften entwickelt werden. Traditionell wurde KI (Künstliche Intelligenz) als Simulation intelligenten menschlichen Denkens und Handelns aufgefasst. Diese Definition krankt daran, dass „intelligentes menschliches Denken" und „Handeln" nicht definiert sind. Ferner wird der Mensch zum Maßstab von Intelligenz gemacht, obwohl die Evolution viele Organismen mit unterschiedlichen Graden von „Intelligenz" hervorgebracht hat. Zudem sind wir längst in der Technik von „intelligenten" Systemen umgeben, die zwar selbstständig und effizient, aber häufig anders als Menschen unsere Zivilisation steuern.

Einstein hat auf die Frage, was „Zeit" sei, kurz geantwortet: „Zeit ist, was eine Uhr misst". Deshalb schlagen wir eine Arbeitsdefinition vor, die unabhängig vom Menschen ist und von messbaren Größen von Systemen abhängt [1]. Dazu betrachten wir Systeme, die mehr oder weniger selbstständig Probleme lösen können. Beispiele solcher Systeme können z. B. Organismen, Gehirne, Roboter, Automobile, Smartphones oder Accessoires sein, die wir am Körper tragen (Wearables). Systeme mit unterschiedlichem Grad von Intelligenz sind aber auch z. B. Fabrikanlagen (Industrie 4.0), Verkehrssysteme oder Energiesysteme (smart grids), die sich mehr oder weniger selbstständig steuern und zentrale Versorgungsprobleme lösen. Der Grad der Intelligenz solcher Systeme hängt vom Grad der Selbstständigkeit, von der Komplexität des zu lösenden Problems und der Effizienz des Problemlösungsverfahrens ab.

Es gibt danach also nicht „die" Intelligenz, sondern Grade von Intelligenz. Komplexität und Effizienz sind in der Informatik und den Ingenieurwissenschaften messbare Größen. Ein autonomes Fahrzeug hat danach einen Grad von Intelligenz, der vom Grad seiner Fähigkeit abhängt, einen angegebenen Zielort selbstständig und effizient zu erreichen. Es gibt bereits mehr oder weniger autonome Fahrzeuge. Der Grad ihrer Selbstständigkeit ist technisch genau definiert. Die Fähigkeit unserer Smartphones, sich mit uns zu unterhalten, verändert sich ebenfalls. Jedenfalls deckt unsere Arbeitsdefinition intelligenter Systeme die Forschung ab, die in Informatik und Technik unter dem Titel „Künstliche Intelligenz" bereits seit vielen Jahren erfolgreich arbeitet und intelligente Systeme entwickelt [2].

▶ **Arbeitsdefinition** Ein System heißt intelligent, wenn es selbstständig und effizient Probleme lösen kann. Der Grad der Intelligenz hängt vom Grad der Selbstständigkeit, dem Grad der Komplexität des Problems und dem Grad der Effizienz des Problemlösungsverfahrens ab.

Es ist zwar richtig, dass intelligente technische Systeme, selbst wenn sie hohe Grade der selbstständigen und effizienten Problemlösung besitzen, letztlich von Menschen angestoßen wurden. Aber auch die menschliche Intelligenz ist nicht vom Himmel gefallen und hängt von Vorgaben und Einschränkungen ab. Der menschliche Organismus ist ein Produkt der Evolution, die voller molekular und neuronal kodierter Algorithmen steckt. Sie haben sich über Jahrmillionen entwickelt und sind nur mehr oder weniger effizient. Häufig spielten Zufälle mit. Dabei hat sich ein hybrides System von Fähigkeiten ergeben, das keineswegs „die" Intelligenz überhaupt repräsentiert. Einzelne Fähigkeiten haben KI und Technik längst überholt oder anders gelöst. Man denke an Schnelligkeit der Datenverarbeitung oder Speicherkapazitäten. Dazu war keineswegs „Bewusstsein" wie bei Menschen notwendig. Organismen der Evolution wie Stabheuschrecken, Wölfe oder Menschen lösen ihre Probleme unterschiedlich. Zudem hängt Intelligenz in der Natur keineswegs von einzelnen Organismen ab. Die Schwarmintelligenz einer Tierpopulation entsteht durch das Zusammenwirken vieler Organismen ähnlich wie in den intelligenten Infrastrukturen, die uns bereits in Technik und Gesellschaft umgeben.

Die Neuroinformatik versucht, die Arbeitsweise von Nervensystemen und Gehirnen in mathematischen und technischen Modellen zu simulieren. In diesem Fall arbeiten KI-Forscher wie Naturwissenschaftler, die Modelle der Natur testen wollen. Das kann für die Technik interessant sein, muss aber nicht. KI-Forscher arbeiten häufig als Ingenieure, die effektive Problemlösungen unabhängig von der Naturvorlage finden. Das trifft auch für kognitive Fähigkeiten wie Sehen, Hören, Fühlen und Denken zu, wie das moderne Software-Engineering zeigt. Auch im Fall des Fliegens war die Technik erst dann erfolgreich, als sie die Gesetze der

Aerodynamik verstanden hatte und z. B. mit Düsenflugzeugen andere
Lösungen als in der Evolution entwickelte.

In Kap. 2 beginnen wir mit einer „Kurzen Geschichte der KI", die mit
den großen Computerpionieren des 20. Jahrhunderts verbunden ist. Dem
Computer wurde zunächst logisches Schließen beigebracht. Die dazu
entwickelten Computersprachen werden bis heute in der KI benutzt. Logisch-mathematisches Schließen führt zu automatischen Beweisen, die
Computerprogramme sichern helfen. Anderseits ist ihre Analyse mit tiefliegenden erkenntnistheoretischen Fragen der KI verbunden (Kap. 3).
Um aber gezielt Probleme in unterschiedlichen Fachgebieten zu lösen,
reichen allgemeine Methoden nicht aus. Wissensbasierte Expertensysteme simulierten erstmals Diagnosen von Medizinern und Analysen von
Chemikern. Heute gehören Expertensysteme zum Alltag in Forschung
und Beruf, ohne dass sie noch als „künstliche Intelligenz" wahrgenommen werden (Kap. 4). Einer der spektakulärsten Durchbrüche der KI sind
sprachverarbeitende Systeme, da Sprache traditionell als Domäne des
Menschen gilt. Die dabei verwendeten Tools zeigen, wie unterschiedlich
Technik und Evolution Probleme lösen können (Kap. 5).

Natürliche Intelligenz entstand in der Evolution. Es liegt daher nahe,
die Evolution durch Algorithmen zu simulieren. Genetische und evolutionäre Algorithmen werden mittlerweile auch in der Technik angewendet (Kap. 6). Biologische Gehirne ermöglichen nicht nur erstaunliche kognitive Leistungen wie Sehen, Sprechen, Hören, Fühlen und Denken. Sie arbeiten auch wesentlich effizienter als energiefressende Supercomputer. Neuronale Netze und Lernalgorithmen sollen diese Fähigkeiten entschlüsseln (Kap. 7). Der nächste Schritt sind humanoide Roboter
in menschenähnlicher Gestalt, die mit Menschen am Arbeitsplatz und
im Alltag zusammen wirken. In einem stationären Industrieroboter werden Arbeitsschritte in einem Computerprogramm festgelegt. Soziale und
kognitive Roboter müssen demgegenüber lernen, ihre Umwelt wahrzu-
nehmen, selbstständig zu entscheiden und zu handeln. Dazu muss intelligente Software mit Sensortechnologie verbunden werden, um diese Art
der sozialen Intelligenz zu realisieren (Kap. 8).

Automobile werden bereits als Computer auf vier Rädern bezeichnet. Als autonome Fahrzeuge erzeugen sie intelligentes Verhalten, das
den Menschen als Fahrer mehr oder weniger vollständig ersetzen soll.
Welche Anwendungsszenarien sind damit in Verkehrssystemen verbun-

den? Wie die Schwarmintelligenz in der Natur zeigt, ist Intelligenz nicht auf einzelne Organismen beschränkt. Im Internet der Dinge können Objekte und Geräte mit intelligenten Softwareschnittstellen und Sensoren versehen werden, um kollektiv Probleme zu lösen. Ein aktuelles Beispiel ist das industrielle Internet, in dem Produktion und Vertrieb sich weitgehen selbstständig organisieren. Eine Fabrik wird dann nach unserer Arbeitsdefinition intelligent. Allgemein spricht man mittlerweile von Cyberphysical Systems, die Smart Cities und Smart Grids ebenso erfassen (Kap. 9).

Seit ihrer Entstehung ist die KI-Forschung mit großen Visionen über die Zukunft der Menschheit verbunden. Wird es neuromorphe Computer geben, die das menschliche Gehirn vollständig simulieren können? Wie unterscheiden sich analoge Verfahren der Natur und digitale Technik? Konvergieren die Technologien des Künstlichen Lebens mit Künstlicher Intelligenz? Das Buch diskutiert neue Forschungsergebnisse über logisch-mathematische Grundlagen und technische Anwendungen von analogen und digitalen Verfahren.

Bei aller Nüchternheit der alltäglichen KI-Forschung motivieren und beeinflussen Hoffnungen und Ängste die Entwicklung hoch technisierter Gesellschaften. Gerade in den Hochburgen der amerikanischen Informations- und Computertechnologie wie z. B. Silicon Valley glaubt man, einen Zeitpunkt („Singularität") voraussagen zu können, ab dem KI den Menschen ablösen wird. Die Rede ist bereits von einer kollektiven Superintelligenz.

Einerseits würde auch eine Superintelligenz, wie in diesem Buch gezeigt wird, den Gesetzen der Logik, Mathematik und Physik unterliegen. Wir benötigen daher fachübergreifende Grundlagenforschung, damit uns die Algorithmen nicht aus dem Ruder laufen. Andererseits fordern wir Technikgestaltung: Nach den Erfahrungen der Vergangenheit sollten wir zwar die Chancen erkennen, aber auch genau überlegen, zu welchem Zweck und Nutzen wir KI in Zukunft entwickeln sollten. KI muss sich als Dienstleistung in der Gesellschaft bewähren [2]. Das ist ihr ethischer Maßstab (Kap. 10).

Literatur

1. Mainzer K (2003) KI – Künstliche Intelligenz. Grundlagen intelligenter Systeme. Wissenschaftliche Buchgesellschaft, Darmstadt
2. DFKI (Deutsches Forschungszentrum für Künstliche Intelligenz). http://www.dfki. de/web. Zugegriffen: 8.1.2016

Eine kurze Geschichte der KI

2.1 Ein alter Menschheitstraum

Ein Automat ist im antiken Sprachgebrauch ein Apparat, der selbstständig (autonom) agieren kann. Selbsttätigkeit charakterisiert nach antiker Auffassung lebende Organismen. Berichte über hydraulische und mechanische Automaten werden bereits in der antiken Literatur vor dem Hintergrund der damaligen Technik erwähnt. In der jüdischen Tradition wird Ende des Mittelalters der Golem als menschenähnliche Maschine beschrieben. Mit Buchstabenkombinationen des „Buchs der Schöpfung" (hebr.: Sefer Jezira) kann der Golem programmiert werden – zum Schutz des jüdischen Volkes in Verfolgungszeiten.

Mit Beginn der Neuzeit wird Automation technisch-naturwissenschaftlich angegangen. Aus der Renaissance sind Leonardo da Vincis Konstruktionspläne für Automaten bekannt. Im Zeitalter des Barocks werden Spielautomaten auf der Grundlage der Uhrmachertechnik gebaut. P. Jaquet-Droz entwirft ein kompliziertes Uhrwerk, das in eine menschliche Puppe eingebaut war. Seine „Androiden" spielen Klavier, zeichnen Bilder und schreiben Sätze. Der französische Arzt und Philosoph J. O. de Lamettrie bringt die Auffassung von Leben und Automaten im Zeitalter der Mechanik auf den Punkt: „Der menschliche Körper ist eine Maschine, die ihre (Antriebs-)Feder selbst spannt" [1].

K. Mainzer, *Künstliche Intelligenz – Wann übernehmen die Maschinen?*,
Technik im Fokus, https://doi.org/10.1007/978-3-662-58046-2_2

Der barocke Universalgelehrte A. Kircher (1602–1680) fördert bereits das Konzept einer Universalsprache, in der alles Wissen dargestellt werden soll. Hier schließt der Philosoph und Mathematiker G. W. Leibniz unmittelbar an und entwirft das folgenreiche Programm einer „Universalmathematik" (mathesis universalis). Leibniz (1646–1716) will Denken und Wissen auf Rechnen zurückführen, um dann alle wissenschaftlichen Probleme durch Rechenkalküle lösen zu können. In seinem Zeitalter der Mechanik stellt man sich die Natur wie ein perfektes Uhrwerk vor, in dem jeder Zustand wie durch ineinandergreifende Zahnräder determiniert wird. Entsprechend führt eine mechanische Rechenmaschine jeden Rechenschritt einer Rechenfolge nacheinander aus. Leibnizens Dezimalmaschine für die vier Grundrechenarten ist die Hardware seiner Rechenkalküle. Grundlegend ist die Idee einer universellen symbolischen Sprache (lingua universalis), in der unser Wissen nach dem Vorbild der Arithmetik und Algebra repräsentiert werden kann. Gemeint ist ein Verfahren, mit dem „Wahrheiten der Vernunft wie in der Arithmetik und Algebra so auch in jedem anderem Bereich, in dem geschlossen wird, gewissermaßen durch einen Kalkül erreicht werden können" [2].

Die weitere technische Entwicklung von den Dezimalrechenmaschinen für die vier Grundrechenarten zur programmgesteuerten Rechenmaschine fand nicht in der Gelehrtenstube, sondern in den Manufakturen des 18. Jahrhunderts statt. Dort wird das Weben von Stoffmustern zunächst mit Walzen nach dem Vorbild barocker Spielautomaten, dann durch hölzerne Lochkarten gesteuert. Diese Idee der Programmsteuerung wendet der britische Mathematiker und Ingenieur C. Babbage (1792–1871) auf Rechenmaschinen an. Seine „Analytical Engine" sah neben einem vollautomatischen Rechenwerk aus Zahnrädern für die vier Grundrechenarten und einem Zahlenspeicher weiterhin eine Lochkartensteuerungseinheit, ein Dateneingabegerät für Zahlen und Rechenvorschriften und eine Datenausgabevorrichtung mit Druckwerk vor [3]. Wenn auch die technische Funktionstüchtigkeit beschränkt war, so wird die wissenschaftliche und wirtschaftliche Bedeutung sequentieller Programmsteuerung im Zeitalter der Industrialisierung richtig erkannt.

Babbage philosophiert auch über Analogien und Unterschiede seiner Rechenmaschinen zu lebenden Organismen und dem Menschen. Seine Mitstreiterin und Lebensgefährtin Lady Ada Lovelace, Tochter des romantischen Dichters Lord Byron, prophezeit bereits: „Die Analytical

Engine wird andere Dinge außer Zahlen bearbeiten. Wenn man Tonhöhen und Harmonien auf sich drehende Zylinder überträgt, dann könnte diese Maschine umfangreiche und auf wissenschaftliche Weise erzeugte Musikstücke jeder Komplexität und Länge komponieren. Allerdings kann sie nur das schaffen, was wir ihr zu befehlen wissen" [4]. In der Geschichte der KI wird dieses Argument der Lady Lovelace immer wieder genannt, wenn es um die Kreativität von Computern geht.

Durch Elektrodynamik und elektrotechnische Industrie in der zweiten Hälfte des 19. Jahrhunderts werden neue technische Voraussetzungen zur Konstruktion von Rechnern gelegt. Während Holleriths Tabulierungs- und Zählmaschine zum Einsatz kommt, denkt der spanische Ingenieur Torres y Quevedo über Steuerungsprobleme für Torpedos und Boote nach und konstruiert 1911 den ersten Schachautomaten für einen Endkampf Turm-König gegen König.

Elektrizität, Licht und Strom inspirieren auch Literaten, Science-Fiction Autoren und die beginnende Filmindustrie. 1923 erdichtet der tschechische Schriftsteller Capek eine Familie von Robotern, mit denen die Menschheit von schwerer Arbeit befreit werden soll. Schließlich werden die Roboter wenigstens im Roman mit Emotionen versehen. Als Maschinenmenschen können sie ihr Sklavendasein nicht länger ertragen und proben den Aufstand gegen ihre menschlichen Herren. In den Kinos laufen Filme wie „Homunculus" (1916), „Alraune" (1918) und „Metropolis" (1926).

In der Industrie- und Militärforschung werden in den 30er Jahren zwar erste Spezialrechner für begrenzte Rechenaufgaben gebaut. Grundlegend für die KI-Forschung wird aber die Entwicklung von universellen programmgesteuerten Computern, die für unterschiedliche Anwendungen programmiert werden können. Am 11. April 1936 meldet der deutsche Ingenieur K. Zuse (1910–1995) seine „Verfahren zur selbsttätigen Durchführung von Rechnungen mit Hilfe von Rechenmaschinen" zum Patent an [5]. 1938 ist mit der Z1 eine erste mechanische Version fertig, die 1941 durch die Z3 mit elektromechanischen Relaisschaltern ersetzt wird.

Was der Ingenieur Zuse technisch entwirft, wird von dem britischen Logiker und Mathematiker A. M. Turing (1912–1954) ebenfalls im Jahr 1936 als logisch-mathematischer Begriff definiert: Was ist überhaupt ein maschinelles Rechenverfahren, unabhängig von seiner technischen Umsetzung? Turings ideale Rechenmaschine setzt neben einem unbegrenzten Speicher nur kleinste und einfachste Programmbefehle voraus, auf die im Prinzip jedes noch so komplizierte Computerprogramm zurückgeführt werden kann [6].

2.2   Turing-Test

Als Geburtsjahr der KI-Forschung im engeren Sinn gilt 1950, als Turing seinen berühmten Aufsatz „Computing Machinery and Intelligence" veröffentlicht [7]. Hier findet sich der sogenannte „Turing-Test". Turing schlägt vor, einer Maschine genau dann „Künstliche Intelligenz" zuzusprechen, wenn ein Beobachter nicht in der Lage ist zu unterscheiden, ob er es mit einem Menschen oder einem Computer zu tun hat. Beobachter und Testsystem (Mensch oder Computer) kommunizieren über ein Terminal (heute z. B. mit Keyboardtastatur und Bildschirm). Turing stellt in seiner Arbeit Musterfragen und Musterantworten aus unterschiedlichen Anwendungsbereichen vor wie z. B.:

Beispiel

F: Schreiben Sie mir bitte ein Gedicht über die Firth of Forth-Brücke.

A: In diesem Punkt muss ich passen. Ich könnte nie ein Gedicht schreiben.

F: Addieren Sie 34.957 zu 70.764.

A: (wartet ca. 30 Sekunden und gibt dann die Antwort) 105.721.

F: Spielen Sie Schach?

A: Ja.

F: Mein König steht auf e8; sonst habe ich keine Figuren mehr. Sie haben nur noch ihren König auf e6 und einen Turm auf h1. Sie sind am Zug. Wie ziehen Sie?

A: (nach einer Pause von 15 Sekunden) Th1-h8, matt.

Turing ist 1950 überzeugt: „Ich glaube, dass am Ende dieses Jahrhunderts die allgemeinen Ansichten der Gelehrten sich soweit geändert haben werden, dass man ohne Widerspruch von denkenden Maschinen wird reden können." Dass Computer heute schneller und genauer rechnen und besser Schach spielen, kann tatsächlich kaum noch bestritten werden. Menschen irren aber auch, täuschen, sind ungenau und geben ungefähre Antworten. Das ist nicht nur ein Mangel, sondern zeichnet sie manchmal sogar aus, um sich in unklaren Situationen zu Recht zu finden. Jedenfalls müssten diese Reaktionen auch von einer Maschine realisiert werden können. Dass Turings Testsystem kein Gedicht schreiben wollte, also den Kreativitätstest von Lady Lovelace nicht bestanden hat, konnte Turing kaum erschüttern. Welcher Mensch ist schon kreativ und kann Gedichte schreiben?

2.3 Vom „Allgemeinen Problemlöser" zum Expertensystem

Als sich 1956 führende Forscher wie J. McCarthy, A. Newell, H. Simon u. a. zur Dartmouth-Konferenz über Maschinenintelligenz trafen, waren sie von Turings Frage „Can machines think?" inspiriert. Bezeichnend war die interdisziplinäre Zusammensetzung dieser Konferenz aus Computerwissenschaftlern, Mathematikern, Psychologen, Linguisten und Philosophen. So trat die Gruppe um den universell gebildeten H. Simon, dem späteren Nobelpreisträger für Wirtschaftswissenschaften, für ein psychologisches Forschungsprogramm ein, um kognitive Prozesse menschlicher Problem- und Entscheidungsfindung auf dem Computer zu simulieren.

Die erste Phase der KI-Forschung (etwa Mitte der 50er bis Mitte der 60er Jahre) ist noch von euphorischen Erwartungen bestimmt [8, 9]. Ähnlich wie in Leibnizens Mathesis Universalis sollen allgemeine Problemlösungsverfahren für Computer formuliert werden. Nachdem Newell, Shaw und Simon 1957 mit dem LOGICAL THEORIST ein Beweisprogramm für die ersten 38 Sätze aus Russells und Whiteheads Logikbuch „Principia Mathematica" angegeben hatten, sollte das GPS (General-Problem-Solver)-Programm 1962 die heuristische Basis für menschliches Problemlösen überhaupt festlegen. Die Enttäuschung war groß angesichts der praktischen Ergebnisse. Erfolgreicher erwiesen sich erste spezialisierte Programme wie STUDENT zum Lösen von Algebra-Aufgaben oder ANALOGY zur Mustererkennung analoger Objekte. Es zeigte sich, dass erfolgreiche KI-Programme von geeigneten Wissensbasen („Datenbanken") und schnellen Abrufverfahren abhängen.

In der zweiten Phase der KI (etwa Mitte der 60er bis Mitte der 70er Jahre) lässt sich eine verstärkte Hinwendung zum praktischen und spezialisierten Programmieren beobachten. Typisch ist die Konstruktion von spezialisierten Systemen, Methoden zur Wissensrepräsentation und ein Interesse an natürlichen Sprachen. Am MIT entwickelte J. Moser das Programm MACSYMAL, das eigentlich eine Sammlung von Spezialprogrammen zur Lösung von mathematischen Problemen in der üblichen mathematischen Symbolik darstellte. Weiterführende Programme dieser Art (z. B. zum Integrieren und Differenzieren) sind bis heute praktisch im Gebrauch.

T. Winograd stellte 1972 ein Robotikprogramm vor, um verschieden geformte und gefärbte Bauklötze mit einem Magnetarm zu manipulieren. Dazu wurden die Bauklötze mit ihren Eigenschaften und Ortsangaben in Datenstrukturen repräsentiert. Programmierung der Ortsangaben wurde mit dem Magnetarm durch Umstellung der Bauklötze ausgeführt.

In der dritten Phase der KI (ca. Mitte der 70er bis Mitte der 80er Jahre) rücken wissensbasierte Expertensysteme in den Vordergrund, die erste praktische Anwendungen versprachen. Abgegrenztes und überschaubares Spezialwissen menschlicher Experten wie z. B. von Ingenieuren und Ärzten sollte für den tagtäglichen Gebrauch zur Verfügung gestellte werden. Bei wissensbasierten Expertensystemen handelt es sich um KI-Programme, die Wissen über ein spezielles Gebiet speichern und aus dem Wissen automatisch Schlussfolgerungen ziehen, um konkrete Lösungen zu finden oder Diagnosen von Situationen bereitzustellen.

Im Unterschied zum menschlichen Experten ist das Wissen eines Expertensystems beschränkt. Es besitzt kein allgemeines Hintergrundwissen, keine Erinnerungen, Gefühle und Motivationen, die von Person zu Person trotz gemeinsamem Spezialwissen unterschiedlich sein können: Ein älterer Hausarzt, der eine Familie über Generationen kennt, wird anderes Hintergrundwissen in die Diagnose eines Familienmitgliedes einfließen lassen als der junge Spezialist, der soeben von der Universität kommt.

Wissen ist ein Schlüsselfaktor in der Darstellung eines Expertensystems. Wir unterscheiden zwei Arten von Wissen. Die eine Art des Wissens betrifft die Fakten des Anwendungsbereichs, die in Lehrbüchern und Zeitschriften festgehalten werden. Ebenso wichtig ist die Praxis im jeweiligen Anwendungsbereich als Wissen der zweiten Art. Es handelt sich um heuristisches Wissen, auf dem Urteilsvermögen und jede erfolgreiche Problemlösungspraxis im Anwendungsbereich beruhen. Es ist Erfahrungswissen, die Kunst des erfolgreichen Vermutens, das ein menschlicher Experte nur in vielen Jahren Berufspraxis erwirbt.

E. A. Feigenbaum, einer der Pioniere dieser Entwicklung, verglich Mitte der 80er Jahre die Entwicklung wissensbasierter Expertensysteme mit der Geschichte der Automobilindustrie. In der Welt der KI wäre es sozusagen 1890, als die ersten Automobile auftraten. Sie waren handbetriebene pferdelose Wagen, aber bereits Automobile, d. h. selbstbewegliche Fahrzeuge. So wie seinerzeit Henry Ford die ersten Prototypen für die Massenproduktion weiterentwickelte, so würden nach Feigenbaum auch wissensbasierte Systeme in die Massenproduktion gehen. Wissensbasierte Systeme wurden also als „Automobile des Wissens" verstanden [10].

Literatur

1. de La Mettrie JO (2009) L'homme machine / Die Maschine Mensch. Meiner, Hamburg (übers. u. hrsg. v. C. Becker)
2. Leibniz GW (1996) Philos. Schr. VII. Olms, Hildesheim, S 32 (hrsg. C.I. Gerhardt, repr.)
3. Babbage C (1975) On the mathematical powers of the calculating engine. In: Randell B (Hrsg) The Origins of Digital Computers – Selected Papers. Springer, Berlin, S 17–52 (unpublished manuscript, Dec. 1837)
4. Lovelace C (1842) Translator's notes to an article on Babbage's Analytical Engine. Scientific Memoirs 3:691–731 (hrsg. V. R. Taylor)
5. Zuse K (1936) Verfahren zur selbsttätigen Durchführung von Rechnungen mit Hilfe von Rechenmaschinen. Deutsche Patentanmeldung Z 23624 (11. April 1936)
6. Turing AM (1936–1937) On computable numbers, with an application to the Entscheidungsproblem. Proc London Math Soc Ser 2(42):230–265
7. Turing AM (1987) Computing machinery and intelligence (1950). In: Turing AM (Hrsg) Intelligence Service. Schriften. Brinkmann u. Bose, Berlin, S 147–182
8. Feigenbaum EA, Feldman J (1963) Computers and Thought. McGraw-Hill, New York
9. Mainzer K (1985) Der Intelligenzbegriff in erkenntnis- und wissenschaftstheoretischer Sicht. In: Strombach W, Tauber MJ, Reusch B (Hrsg) Der Intelligenzbegriff in den verschiedenen Wissenschaften. Schriftenreihe der Österreichischen Computer Gesellschaft, Bd. 28. Oldenbourg, Wien, S 41–56

10. Weitere Quellen zu den historischen Wurzeln der KI in K. Mainzer (1994), Computer – Neue Flügel des Geistes? Die Evolution computergestützter Technik, Wissenschaft, Kultur und Philosophie. De Gruyter, Berlin/New York, S 103 ff. Die Entwicklung der KI in den 1990er Jahren ist dokumentiert in der deutschen KI-Zeitschrift „Künstliche Intelligenz" des Fachbereichs 1 der Gesellschaft für Informatik e. V.

Logisches Denken wird automatisch 3

3.1 Was heißt logisches Schließen?

In der ersten Phase der KI-Forschung war die Suche nach allgemeinen Problemlösungsverfahren wenigstens in der formalen Logik erfolgreich. Dort wurde ein mechanisches Verfahren angegeben, um die logische Allgemeingültigkeit von Formeln zu beweisen. Das Verfahren konnte auch von einem Computerprogramm ausgeführt werden und leitete in der Informatik das automatische Beweisen ein.

Der Grundgedanke ist einfach zu verstehen. In der Algebra werden Buchstaben x, y, z, ... durch Rechenoperationen wie z. B. Addieren (+) oder Subtrahieren (−) verbunden. Die Buchstaben dienen als Leerstellen (Variablen), um Zahlen einzusetzen. In der formalen Logik werden Aussagen durch Variablen A, B, C, ... bezeichnet, die durch logische Junktoren wie z. B. „und" ($\wedge$), „oder" ($\vee$), „wenn-dann" ($\rightarrow$), „nicht" ($\neg$) verbunden werden. Die Aussagenvariablen dienen als Leerstellen, um Aussagen einzusetzen, die entweder wahr oder falsch sind. So ist z. B. $A \wedge B$ eine logische Formel, die durch Einsetzung der wahren Aussagen $1 + 3 = 4$ für A und $4 = 2 + 2$ für B in die wahre Aussage $1 + 3 = 4 \wedge 4 = 2 + 2$ übergeht. In der Arithmetik ergibt sich daraus der wahre Schluss $1 + 3 = 4 \wedge 4 = 2 + 2 \rightarrow 1 + 3 = 2 + 2$. Allgemein ist aber der Schluss $A \wedge B \rightarrow C$ nicht wahr. Demgegenüber ist der Schluss $A \wedge B \rightarrow A$ logisch allgemeingültig, da für die Einsetzung von beliebigen wahren

© Springer-Verlag GmbH Deutschland, ein Teil von Springer Nature 2019
K. Mainzer, *Künstliche Intelligenz – Wann übernehmen die Maschinen?*,
Technik im Fokus, https://doi.org/10.1007/978-3-662-58046-2_3

oder falschen Aussagen für *A* und *B* sich immer eine wahre Gesamtaussage ergibt.

Der Beweis für die Allgemeingültigkeit eines logischen Schlusses kann in der Praxis sehr kompliziert sein. Daher schlug J. A. Robinson 1965 die sogenannte Resolutionsmethode vor, nach der Beweise nach dem Muster logischer Widerlegungsverfahren gefunden werden können [1–3]. Man startet also mit der Annahme des Gegenteils (Negation), d. h. der logische Schluss sei nicht allgemeingültig. Im nächsten Schritt wird dann gezeigt, dass alle möglichen Anwendungsbeispiele dieser Annahme zu einem Widerspruch führen. Es gilt als das Gegenteil der Negation und der logische Schluss ist allgemeingültig. Die Robinsonsche Resolutionsmethode benutzt logische Vereinfachungen, wonach man jede logische Formel in eine sogenannte konjunktive Normalform umwandeln kann. In der Aussagenlogik besteht eine konjunktive Normalform aus negierten und nicht negierten Aussagenvariablen (Literale), die durch Konjunktion ($\land$) und Disjunktion ($\lor$) verbunden sind.

Beispiel

Bei der konjunktiven Normalform $(\neg A \lor B) \land \neg B \land A$ besteht die Formel aus den Konjunktionsgliedern (Klauseln) $\neg A \lor B$, $\neg B$ und A, die durch die Konjunktion $\land$ verbunden sind. In diesem Beispiel folgt aus den Konjunktionsgliedern $\neg A \lor B$ und $\neg B$ logisch das Literal $\neg A$. (Der Grund ist einfach: Die Konjunktion $B \land \neg B$ ist für jedes Anwendungsbeispiel für *B* immer falsch und aus $\neg A \land \neg B$ folgt logisch $\neg A$.) Aus $\neg A$ und dem restlichen Konjunktionsglied *A* folgt im nächsten Schritt die immer falsche Aussageform $\neg A \land A$ und damit der Widerspruch ε („leeres Wort"):

Mechanisch besteht das Verfahren also darin, widersprechende Teilaussagen aus Konjunktionsgliedern einer logischen Formel zu streichen („Resolution") und diese Prozedur mit den entstehenden „Resolventen" und einem entsprechenden anderen Konjunktionsglied der Formel zu wiederholen, bis ein Widerspruch (das „leere" Wort) abgeleitet werden kann.

In einem entsprechenden Computerprogramm terminiert dieses Verfahren für die Aussagenlogik. Es zeigt also in endlicher Zeit, ob die vorgelegte logische Formel allgemeingültig ist. Allerdings wächst die Rechenzeit nach den bisher bekannten Verfahren exponentiell mit der Anzahl der Literale einer Formel. Was nun die „Künstliche Intelligenz" betrifft, so können Computerprogramme mit der Resolutionsmethode automatisch über die Allgemeingültigkeit logischer Schlüsse wenigstens in der Aussagenlogik im Prinzip entscheiden. Menschen hätten große Schwierigkeiten, bei komplizierten und langen Schlüssen den Überblick zu bewahren. Zudem sind Menschen wesentlich langsamer. Mit steigender Rechenkapazität können Maschinen also wesentlich effizienter diese Aufgabe des logischen Schließens erledigen.

In der Prädikatenlogik werden Aussagen in Eigenschaften (Prädikate) zerlegt, die Objekten zu- oder abgesprochen werden. So wird in der Aussage P (a) (z. B. „Anna ist Studentin") einem Individuum namens „Anna" (a) das Prädikat „Studentin" (P) zugesprochen. Diese Aussage ist wieder entweder wahr oder falsch. In einer prädikativen Aussageform $P(x)$ werden Leerstellen (Individuenvariablen) x, y, z, ... verwendet, für die Individuen a, b, c, ... einer angenommen Anwendungsdomäne (z. B. die Studierenden einer Universität) eingesetzt werden können. Neben den logischen Verknüpfungen der Aussagenlogik können nun auch Allquantoren $\bigwedge x$ („Für alle x ") und Existenzquantoren $\bigvee x$ („Es gibt ein x") verwendet werden. So ist z. B. $\bigwedge x\, P\, (x) \rightarrow \bigvee x\, P\, (x)$ ein allgemeingültiger Schluss der Prädikatenlogik.

Für die Formeln der Prädikatenlogik lässt sich ebenfalls ein verallgemeinertes Resolutionsverfahren angeben, um wieder aus der Annahme der allgemeinen Ungültigkeit einer Formel einen Widerspruch abzuleiten. Dazu muss eine Formel der Prädikatenlogik in eine Normalform gebracht werden, aus deren Klauseln sich mechanisch ein Widerspruch ableiten lässt. Da aber in der Prädikatenlogik (im Unterschied zur Aussagenlogik) nicht allgemein die Allgemeingültigkeit einer Formel entschieden werden kann, kann es vorkommen, dass das Resolutionsverfahren kein Ende findet. Das Computerprogramm läuft dann unbegrenzt weiter. Es kommt dann darauf an, Teilklassen zu finden, in denen das Verfahren nicht nur effizient, sondern überhaupt terminiert. Maschinelle Intelligenz kann zwar die Effizienz von Entscheidungsprozessen steigern und sie

beschleunigen. Sie ist aber auch (wie menschliche Intelligenz) den prinzipiellen Grenzen logischer Entscheidbarkeit unterworfen.

3.2 KI-Programmiersprache PROLOG

Um ein Problem mit einem Computer zu lösen, muss das Problem in eine Programmiersprache übersetzt werden. So war FORTRAN eine der
ersten Programmiersprachen, bei denen ein Programm aus einer Folge
von Befehlen an den Computer besteht wie z. B. „springe an die Stelle z
im Programm", „schreibe in die Variable x den Wert a". Im Zentrum stehen Variablen, also maschinentechnisch Register- bzw. Speicherzellen,
in denen Eingabewerte gespeichert und verarbeitet werden. Wegen der
eingegebenen Befehle spricht man auch von einer imperativen Programmiersprache.

In einer prädikativen Programmiersprache wird demgegenüber Programmierung als Beweisen in einem System von Tatsachen aufgefasst.
Diese Wissensdarstellung ist aus der Logik wohlvertraut. Eine entsprechende Programmiersprache heißt „Programming in Logic" (PROLOG),
die seit Anfang der 1970er Jahre in Gebrauch ist [4, 5, 6]. Grundlage ist
die Prädikatenlogik, die wir schon in Abschn. 3.1 kennengelernt haben.
Wissen wird in der Prädikatenlogik als Menge von wahren Aussagen
dargestellt. Um Wissensverarbeitung geht es in der KI-Forschung. Daher
wurde PROLOG zu einer zentralen Programmiersprache der KI.

Hier wollen wir einige Bausteine von PROLOG einführen, um den
Zusammenhang mit der Wissensverarbeitung zu verdeutlichen. Die logische Aussage „Die Objekte $O_1, \ldots, O_n$ stehen in der Relation R" entspricht einem Sachverhalt bzw. Faktum, dem man in der Prädikatenlogik
die allgemeine Form $R(O_1, \ldots, O_n)$ gibt. In PROLOG schreibt man:

$$NAME(O_1, \ldots, O_n),$$

wobei „NAME" ein beliebiger Name einer Relation ist. Zeichenfolgen,
die in der syntaktischen Form von Fakten wiedergegeben werden, heißen
Literale.

Beispiel

Ein Beispiel eines Faktums bzw. Literals lautet:

verheiratet (sokrates, xantippe),
verheiratet (abélard, eloise),
ist lehrer (sokrates, platon),
ist lehrer (abélard, eloise).

Behauptungen und Beweise über vorgegebene Fakten lassen sich nun in Frage-Antwort-Systemen darstellen. Dabei werden Fragen mit einem Fragezeichen und Ausgaben des Programms mit einem Stern bezeichnet:

? verheiratet (sokrates, xantippe),
* ja,
? ist lehrer (sokrates, xantippe),
* nein.

Fragen können sich auch gezielt auf Objekte beziehen, für die in diesem Fall Variablen eingesetzt werden. In Programmiersprachen werden dafür anschauliche Bezeichnungen wie z. B. „mann" für einen beliebigen Mann bzw. „lehrer" für einen beliebigen Lehrer verwendet:

? verheiratet (mann, xantippe),
* mann = sokrates,
? ist lehrer (lehrer, xantippe),
* lehrer = sokrates.

Allgemein lautet eine Frage in PROLOG „sind L_1 und L_2 und ... und L_n wahr?" oder kurz:

? $L_1, L_2, \ldots, L_n$

wobei $L_1, L_2, \ldots, L_n$ Literale sind. Logische Schlussregeln wie der direkte Schluss (modus ponens) lauten „wenn L_1 und L_2 und ... und L_n wahr ist, dann ist auch L wahr" oder kurz:

L :– $L_1, L_2, \ldots, L_n$.

Beispiel

So lässt sich die Regel einführen:

ist schüler (schüler, lehrer) :– ist lehrer (lehrer, schüler)

Dann folgt aus den vorgegebenen Fakten:

? ist schüler (schüler, sokrates),
* schüler = platon.

Aufgrund einer vorgegebenen Wissensbasis in Form von Literalen können in PROLOG Lösungen einer Frage bzw. Problemstellung nach der Resolutionsmethode gefunden werden.

3.3   KI-Programmiersprache LISP

Alternativ zu Aussagen und Relationen lässt sich Wissen auch durch Funktionen und Zuordnungen wie in der Mathematik darstellen. Funktionale Programmiersprachen fassen daher Programme nicht als Systeme von Tatsachen und Schlussfolgerungen (wie PROLOG) auf, sondern als Funktionen von Mengen von Eingabewerten in Mengen von Ausgabewerten. Während prädikative Programmiersprachen an der Prädikatenlogik orientiert sind, gehen funktionale Programmiersprachen auf den λ-Kalkül zurück, den A. Church 1932/33 zur Formalisierung von Funktionen mit Rechenvorschriften definierte [7]. Ein Beispiel ist die funktionale Programmiersprache LISP, die von J. McCarthy bereits Ende der 1950er Jahre während der ersten KI-Phase eingeführt wurde [8, 9]. Daher ist sie eine der ältesten Programmiersprachen überhaupt und war von Anfang an mit dem Ziel der Künstlichen Intelligenz verbunden, menschliche Wissensverarbeitung auf die Maschine zu bringen. Wissen wird dabei durch Datenstrukturen dargestellt, Wissensverarbeitung durch Algorithmen als effektiven Funktionen.

Als Datenstrukturen werden in LISP („List Processing Language") lineare Listen von Symbolen verwendet. Die kleinsten (unteilbaren) Bausteine von LISP heißen Atome. Es können Zahlen, Zahlenfolgen oder Namen sein. In der Arithmetik werden die natürlichen Zahlen durch Zählen erzeugt, indem man mit dem „Atom" der Eins (1) beginnt und dann Schritt für Schritt den Nachfolger $n + 1$ durch Hinzufügen der Eins aus der Vorgängerzahl n bildet. Daher werden arithmetische Eigenschaften für alle natürlichen Zahlen induktiv definiert: Man definiert zunächst eine Eigenschaft für die Eins. Im induktiven Schritt wird die Eigenschaft unter der Voraussetzung, dass sie für eine beliebige Zahl n definiert sei, auch für den Nachfolger $n + 1$ definiert. Induktive Definitionen lassen sich für endliche Symbolfolgen verallgemeinern. So werden aus den Atomen induktiv s-Ausdrücke („s" für „symbolisch") als Objekte von LISP geformt:

▶ 1. Ein Atom ist ein s-Ausdruck.
   2. Wenn x und y s-Ausdrücke sind, dann auch (x.y).

Beispiele für s-Ausdrücke lauten 211, (A.B), (TIMES.(2.2)), wobei 211, A, B und TIMES als Atome aufgefasst werden. Listen werden nun ebenfalls induktiv definiert:

▶ 1. NIL („leere Symbolfolge") ist eine Liste.
   2. Wenn x ein s-Ausdruck und y eine Liste ist, dann ist der s-Ausdruck (x.y) eine Liste.

Als vereinfachte Schreibweise wird die leere Liste NIL als () notiert und die vielen Klammern in der allgemeinen Form

(S1.(S2.(... (SN.NIL)...)))

vereinfacht zu (S1 S2 ... SN). Listen können wieder Listen als Elemente enthalten, was den Aufbau sehr komplexer Datenstrukturen erlaubt.

Programmieren in LISP bedeutet algorithmische Verarbeitung von s-Ausdrücken und Listen. Eine Funktionsanwendung wird als Liste notiert, wobei das erste Listenelement der Name der Funktion ist und die restlichen Elemente die Parameter der Funktionsargumente sind. Dazu werden folgende elementaren Grundfunktionen vorausgesetzt: Die Funktion CAR liefert, angewendet auf einen s-Ausdruck, den linken Teil, d. h.

(CAR(x.y)) = x,

während die Funktion CDR den rechten Teil ergibt, d. h.

$(\text{CDR}(x.y)) = y.$

Die Funktion CONS vereinigt zwei s-Ausdrücke zu einem s-Ausdruck, d. h.

$(\text{CONS } x \ y) = (x.y).$

Wendet man diese Funktionen auf Listen an, so liefert also CAR das erste Element, CDR die restliche Liste ohne das erste Element. CONS ergibt eine Liste mit dem ersten Parameter als erstes Element und dem zweiten Parameter als Rest.

Listen und s-Ausdrücke können auch als binär geordnete Bäume dargestellt werden. Abb. 3.1a zeigt die Baumdarstellung der allgemeinen Liste (S1 S2 ... SN) mit den jeweiligen Anwendungen der Grundfunktionen CAR und CDR, während Abb. 3.1b den s-Ausdruck (A.((B.(C.NIL)))) darstellt. Funktionskompositionen wie z. B. (CAR.(CDR.x)) drücken die Hintereinanderausführung zweier Funktionsanwendungen aus, wobei die innere Funktion zuerst ausgewertet wird. Bei mehrstelligen Funktionen werden alle Argumente zuerst ausgewertet und dann die Funktion angewendet. Listen werden in der Regel

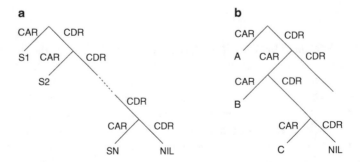

Abb. 3.1 Baumdarstellungen **a** der Liste (S1 S2 ... SN) und **b** des s-Ausdrucks (A.((B.(C.NIL))))

als Anwendung einer Funktion aufgefasst. Dann bedeutet (ABCDEF), dass die Funktion A auf B, C, D, E und F anzuwenden ist.

Oft ist es aber auch sinnvoll, Listen als (geordnete) Mengen von Symbolen aufzufassen. So macht es wenig Sinn (14235) als Anwendung der Funktion 1 auf die Argumente 4, 2, 3, 5 zu lesen, wenn es um eine Sortierungsaufgabe der Zahlen geht. In LISP wird daher das Symbol QUOTE eingeführt, wonach die folgende Liste nicht als Funktionsanweisung, sondern als Aufzählung von Symbolen zu verstehen ist: z. B. QUOTE(14235) oder kurz '(14235). Dann ist nach Definition z. B. CAR'(123) = 1, CDR'(123) = '(23) und CONS1'(23) = '(123). Während Variable durch literale Atome notiert werden, können nichtnumerische Konstanten durch Quotierung von Variablen unterschieden werden: z. B. die Variablen x und LISTE und die Konstanten 'x und 'LISTE.

Nach diesen Vereinbarungen definiert man mit Hilfe von Grundfunktionen in LISP neue Funktionen. Die allgemeine Form einer Funktionsdefinition lautet:

(DE NAME (P1 P2 ... PN) s-Ausdruck).

Dabei sind P1, P2, ..., PN die formalen Parameter der Funktion, NAME ist die Bezeichnung der Funktion. Der s-Ausdruck heißt Rumpf der Funktion und beschreibt die Funktionsanwendung mit den formalen Parametern. Wenn in einem Programm die Funktion NAME in der Form NAME (A1 A2 ... AN) auftritt, dann sind im Rumpf der Funktion die formalen Parameter P1, P2, ..., PN durch die entsprechenden aktuellen Parameter A1, A2, ..., AN zu ersetzen und der so veränderte Rumpf auszuwerten.

Beispiel

Als Beispiel wird die Funktion DREI definiert, die das dritte Element einer Liste berechnet:

(DE DREI (LISTE)(CAR(CDR(CDR LISTE)))).

Die Funktionsanweisung DREI'(415) ersetzt im Rumpf der Funktion DREI die formalen Parameter durch (CAR(CDR(CDR '(415))))).

Die Auswertung liefert dann den Wert 5 als drittes Element der vorgelegten Liste.

Um Bedingungen und Fallunterscheidungen für Funktionen formulieren zu können, werden neue Atome wie z. B. NIL für „falsch" und T („true" für „wahr") und neue Grundfunktionen wie z. B. EQUAL zum Vergleich zweier Objekte eingeführt:

(EQUAL 12) = NIL,

(EQUAL 11) = T.

Die allgemeine Form eines bedingten Ausdrucks in LISP lautet:

(COND

     (Bedingung 1 s-Ausdruck 1)

     (Bedingung 2 s-Ausdruck 2)

        $\vdots$

     (Bedingung N s-Ausdruck N))

Falls die i-te Bedingung ($1 \leq i \leq N$) den Wahrheitswert T und alle vorhergehenden Bedingungen den Wert NIL liefern, ist das Ergebnis des bedingten Ausdrucks der i-te s-Ausdruck. Der bedingte Ausdruck erhält den Wert NIL, falls alle Bedingungen den Wert NIL haben.

Beispiel

Als Beispiel sei eine Funktion definiert, mit der die Länge einer Liste berechnet werden kann:

(DE LENGTH (LISTE)

   (COND

     ((EQUAL LISTE NIL)0)

     (T(PLUS(LENGTH

       (CDR LISTE))1))))

Die erste Bedingung stellt fest, ob die Liste leer ist. In diesem Fall hat sie die Länge 0. Die zweite Bedingung geht davon aus, dass die Liste nicht leer ist. In diesem Fall wird die Länge der Liste berechnet, in dem zur Länge der um das erste Element verkürzten Liste (LENGTH(CDR LISTE)) die Zahl 1 hinzu addiert wird.

Wir definieren nun, was allgemein unter einem LISP-Programm zu verstehen ist.

► Ein LISP-Programm ist selber eine Liste von Funktionsdefinitionen und ein Ausdruck, der mit diesen Funktionsdefinitionen auszuwerten ist:

((DE Funct 1 …)

(DE Funct 1 …)

$\vdots$

(DE Funct N …)

s-Ausdruck)

In den durch Punkte angedeuteten Rümpfen der verwendeten Funktionen können alle bisher definierten Funktionen verwendet werden. Da also ein LISP-Programm selber wieder ein s-Ausdruck ist, haben Programme und Daten in LISP die gleiche Form. Deshalb kann LISP auch als Metasprache für Programme auftreten, d. h. in LIPS kann über LISP-Programme gesprochen werden. Eine weitere Eignung von LISP für Probleme der Wissensverarbeitung in der KI ist dadurch gegeben, dass eine flexible Verarbeitung von Symbolen und Strukturen möglich ist. Numerische Berechnungen sind nur Spezialfälle.

In der KI wird versucht, Problemlösungsstrategien algorithmisch zu strukturieren und sie dann in eine KI-Programmiersprache wie LISP zu übersetzen. Ein zentraler KI-Anwendungsbereich sind Suchprobleme. Wenn z. B. ein Gegenstand in einer großen Menge gesucht wird und kein Wissen über einen Lösungsweg des Problems zur Verfügung steht, dann werden auch Menschen einen heuristischen Lösungsweg wählen, der als British-Museum-Algorithmus bekannt ist.

Beispiel

Beispiele für den British-Museum-Algorithmus sind die Suche eines Buchs in einer Bibliothek, einer Zahlenkombination bei einem Tresor oder einer chemischen Formel unter endlich vielen Möglichkeiten bei gegebenen Rahmenbedingungen. Die Lösung wird nach diesem Verfahren mit Sicherheit gefunden, wenn alle endlich vielen Möglichkeiten bzw. Fälle geprüft werden und folgende Voraussetzungen erfüllt sind:

1. Es gibt eine Menge von formalen Objekten, in der die Lösung enthalten ist.
2. Es gibt einen Generator, d. h. ein vollständiges Aufzählungsverfahren für diese Menge.
3. Es gibt einen Test, d. h. ein Prädikat, das feststellt, ob ein erzeugtes Element zur Problemlösungsmenge gehört oder nicht.

Der Suchalgorithmus heißt daher auch „GENERATE_AND_TEST (SET)" und soll zunächst inhaltlich beschrieben werden:

Funktion GENERATE_AND_TEST (SET)

Wenn die zu untersuchende Menge SET leer ist,

dann Misserfolg,

sonst

sei ELEM das nächste Element aus SET;

Wenn ELEM Zielelement,

dann liefere es als Lösung,

sonst wiederhole diese Funktion

mit der um ELEM verminderten Menge SET.

Für die Formulierung dieser Funktion in LISP werden folgende Hilfsfunktionen benötigt, deren Bedeutung inhaltlich umschrieben werden: GENERATE erzeugt ein Element der gegebenen Menge. GOALP ist eine Prädikatsfunktion, die T liefert, wenn das Argument der Lösungsmenge angehört, sonst NIL. SOLUTION verarbeitet das

Lösungselement zur Ausgabe. REMOVE liefert die um das gegebene
Element verkleinerte Menge. Die Formalisierung in LISP lautet nun

(DE GENERATE_AND_TEST(SET)
   (COND ((EQUAL SET NIL)'FAIL)
      (T(LET(ELEM(GENERATE SET))
         (COND((GOALP ELEM)(SOLUTION ELEM))
           (T(GENERATE_AND_TEST
             (REMOVE ELEM SET))))))))

An diesem Beispiel wird deutlich: Menschliches Denken muss
nicht unbedingt Vorbild für eine effiziente maschinelle Problemlösung sein. Ziel ist vielmehr, die Schnittstelle Mensch-Maschine mit
einer ausdrucksstarken KI-Programmiersprache zu optimieren. Ob
diese Sprachen mit ihren Datenstrukturen auch kognitive Strukturen
des menschlichen Denkens simulieren bzw. abbilden, ist Thema der
Kognitionspsychologie. KI-Programmiersprachen werden primär als
computergestützte Werkzeuge zur optimalen Problemlösung eingesetzt.

3.4 Automatisches Beweisen

Wenn Intelligenz mit Computern realisiert werden soll, dann muss sie
auf Rechenleistungen zurückführbar sein. Rechnen ist aber ein mechanischer Vorgang, der sich in elementare Rechenschritte zerlegen lässt.
In der Arithmetik können elementare Rechenschritte von Schulkindern
ausgeführt werden. Wir sprechen dann von „Algorithmen" nach dem per-
sischen Mathematiker al-Chwarismi, der um ca. 800 n. Chr. Lösungsver-
fahren für einfache algebraische Gleichungen fand. Turing zeigte 1936,
wie ein Rechenverfahren in eine Folge kleinster und einfachster Schritte
zerlegt werden kann. Damit gelang ihm erstmals, den allgemeinen Begriff eines effektiven Verfahrens (Algorithmus) logisch-mathematisch zu
präzisieren. Erst dann lässt sich nämlich unabhängig von der jeweiligen
Computertechnik beantworten, ob ein Problem prinzipiell berechenbar
oder nicht berechenbar sei.

Anschaulich stellte sich Turing seine Maschine wie eine Schreibmaschine vor. Wie ein beweglicher Schreibkopf kann ein Prozessor nacheinander einzelne wohlunterschiedene Zeichen aus einem endlichen Alphabet auf ein Schreibband drucken (Abb. 3.2). Das Schreibband ist in einzelne Felder unterteilt und nach links und rechts im Prinzip unbegrenzt. Das Programm einer Turingmaschine besteht aus einfachen Elementarbefehlen, die nacheinander (sequentiell) ausgeführt werden. Danach kann in dem jeweiligen Arbeitsfeld auf dem Schreibband ein Symbol des Alphabets gedruckt oder gelöscht, der Lese/Schreibkopf um ein Feld nach links oder rechts verschoben werden und schließlich nach endlich vielen Schritten stoppen. Im Unterschied zu einer Schreibmaschine kann eine Turingmaschine den Inhalt einzelner Felder des Bandes nacheinander lesen und in Abhängigkeit davon weitere Schritte ausführen.

Ein Beispiel für ein endliches Alphabet besteht aus den beiden Zeichen 0 und 1, mit denen sich alle natürliche Zahlen 1, 2, ... darstellen lassen. Wie beim Zählen lässt sich nämlich jede natürliche Zahl 1, 2, 3, 4, ... durch entsprechend häufige Addition von 1 erzeugen, also 1, 1 + 1, 1 + 1 + 1, 1 + 1 + 1 + 1, ... Auf dem Schreibband einer Turingmaschine wird eine natürliche Zahl daher durch eine entsprechende Kette von Einsen dargestellt, die nacheinander in einem Feld gedruckt sind. Am Anfang und Ende wird jede Zahl mit Null begrenzt. In Abb. 3.2 sind die Zahlen 3 und 4 auf einem Schreibband notiert.

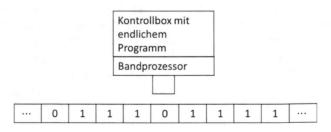

Abb. 3.2 Turingmaschine mit Schreibband

Beispiel

Ein Additionsprogramm für die Aufgabe $3 + 4$ besteht darin, die Null zwischen den beiden Einserketten zu löschen und die linke Einserkette um ein Feld nach rechts zu verschieben. So entsteht eine Einserkette aus sieben Einsen, also eine Darstellung der Zahl Sieben. Danach stoppt das Programm.

Nicht jedes Programm einer Turingmaschine ist so einfach wie die Addition. Im Prinzip kann aber das Rechnen mit natürlichen Zahlen auf das Manipulieren von 0 und 1 mit den Elementarbefehlen einer Turingmaschine zurückgeführt werden. Allgemein untersucht die Arithmetik mehrstellige Funktionen f mit Argumenten $x_1, \ldots, x_n$, also z. B. $f(x_1, x_2) = x_1 + x_2$. Jedes Argument ist eine Zahl, die auf einem Turingband durch eine Einserkette dargestellt wird. Die restlichen Felder sind leer, d. h. mit 0 bedruckt. Nun lässt sich allgemein die Turing-Berechenbarkeit einer Funktion definieren:

► Am Anfang einer Rechnung stehen auf einem Turingband nur Einserketten, die durch Nullen getrennt sind, also: $\ldots 0x_10x_20\ldots 0x_n0\ldots$ Eine n-stellige Funktion f mit Argumenten $x_1, \ldots, x_n$ heißt Turing-berechenbar, wenn es eine Turingmaschine gibt, die mit einer Bandbeschriftung $\ldots 0x_10x_2\ldots 0x_n\ldots$ beginnt und nach endlich vielen Schritten mit der Bandbeschriftung $\ldots 0f(x_1, \ldots, x_n)0\ldots$ stoppt. Dabei wird der Funktionswert $f(x_1, \ldots, x_n)$ durch eine entsprechende Einserkette dargestellt.

Jede Turingmaschine kann durch die Liste ihrer Anweisungen eindeutig definiert werden. Dieses Turingprogramm besteht aus endlich vielen Anweisungen und Zeichen eines endlichen Alphabets. Anweisungen und Zeichen können durch Zahlen kodiert werden. Daher lässt sich eine Turingmaschine eindeutig durch einen Zahlenkode (Maschinennummer) charakterisieren, der das entsprechende Maschinenprogramm mit seinen endlich vielen Zeichen und Anordnungen verschlüsselt. Diese Maschinennummer kann wie jede Zahl als Folge von Nullen und Einsen auf einem Turingband notiert werden. Damit war es Turing möglich, das Verhalten einer beliebigen Turingmaschine auf einer beliebigen Bandschrift durch eine bestimmte Turingmaschine mit vorgegebenem Turingband zu simulieren. Turing nannte eine solche Maschine universell. Sie übersetzt jede Anweisung der simulierten Maschine, deren Maschinenkode auf ihrem Band notiert ist, in einen entsprechenden Bearbeitungsschritt einer beliebig vorgegebenen Bandinschrift.

Vom logischen Standpunkt ist jeder universelle programmkontrollierte Computer, wie er z. B. von John von Neumann oder Zuse gebaut wurde, nichts anderes als eine technische Realisation einer solchen universellen Turingmaschine, die jedes mögliche Turingprogramm ausführen kann. Ein Computer ist heute ein Vielzweckinstrument, das wir als Schreibmaschine, Rechner, Buch, Bibliothek, Videogerät, Drucker oder Multimedia-Show verwenden können je nachdem, welches Programm wir einstellen und laufen lassen. Aber auch Smartphones und Automobile stecken voller Computerprogramme. Jedes dieser Programme lässt sich im Prinzip auf ein Turingprogramm zurückführen. Wegen ihrer vielfältigen Aufgaben wären diese Turingprogramme sicher sehr viel unübersichtlicher, größer und langsamer als die Programme, die wir heute installieren. Aber vom logischen Standpunkt sind diese technischen Fragen unerheblich. Jeder Computer kann also im Prinzip bei beliebiger Vergrößerung der Speicherkapazität und Verlängerung der Rechenzeit dieselbe Klasse von Funktionen berechnen, die auch von einer Turingmaschine berechnet werden kann.

Neben Turingmaschinen wurden verschiedene andere Verfahren zur Definition berechenbarer Funktionen vorgeschlagen, die sich als mathematisch äquivalent mit der Berechenbarkeit durch Turingmaschinen erwiesen [10, 11].

▶ In einer nach ihm benannten These (Churchsche These) stellte A. Church fest, dass der Begriff der Berechenbarkeit überhaupt durch eine Definition wie die Turing-Berechenbarkeit vollständig erfasst sei. Die Churchsche These kann natürlich nicht bewiesen werden, da sie präzise Begriffe wie Turing-Berechenbarkeit mit intuitiven Vorstellungen von Rechenverfahren vergleicht. Sie wird allerdings dadurch gestützt, dass alle bisherigen Definitionsvorschläge zur Turing-Berechenbarkeit mathematisch äquivalent sind.

Wenn wir bestimmen wollen, wie intelligent eine Problemlösung ist, dann ist zunächst zu klären, wie schwierig und komplex ein Problem ist. In der Theorie der Berechenbarkeit, die auf Turing zurückgeht, wird die

Komplexität eines Problems durch den Rechenaufwand der Problemlösung gemessen. Nach der Churchschen These liegt mit der Turingmaschine ein exakter Maßstab für Berechenbarkeit vor. Die Frage, ob ein
Problem effektiv entscheidbar ist, hängt mit seiner Berechenbarkeit unmittelbar zusammen. So lässt sich z. B. die Frage, ob eine natürliche Zahl
gerade ist oder nicht, in endlich vielen Schritten entscheiden, indem wir
für eine vorgelegte Zahl nachprüfen, ob sie durch 2 teilbar ist oder nicht.
Das lässt sich mit einem Programm einer Turingmaschine nachrechnen.

Es reicht aber nicht aus, auf Probleme ein vorgegebenes Entscheidungsverfahren anwenden zu können. Häufig kommt es darauf an, Lö-
sungsverfahren zu finden. Anschaulich stellen wir uns ein Maschinenprogramm vor, das systematisch alle Zahlen aufzählt, die ein Problem
lösen bzw. eine Eigenschaft erfüllen.

▶ Eine arithmetische Eigenschaft heißt effektiv aufzählbar, wenn ihre
zutreffenden Zahlen durch ein effektiv berechenbares Verfahren (Algorithmus) aufgezählt (gefunden) werden können.

Um für eine beliebig vorgelegte Zahl zu entscheiden, ob sie gerade
ist, reicht es allerdings nicht aus, alle geraden Zahlen nacheinander effektiv aufzuzählen, um zu vergleichen, ob die gesuchte Zahl dabei ist.
Wir müssen ebenso alle nicht-geraden (ungeraden) Zahlen effektiv auf-
zählen können, um vergleichen zu können, ob die gesuchte Zahl zu der
Menge derjenigen Zahlen gehört, die die geforderte Eigenschaft nicht
erfüllen.

Allgemein ist eine Menge effektiv entscheidbar, wenn sie selbst und
ihre Komplementärmenge (deren Elemente nicht zur Menge gehören)
effektiv aufzählbar sind. Daher folgt, dass jede effektiv entscheidbare
Menge auch effektiv aufzählbar ist. Es gibt aber effektiv aufzählbare
Mengen, die nicht entscheidbar sind. Damit sind wir an der Kernfrage
angelangt, ob es auch nicht-berechenbares (nicht-algorithmisches) Denken gibt.

Ein Beispiel eines nicht effektiv entscheidbaren Problems betrifft die
Turingmaschine selbst.

▶ **Stopp-Problem der Turingmaschine** Es gibt prinzipiell kein allgemeines Entscheidungsverfahren für die Frage, ob eine beliebige Turingmaschine mit einem entsprechenden Maschinenprogramm bei einem beliebigen Input nach endlich vielen Schritten
stoppt oder nicht.

Turing begann seinen Nachweis der Unentscheidbarkeit des Stopp-
Problems mit der Frage, ob alle reellen Zahlen berechenbar seien. Eine
reelle Zahl wie $\pi = 3,1415926\ldots$ besteht aus einer unendlichen Anzahl
von Ziffern hinter dem Dezimalkomma, die zufällig verteilt scheinen.
Dennoch gibt es ein endliches Verfahren bzw. Programm zur schrittweisen Berechnung jeder Ziffer mit wachsender Genauigkeit von π. Daher
ist π eine berechenbare reelle Zahl. In einem ersten Schritt definiert Turing eine nachweislich nicht-berechenbare reelle Zahl.

Hintergrundinformationen

Ein Turing-Programm besteht aus einer endlichen Liste von Symbolen und Ope-
rationsanweisungen, die wir durch Zahlenkodes verschlüsseln können. Tatsächlich
geschieht das auch im Maschinenprogramm eines Computers. Auf diesem Weg lässt
sich jedes Maschinenprogramm eindeutig durch einen Zahlenkode charakterisieren.
Diese Zahl nennen wir Kode- bzw. Programmnummer eines Maschinenprogramms.
Wir stellen uns nun eine Liste von allen möglichen Programmnummern vor, die in der
Reihenfolge $p_1, p_2, p_3, \ldots$ mit zunehmender Größe geordnet sei. Falls ein Programm
eine reelle Zahl mit unendlicher Anzahl von Ziffern hinter dem Dezimalpunkt (wie
z. B. π) berechnet, dann wird sie in der Liste hinter der entsprechenden Programmnummer notiert. Andernfalls bleibt die Zeile hinter einer Programmnummer leer [12]:

$$p_1 \quad -.\underline{z_{11}}z_{12}z_{13}z_{14}z_{15}z_{16}z_{17}\cdots$$

$$p_2 \quad -.z_{21}\underline{z_{22}}z_{23}z_{24}z_{25}z_{26}z_{27}\cdots$$

$$p_3 \quad -.z_{31}z_{32}\underline{z_{33}}z_{34}z_{35}z_{36}z_{37}\cdots$$

$$p_4$$

$$p_5 \quad -.z_{51}z_{52}z_{53}z_{54}\underline{z_{55}}z_{56}z_{57}\cdots$$

.

.

.

Zur Definition seiner nicht-berechenbaren Zahl wählt Turing die unterstrichenen
Werte auf der Diagonale der Liste, ändert sie um (z. B. durch Addition von 1) und

setzt diese veränderten Werte (mit *) mit einem Dezimalpunkt am Anfang zu einer neuen reellen Zahl zusammen:

$$-.z_{11}^* z_{22}^* z_{33}^* z_{44}^* z_{55}^* \cdots$$

Diese neue Zahl kann nicht in unserer Liste vorkommen, da sie sich in der ersten Ziffer von der ersten Zahl hinter p_1 unterscheidet, in der zweiten Ziffer von der zweiten Zahl hinter p_2, etc. für alle ihre Ziffern hinter dem Dezimalpunkt. Daher ist die so definierte reelle Zahl nicht-berechenbar.

Mit dieser Zahl beweist Turing im nächsten Schritt die Nicht-Entscheidbarkeit des Stopp-Problems. Wäre nämlich das Stopp-Problem entscheidbar, dann könnten wir entscheiden, ob das n-te Computerprogramm (mit $n = 1, 2, \ldots$) eine n-te Ziffer hinter dem Dezimalpunkt nach endlich vielen Schritten berechnet, stoppt und ausdruckt. Wir könnten also eine reelle Zahl berechnen, die nach ihrer Definition nicht in der Liste aller berechenbaren reellen Zahlen vorkommen kann.

Formale Ableitungen (Beweise) des Logikkalküls lassen sich als Aufzählungsverfahren verstehen, mit denen die Kodenummern der logischen Wahrheiten aufgezählt werden können. In diesem Sinn ist die Menge der logischen Wahrheiten der Prädikatenlogik 1. Stufe (PL1) effektiv aufzählbar. Sie ist aber nicht effektiv entscheidbar, da es kein allgemeines Verfahren gibt, um für eine beliebige Zahl auszurechnen, ob sie Kodenummer einer beweisbaren Formel (also eine logische Wahrheit) der PL1 ist oder nicht. Dabei muss betont werden, dass es kein allgemeines Entscheidungsverfahren für diesen Kalkül gibt.

► Der formale Logikkalkül der PL1 ist vollständig, da wir mit ihm alle logischen Wahrheiten der Prädikatenlogik 1. Stufe formal ableiten können.
Demgegenüber ist der Formalismus der Arithmetik mit den Grundrechenarten unvollständig (K. Gödels erster Unvollständigkeitssatz 1931).

Im Unterschied zu Gödels umfangreichem Beweis folgt die Unvollständigkeit der Arithmetik unmittelbar aus Turings Stopp-Problem:

Hintergrundinformationen
Falls es nämlich ein vollständiges formales axiomatisches System geben würde, aus dem alle mathematischen Wahrheiten ableitbar sind, dann hätten wir auch ein Entscheidungsverfahren darüber, ob ein Computerprogramm irgendwann stoppt.

Wir durchlaufen dazu einfach alle möglichen Beweise, bis wir entweder einen Beweis finden, dass das Programm stoppt, oder einen Beweis finden, dass es nie stoppt. Falls es daher eine endliche Menge von Axiomen zur Ableitung aller mathematischen Beweise geben würde, könnten wir darüber entscheiden, ob ein Computerprogramm nach endlich vielen Schritten stoppt oder nicht im Widerspruch zur Nicht-Entscheidbarkeit des Stopp-Problems.

Im zweiten Gödelschen Unvollständigkeitssatz wird gezeigt, dass die Widerspruchsfreiheit eines formalen Systems nicht mit den finiten Mitteln bewiesen werden kann, die in diesem System selbst verwendet werden. Mit finiten Beweismitteln meinen wir solche Verfahren, die dem Zählprozess 1, 2, 3, ... nachgebildet sind.

Wenn man die Beweismethoden über die finiten Beweismethoden dieses Typs hinaus erweitert, wird die Widerspruchsfreiheit der formalen Zahlentheorie mit stärkeren Mitteln beweisbar. Das war die grundlegende Idee des Logikers und Mathematikers G. Gentzen (1909–1945), mit der er die moderne Beweistheorie einleitete und wichtige Impulse für spätere Computerprogramme der Informatik gab. 1936, also im Jahr von Turings berühmtem Artikel über das Entscheidungsproblem, schrieb er [13]:

„Man kann es auch so ausdrücken, dass sich für die Zahlentheorie kein ein für allemal ausreichendes System von Schlussweisen angeben lässt, sondern dass vielmehr immer wieder Sätze gefunden werden können, deren Beweise neuartige Schlussweisen erfordern."

▶   Auf Computer übertragen folgt daraus, dass es nicht „den" Supercomputer geben kann, der für beliebige Inputs alle möglichen (mathematischen) Probleme entscheiden kann. Wir können aber unvollständige Formalismen ständig ergänzen, um so zu reichhaltigeren und damit mächtigeren Programmen zu kommen.

Hintergrundinformationen
Die Komplexität von Formeln führt uns zu Graden der Entscheidbarkeit [14]:
    So besteht die Formel „Für alle natürlichen Zahlen n und alle natürlichen Zahlen m gibt es eine natürliche Zahl p, so dass $m + n = p$" (formal: $\bigwedge m \bigwedge n \bigvee p \quad m + n = p$) aus einer Gleichung mit dem Additionsterm $m + n$ und Variablen m, n und p, die durch einen Existenzquantor $\bigvee$ und zwei Allquantoren $\bigwedge$ erweitert wird. Die Addition von zwei Zahlen ist effektiv berechenbar und daher die in der Gleichung behauptete Eigenschaft effektiv entscheidbar.

Allgemein besteht eine arithmetische Formel aus einer effektiv entscheidbaren Eigenschaft, die durch logische Quantoren erweitert wird. Je nach Anzahl, Art und Reihenfolge dieser Quantoren lassen sich Klassen unterschiedlich komplexer Formeln unterscheiden, die Graden der Entscheidbarkeit entsprechen. Entscheidbare Eigenschaften entsprechen Turingmaschinen, die nach endlich vielen Schritten stoppen. Treten Quantoren hinzu, muss das Konzept der Turingmaschine erweitert werden, weil Rechenprozesse unter Umständen mehrfach unendlich (d. h. entlang aller natürlichen Zahlen) durchlaufen werden müssen. Gelegentlich ist von Hyper-Berechenbarkeit (hypercomputation) die Rede. Allerdings handelt es sich dabei nur um formale Modelle von Rechenmaschinen jenseits der technisch-physikalischen Realisierung durch physikalische Rechenmaschinen.

Bemerkenswert ist, dass Turing in seiner Dissertation das Thema der Hyper-Berechenbarkeit bereits anspricht und danach fragt, wie Maschinen sich jenseits effektiver Algorithmen verhalten.

► Für die Künstliche Intelligenz ist hervorzuheben, dass die Klassen und Grade der Berechenbarkeit und Entscheidbarkeit auf logisch-mathematischen Beweisen beruhen. Sie gelten also unabhängig von der technischen Leistungsstärke physikalischer Computer. Auch zukünftige Supercomputer werden die Gesetze der Logik und Mathematik nicht überwinden!

Für den Intelligenzgrad einer Problemlösung ist nicht nur die Frage interessant, ob ein Problem prinzipiell entscheidbar sei, sondern wie und mit welchem Aufwand eine Entscheidung herbeigeführt werden kann.

Beispiel

Betrachten wir das bekannte Problem eines Handlungsreisenden, der seine Kunden in ihren verschiedenen Städten nacheinander auf der kürzest möglichen Strecke abfahren soll. Bei z. B. 3 Kunden hat er beim ersten Kunden 3 Möglichkeiten der Anfahrt von zu Hause. Für den zweiten Kunden verbleiben dann $2 = 3 - 1$ Möglichkeiten der Anfahrt. Für den dritten Kunden bleibt nur noch $1 = 3 - 2$ Möglichkeit der Anfahrt, um dann nach Hause zurückzufahren. Die Anzahl der Routen umfasst also $3 \cdot 2 \cdot 1 = 6$ Möglichkeiten. Statt Möglichkeiten sagen die Mathematiker „Fakultät" und schreiben $3! = 6$. Mit wachsender Kundenzahl steigen die Möglichkeiten extrem schnell von $4! = 24$ über $5! = 120$ bis $10! = 3.628.800$.

Eine praktische Anwendung ist die Frage, wie ein Automat auf kürzestem Weg 442 Löcher in eine Platine bohren kann. Solche Leiterplatten befinden sich mit ähnlich hohen Anzahlen in Haushaltsgeräten, Fernsehempfängern oder Computern. Die Zahl 442! mit über tausend Dezimalstellen lässt sich nicht ausprobieren. Wie effektiv kann eine Lösung sein?

In der Komplexitätstheorie der Informatik werden Grade von Berechenbarkeit und Entscheidbarkeit unterschieden [15, 16]. Dazu kann die Rechenzeit als Anzahl der Elementarschritte eines Turingprogramms in Abhängigkeit von der Länge der Bandinschrift bei Rechnungsbeginn („Input") gewählt werden. Ein Problem hat lineare Rechenzeit, wenn die Rechenzeit nur proportional zur Länge der Summanden zunimmt: Bei der Multiplikation wächst die Anzahl der Rechenschritte proportional zum Quadrat der Inputlänge. Wächst die Anzahl der Rechenschritte proportional zum Quadrat, Polynom oder Exponenten der Inputlänge, spricht man von quadratischer, polynomialer und exponentialer Rechenzeit.

Lange Rechenzeiten kommen bei einer deterministischen Turingmaschine dadurch zustande, dass alle Teilprobleme und Fallunterscheidungen eines Problems systematisch nacheinander geprüft und berechnet werden müssen. Manchmal scheint es deshalb ratsamer, sich unter einer endlichen Anzahl von Möglichkeiten durch eine Zufallsentscheidung eine Lösung auszuwählen. So verfährt eine nicht-deterministische Turingmaschine: Sie rät eine Antwort auf das Problem und beweist dann die geratene Antwort. Um zu entscheiden, ob z. B. eine natürliche Zahl zusammengesetzt ist, rät die nichtdeterministische Maschine einen Teiler, teilt die gegebene Zahl mit Rest durch den Teiler und überprüft, ob der Rest aufgeht. In diesem Fall bestätigt die Maschine, dass die Zahl zusammengesetzt ist. Demgegenüber muss eine deterministische Turingmaschine systematisch nach einem Teiler suchen, indem sie z. B. jede von Eins verschiedene kleinere Zahl als die vorgegebene Zahl aufzählt und den Teilbarkeitstest durchführt.

▶ Probleme, die in polynomialer Zeit durch eine deterministische Maschine entschieden werden, heißen P-Probleme. Werden Probleme in polynomialer Zeit von einer nichtdeterministischen Maschine entschieden, sprechen wir von NP-Problemen. Nach dieser Definition sind alle P-Probleme auch NP-Probleme. Es ist allerdings nach wie vor eine offene Frage, ob alle NP-Probleme auch P-Probleme sind, also nichtdeterministische Maschinen bei polynomialer Rechenzeit durch deterministische Maschinen ersetzt werden können.

Wir kennen heute Probleme, die zwar nicht entschieden werden, von denen wir aber exakt bestimmen können, wie schwierig sie sind. Aus der Aussagenlogik ist das Problem bekannt, wie für eine beliebige aus Elementaraussagen zusammengesetzte Aussage herausgefunden werden soll, welche der Elementaraussagen wahr bzw. falsch sein müssen, damit die gesamte Aussage wahr ist (vgl. Abschn. 3.1).

So ergeben die durch die logische Verknüpfung „und" verbundenen Elementaraussagen A und B nur dann eine wahre zusammengesetzte Aussage, wenn beide Elementaraussagen A bzw. B wahr sind. Die durch „oder" verbundenen Elementaraussagen ergeben nur dann eine wahre zusammengesetzte Aussage, wenn wenigstens eine Elementaraussage wahr ist. Man sagt in diesen Fällen, dass die zusammengesetzten Aussagen „erfüllbar" seien. Demgegenüber bilden die durch „und" verbundene Elementaraussage A und ihre Verneinung keine erfüllbare Aussage: Beide Elementaraussagen können nicht zugleich wahr sein.

Die Rechenzeit eines Algorithmus, der alle Kombinationen von Wahrheitswerten einer zusammengesetzten Aussage überprüft, hängt ab von der Anzahl ihrer Elementaraussagen. Bisher ist weder ein Algorithmus bekannt, der das Problem in Polynomialzeit löst, noch wissen wir, ob es einen solchen Algorithmus überhaupt gibt. Der amerikanische Mathematiker A. Cook konnte allerdings 1971 beweisen, dass das Erfüllbarkeitsproblem mindestens so schwierig ist wie jedes andere Problem aus der Klasse der NP-Probleme.

▶ Zwei Probleme sind äquivalent in ihrer Schwierigkeit, falls eine Lösung des einen Problems auch eine Lösung des anderen Problems liefert. Ein Problem, das in diesem Sinne äquivalent ist mit einer Klasse von Problemen, heißt vollständig in Bezug auf diese Klasse. Nach dem Erfüllbarkeitsproblem konnten noch andere klassische Probleme wie z. B. das Problem des Handlungsreisenden als NP-vollständig bewiesen werden.

NP-vollständige Probleme gelten als hoffnungslos schwierig. Praktiker suchen daher nicht nach exakten Lösungen, sondern unter praktikablen Einschränkungen nach fast optimalen Lösungen. Hier ist Einfallsreichtum, Phantasie und Kreativität gefragt. Das Rundreiseproblem ist nur ein Beispiel für praktische Planungsprobleme, wie sie sich alltäglich beim Entwurf z. B. von Verkehrs- und Kommunikationsnetzen unter sich ständig verändernden Netzbedingungen stellen. Je weniger Rechenaufwand, Zeit und Speicherkapazität ein Algorithmus benötigt, umso preisgünstiger und wirtschaftlicher gestalten sich praktische Problemlösungen. Die Komplexitätstheorie liefert also die Rahmenbedingungen für praktische intelligente Problemlösungen.

In der KI realisieren Algorithmen Wissensverarbeitung, indem aus Datenstrukturen (also Zeichenreihen) weitere Zeichenreihen abgeleitet werden. Das entspricht dem Ideal des mathematischen Beweisens, dass in der Mathematik seit der Antike vertreten wird. Euklid hatte gezeigt, wie aus als wahr vorausgesetzten Axiomen nur durch logische Schlüsse mathematische Lehrsätze abgeleitet und bewiesen werden konnten. In der KI stellt sich die Frage, ob mathematisches Beweisen auf Algorithmen übertragen und „automatisiert" werden kann. Dahinter steht dann die grundlegende KI-Frage, ob und bis zu welchem Grad Denken automatisiert, also durch einen Computer ausgeführt werden kann.

Schauen wir uns dazu einen klassischen Beweis näher an: Um 300 v. Chr. bewies Euklid die Existenz unendlich vieler Primzahlen [17]. Euklid vermeidet den Begriff „unendlich" und behauptet: „Es gibt mehr Primzahlen als jede vorgelegte Anzahl von Primzahlen". Eine Primzahl ist eine natürliche Zahl, die genau zwei natürliche Zahlen als Teiler hat. Eine Primzahl ist also eine natürliche Zahl größer als eins, die nur durch sich selbst und durch 1 ganzzahlig teilbar ist. Beispiele: 2, 3, 5, 7, ...

Euklid argumentiert mit einem Widerspruchsbeweis. Er nimmt das Gegenteil der Behauptung an, schließt logisch unter dieser Annahme auf einen Widerspruch. Die Annahme war also falsch. Wenn wir nun voraussetzen, dass eine Aussage entweder war oder falsch ist, dann gilt das Gegenteil der Annahme: die Behauptung ist richtig.

Beispiel

Nun also der Widerspruchsbeweis: Angenommen es gäbe nur endlich viele Primzahlen $p_1, \ldots, p_n$. Mit m bezeichnen wir die kleinste Zahl, die von allen diesen Primzahlen geteilt wird, d. h. das Produkt $m = p_1 \cdot \ldots \cdot p_n$. Für den Nachfolger $m + 1$ von m gibt es zwei Möglichkeiten:

1. Fall: $m + 1$ ist eine Primzahl. Nach Konstruktion ist sie größer als $p_1, \ldots, p_n$ und damit eine zusätzliche Primzahl im Widerspruch zur Annahme.

2. Fall: $m + 1$ ist keine Primzahl. Dann muss sie einen Teiler q besitzen. Nach Annahme muss q dann eine der Primzahlen $p_1, \ldots, p_n$ sein. Damit ist sie auch ein Teiler von m. Die Primzahl q teilt also sowohl m also auch den Nachfolger $m + 1$. Dann teilt sie auch die Differenz von m und $m + 1$, also 1. Das kann aber nicht zutreffen, da 1 nach Definition keine Primzahl als Teiler besitzt.

Der Nachteil an diesem Beweis ist, dass wir die Existenz der Primzahlen konstruktiv nicht bewiesen haben. Wir haben nur gezeigt, dass das Gegenteil der Annahme zu Widersprüchen führt. Um die Existenz eines Objekts zu beweisen, benötigen wir einen Algorithmus, der ein Objekt erzeugt und beweist, dass die Aussage für dieses Beispiel richtig ist. Formal lautet eine Existenzaussage $A \equiv \bigvee x B(x)$ (vgl. Abschn. 3.1). In einer abgeschwächten Form könnten wir fordern, eine Liste von endlich vielen Zahlen $t_1, \ldots, t_n$ zu konstruieren, die Kandidaten für die Aussage B sind, so dass die Oder-Aussage $B(t_1) \vee \ldots \vee B(t_n)$ gilt, also die Aussage B für wenigstens eine der konstruierten Zahlen $t_1, \ldots, t_n$ wahr ist. Das könnte auch eine Maschine leisten. Wenn allgemein für alle x ein y mit $B(x, y)$ existieren soll, also formal $A \equiv \bigwedge x \bigvee y \, B(x, y)$ gilt, dann benötigen wir einen Algorithmus p, der für jeden x-Wert einen Wert $y = p(x)$ konstruiert, so dass $B(x, p(x))$ für alle x gilt, also formal $\bigwedge x \, B(x, p(x))$. In einer schwächeren Form wären wir zufrieden, wenn für den Suchprozess eines y-Wertes für einen gegeben x-Wert wenigstens eine obere Schranke $b(x)$ berechnet werden könnte, also formal $\bigwedge x \bigvee y \leq b(x) B(x, y)$. Damit lässt sich der Suchprozess genau abschätzen.

Der amerikanische Logiker G. Kreisel hat deshalb gefordert, dass Beweise mehr als bloße Verifikationen sein sollen. Sie sind gewissermaßen

„eingefrorene" Algorithmen. Man muss sie nur in den Beweisen entdecken und „herauswinden" (unwinding proofs) [18]. Dann können sie
auch Maschinen übernehmen.

Beispiel

Tatsächlich ist im Beweis von Euklid ein konstruktives Verfahren
„versteckt". Es lässt sich nämlich für jede Position r einer Primzahl
p_r(in der Aufzählung $p_1 = 2$, $p_2 = 3$, $p_3 = 5$, ...) eine obere Schranke $b(r)$ berechnen, also zu jeder vorgelegten Anzahl von Primzahlen
eine weitere angeben, die allerdings unterhalb einer berechenbaren
Schranke liegt. In Euklids indirektem Beweis werden ja endlich viele
Primzahlen angenommen, die kleiner oder gleich einer Schranke x
sind, also $p \leq x$. Damit wird dann eine Zahl $1 + \prod_{p \leq x} p$ konstruiert, aus der die Widersprüche abgeleitet werden. (Dabei bezeichnet
$\prod_{p \leq x} p$ das Produkt aller Primzahlen, die kleiner oder gleich x sind.)
Wir konstruieren daher zunächst die Schranke

$$g(x) := 1 + x! \geq 1 + \prod_{p \leq x} p.$$

Die Fakultätsfunktion $1 \cdot 2 \cdot \ldots \cdot x = x!$ lässt sich durch die sogenannte Stirling-Formel abschätzen. Wir zielen allerdings auf eine
obere Schranke der $r + 1$-ten Primzahl p_{r+1}, die nur von der Position r in der Aufzählung der Primzahlen anstelle von der unbekannten
Schranke $x \geq p_r$ abhängt. Euklids Beweis zeigt $p_{r+1} \leq p_1 \cdots p_r + 1$.
Daraus lässt sich für alle $r \geq 1$ (durch vollständige Induktion über r)
beweisen, dass $p_r < 2^{2^r}$. Die gesuchte berechenbare Schranke ist also
$b(r) = 2^{2^r}$.

In Logik und Mathematik werden Formeln (also Zeichenreihen)
Schritt für Schritt abgeleitet, bis der Beweis einer Behauptung abgeschlossen ist. Computerprogramme arbeiten im Grunde wie Beweise.
Schritt für Schritt leiten sie nach festgelegten Regeln Zeichenfolgen ab,
bis ein formaler Ausdruck gefunden ist, der für eine Lösung des Problems steht. Stellen wir uns z. B. die Montage eines Werkstücks auf einem
Fließband vor. Das entsprechende Computerprogramm beschreibt, wie
das Werkstück Schritt für Schritt aus vorausgesetzten Einzelteilen nach
Regeln aufeinander aufbauend entsteht.

Ein Kunde wünscht von einem Informatiker ein Computerprogramm, das ein solches Problem löst. Bei einem sehr komplexen und unübersichtlichen Produktionsprozess, möchte er sicher vorher einen Beweis, dass das Programm auch korrekt arbeitet. Eventuelle Fehler wären gefährlich oder würden erhebliche Mehrkosten verursachen. Der Informatiker beruft sich dazu auf eine Software, die den Beweis automatisch aus den formalen Eigenschaften des Problems extrahiert hat. So wie Software im „Data Mining" zur Suche von Daten oder Datenkorrelationen eingesetzt wird, so lässt sich passende Software auch zur automatischen Suche von Beweisen einsetzen. Man spricht dann von „proof mining " [19]. Das entspricht Georg Kreisels Ansatz, Algorithmen aus Beweisen herauszufiltern (unwinding proofs), nun allerdings automatisch durch Computerprogramme.

Dann entsteht allerdings die Frage, ob die Software zur Extraktion des Beweises selber zuverlässig ist. In einem genau vorgegeben Rahmen lassen sich solche Zuverlässigkeitsbeweise für die zugrunde gelegte Software führen. Der Kunde kann dann sicher sein, dass das Computerprogramm für seine Problemlösung korrekt arbeitet. Dieses „automatische Beweisen" hat also nicht nur erhebliche Bedeutung für die moderne Softwaretechnik. Sie führt auch zu philosophisch tiefen Fragen, wieweit nämlich (mathematisches) Denken automatisiert werden kann: Die Beweisfindung ist automatisch. Den Korrektheitsbeweis der dazu verwendeten Software führt aber ein Mathematiker. Selbst wenn wir diesen Beweis wieder automatisieren würden, entsteht eine grundlegende erkenntnistheoretische Frage: Führt uns das nicht in einen Regress, an dessen Ende immer der Mensch steht (stehen muss)?

Ein Beispiel ist das interaktive Beweissystem MINLOG, das aus formalen Beweisen automatisch Computerprogramme heraus extrahiert [20, 21]. Es benutzt die Computersprache LISP (vgl. Abschn. 3.3). Ein einfaches Beispiel ist die Behauptung, dass für jede Liste v von Symbolen in LISP eine Umkehrliste w mit umgekehrter Anordnung der Symbole existiert. Das ist wieder eine Behauptung von der Form $A \equiv \bigwedge v \bigvee w B(v, w)$. Der Beweis kann informal durch eine Induktion über den Aufbau der Listen v geführt werden. MINLOG extrahiert daraus automatisch ein passendes Computerprogramm. Aber auch für anspruchsvolle mathematische Beweise lässt sich diese Software benutzen. Ein allgemeiner Zuverlässigkeitsbeweis garantiert, dass die Software korrekte Programme liefert [22].

Literatur

1. Robinson JA (1965) A machine oriented logic based on the resolution principle. Journal of the Association for Computing Machinery 12:23–41
2. Richter MM (1978) Logikkalküle. Teubner, Stuttgart, S 185
3. Schöning U (1987) Logik für Informatiker. B.I. Wissenschaftsverlag, Mannheim, S 85
4. Kowalski B (1979) Logic for Problem Solving. North-Holland: New York.
5. Hanus M (1986) Problemlösen in PROLOG. Vieweg+Teubner, Stuttgart
6. Schefe P (1987) Informatik – Eine konstruktive Einführung. LISP, PROLOG und andere Konzepte der Programmierung. B.I. Wissenschaftsverlag, Mannheim, S 285
7. Church A (1941) The Calculi of Lambda-Conversion. Library of America, Princeton (repr. New York 1965)
8. McCarthy J et al (1960) LISP 1 Programmer's Manual. MIT Computer Center and Research Lab. Electronics, Cambridge (Mass.)
9. Stoyan H, Goerz G (1984) LISP – Eine Einführung in die Programmierung. Springer, Berlin
10. Hermes H (1978) Aufzählbarkeit, Entscheidbarkeit, Berechenbarkeit. Einführung in die Theorie der rekursiven Funktionen, 3. Aufl. Springer, Berlin (1. Aufl. 1961)
11. Brauer W, Indermark K (1968) Algorithmen, rekursive Funktionen und formale Sprachen. B.I. Wissenschaftsverlag, Mannheim
12. Chaitin G (1998) The Limits of Mathematics. Springer, Singapore
13. Gentzen G (1938) Die gegenwärtige Lage in der mathematischen Grundlagenforschung. Deutsche Mathematik 3:260
14. Shoenfield JR (1967) Mathematical Logic. Addison Wesley, Reading (Mass.)
15. Arora S, Barak B (2009) Computational Complexity. A Modern Approach. Cambridge University Press, Cambridge
16. Wegener I (2003) Komplexitätstheorie. Grenzen der Effizienz von Algorithmen. Springer, Berlin
17. Aigner M, Ziegler GM (2001) Proofs from The Book, 2. Aufl. Springer, Berlin, S 3
18. Feferman S (1996) Kreisel's „unwinding" Program. In: Odifreddi P (Hrsg) Kreisleriana. About and Around Georg Kreisel, Review of Modern Logic, S 247–273
19. Kohlenbach U (2008) Applied Proof Theory: Proof Interpretations and Their Use in Mathematics. Springer, Berlin (Chapter 2)
20. Schwichtenberg H (2006) Minlog. In: Wiedijk F (Hrsg) The Seventeen Provers of the World. Lecture Notes in Artificial Intelligence, Bd. 3600. Springer, Berlin, S 151–157
21. Schwichtenberg H, Wainer SS (2012) Proofs and Computations. Cambridge University Press, Cambridge (Chapter 7)
22. Mayr E, Prömel H, Steger A (Hrsg) (1998) Lectures on Proof Verification and Approximation Algorithms. Lecture Notes in Computer Science, Bd. 1967. Springer, Berlin

Systeme werden zu Experten

4.1 Architektur eines wissensbasierten Expertensystems

Wissensbasierte Expertensysteme sind Computerprogramme, die Wissen über ein spezielles Gebiet speichern und ansammeln, aus dem Wissen automatisch Schlussfolgerungen ziehen, um zu konkreten Problemen des Gebietes Lösungen anzubieten. Im Unterschied zum menschlichen Experten ist das Wissen eines Expertensystems aber auf eine spezialisierte Informationsbasis beschränkt ohne allgemeines und strukturelles Wissen über die Welt [1–3].

Um ein Expertensystem zu bauen, muss das Wissen des Experten in Regeln gefasst werden, in eine Programmsprache übersetzt und mit einer Problemlösungsstrategie bearbeitet werden. Die Architektur eines Expertensystems besteht daher aus den folgenden Komponenten: Wissensbasis, Problemlösungskomponente (Ableitungssystem), Erklärungskomponente, Wissenserwerb, Dialogkomponente. Die Koordination dieser Komponenten wird in Abb. 4.1 gezeigt.

Wissen ist der Schlüsselfaktor in der Darstellung eines Expertensystems. Man unterscheidet dabei zwei Arten von Wissen. Die eine Art des Wissens betrifft die Fakten des Anwendungsbereichs, die in Lehrbüchern und Zeitschriften festgehalten werden. Ebenso wichtig ist die Praxis im

© Springer-Verlag GmbH Deutschland, ein Teil von Springer Nature 2019
K. Mainzer, *Künstliche Intelligenz – Wann übernehmen die Maschinen?*,
Technik im Fokus, https://doi.org/10.1007/978-3-662-58046-2_4

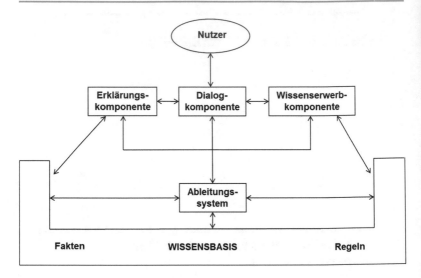

Abb. 4.1 Architektur eines wissensbasierten Expertensystems

jeweiligen Anwendungsbereich als Wissen der zweiten Art. Es handelt
sich um heuristisches Wissen, auf dem Urteilsvermögen und jede erfolgreiche Problemlösungspraxis im Anwendungsbereich beruhen. Es ist
Erfahrungswissen, die Kunst erfolgreichen Vermutens, das ein menschlicher Experte nur in vielen Jahren Berufsarbeit erwirbt.

Das heuristische Wissen ist am schwierigsten darzustellen, da sich der
Experte meistens selber nicht seiner bewußt ist. Daher müssen interdisziplinär geschulte Wissensingenieure die Expertenregeln der menschlichen
Experten in Erfahrung bringen, in Programmiersprachen darstellen und
in ein funktionstüchtiges Arbeitsprogramm umsetzen. Diese Komponente eines Expertensystems heißt Wissenserwerb (knowlege acquisition).

Die Erklärungskomponente eines Expertensystems hat die Aufgabe,
die Untersuchungsschritte des Systems dem Benutzer zu erklären. Dabei
zielt die Frage „Wie" auf die Erklärung von Fakten oder Behauptungen
ab, die durch das System abgeleitet werden. Die Frage „Warum" fordert
Gründe für Fragen oder Befehle eines Systems. Die Dialogkomponente
betrifft die Kommunikation zwischen Expertensystem und Benutzer.

4.2 Programmierung von Wissenspräsentationen

Eine weitverbreitete Wissensrepräsentation ist regelbasiert. Für die Anwendung in Expertensystemen werden Regeln als Wenn-Dann-Aussagen verstanden, bei denen die Vorbedingung (Prämisse) eine Situation beschreibt, in der eine Aktion ausgeführt werden soll. Damit kann eine Deduktion gemeint sein, wonach aus einer Prämisse eine Aussage abgeleitet wird. Ein Beispiel liegt vor, wenn ein Ingenieur aus bestimmten Symptomen eines Motors folgert, dass ein Motorkolben defekt ist. Eine Regel kann aber auch als eine Handlungsanweisung verstanden werden, um einen Zustand zu verändern. Wenn z. B. ein Kolben defekt ist, dann ist sofort der Motor abzustellen und das defekte Teil zu ersetzen.

Ein regelbasiertes System besteht aus einer Datenbasis mit den gültigen Fakten bzw. Zuständen, den Regeln zur Herleitung neuer Fakten bzw. Zustände und dem Regelinterpretierer zur Steuerung des Herleitungsprozesses. Für die Verknüpfung der Regeln bestehen zwei Alternativen, die in der KI Vorwärtsverkettung (forward reasoning) und Rückwärtsverkettung (backward reasoning) genannt werden (Abb. 4.2; [4, 5]).

Bei der Vorwärtsverkettung wird ausgehend von einer vorhandenen Datenbasis aus den Regeln, deren Vorbedingung durch die Datenbasis erfüllt ist, eine ausgesucht, ihr Aktionsteil ausgeführt und die Datenbasis geändert. Dieser Prozess wird solange wiederholt, bis keine Regel mehr anwendbar ist. Das Verfahren ist also datengesteuert (data driven). In einer Vorauswahl bestimmt der Regelinterpretierer als Teil des jeweiligen Expertensystems zunächst die Systeme aller ausführbaren Regeln, die aus der Datenbasis ableitbar sind. Dann wird eine Regel aus dieser

Abb. 4.2 Forward und Backward reasoning

Forward reasoning (data driven)

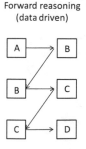

Backward reasoning (goal driven)

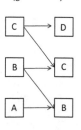

Menge nach unterschiedlichen Kriterien ausgewählt. Dabei kann eine bestimmte Reihenfolge, der Aufbau einer Regel oder ein Zusatzwissen ausschlaggebend sein.

Bei der Rückwärtsverkettung werden ausgehend von einem Ziel nur die Regeln überprüft, deren Aktionsteil das Ziel enthält. Das Verfahren ist also zielgesteuert (goal driven). Falls Teile der Vorbedingung unbekannt sind, werden sie erfragt oder mit anderen Regeln hergeleitet. Die Rückwärtsverkettung eignet sich besonders, wenn Fakten der Wissensbasis noch unbekannt und daher zu erfragen sind. Der Regelinterpretierer beginnt nun mit dem vorgegebenen Ziel. Wenn das Ziel in der Datenbasis unbekannt ist, muss der Regelinterpretierer zunächst entscheiden, ob das Ziel abgeleitet werden kann oder zu erfragen ist. Falls eine Ableitung möglich ist, werden alle Regeln ausgeführt, in deren Aktionsteil das Ziel enthalten ist. Unbekannte Teile müssen als Unterziele erfragt und hergeleitet werden.

Ein qualifizierter Experte verfügt über ein komplexes Grundwissen, dem eine gegliederte Datenstruktur in einem Expertensystem entsprechen muss. Für eine solche Strukturierung des Wissens werden häufig alle Aussagen über ein Objekt in einer schematischen Datenstruktur zusammengefasst, die nach M. Minsky auch „frame" (Rahmen bzw. Schemata) genannt wird. Ein einfaches Beispiel für die Zusammenfassung aller Eigenschaften eines Objekts in einem „frame" lautet [6]:

Objekt	Eigenschaft	Wert
Zebra	ist ein	Säugetier
	Farbe	gestreift
	hat	Hufe
	Größe	groß
	Lebensraum	Boden

Die Eigenschaften werden auch „slots" (Steckdosen) genannt, in die „filler" (Stecker), d. h. also die Werte eingegeben werden.

Historisch greift Minsky für die Wissensrepräsentation auf Vorlagen aus der Linguistik zurück. So lässt sich ein Ereignis wie z. B. in dem Satz „Galilei beobachtet den Jupiter mit dem Fernrohr" durch folgendes netzartiges Gerüst beschreiben:

Vom zentralen Knoten „Ereignis" gehen Kanten wie „Aktion", „Aktor", „Instrument", „Ziel", „ist ein" aus und bilden das Schema eines semantischen Netzes, in das spezielle Objekte wie „Galilei", „Fernrohr", „Jupiter" etc. eingeführt werden. Die gerichteten Kanten entsprechen den „slots" (Eigenschaften) und die Knoten den „fillers" (Werten). Die graphische Notation von Schemata durch semantische Netze erlaubt offensichtlich eine anschauliche Darstellung komplexer Datenstrukturen.

Im Alltag werden kognitive Schemata in unterschiedlichen Situationen aktiviert. Dabei kann es um das Wiedererkennen von typischen Objekten, um Handeln bei typischen Ereignissen oder Antworten auf typische Fragen gehen. Die jeweiligen „filler" eines konkreten Objekts werden in die „slots" des Schemas („frame") gefüllt. Bei Diagnoseaufgaben eines Arztes kann es z. B. darum gehen, konkrete Symptome eines Patienten in ein allgemeines „Krankheitsbild" einzuordnen, das durch ein Schema dargestellt ist.

Relationen zwischen Objekten werden häufig durch sogenannte „constraints" repräsentiert. Sie eignen sich zur Darstellung von Randbedingungen, mit denen die Leistungsmöglichkeiten eines Problems eingeschränkt werden. Dabei kann es sich um Nebenbedingungen z. B. bei der Lösung eines technischen Problems durch einen Ingenieur ebenso handeln wie um Randbedingungen bei der Vorbereitung einer administrativen Planungsaufgabe. Sofern eine Mathematisierung des Problems vorliegt, werden Constraints durch mathematische Gleichungen bzw. Constraints-Netze durch Gleichungssysteme dargestellt [7].

Historisch war DENDRAL eines der ersten erfolgreichen Expertensysteme, das E. A. Feigenbaum u. a. Ende der 60er Jahre in Stanford entwickelten [8, 9]. Es benutzt die speziellen Kenntnisse eines Chemikers, um zu einer chemischen Summenformel eine passende molekulare Strukturformel zu finden. In einem ersten Schritt werden systematisch alle mathematisch möglichen räumlichen Anordnungen der Atome zu einer vorgegebenen Summenformel bestimmt. Für z. B. $C_{20}H_{43}N$ ergeben sich 43 Millionen Anordnungen. Chemisches Wissen über die Bindungstopologie, wonach z. B. Kohlenstoff-Atome vielfach gebunden werden können, reduzieren die Möglichkeiten auf 15 Millionen. Wissen über Massenspektrometrie, über die wahrscheinlichste Stabilität von Bindungen (heuristisches Wissen) und Kernspinresonanz schränken schließlich die Möglichkeiten auf die gesuchte Strukturformel ein. Abb. 4.3 zeigt die ersten Ableitungsschritte für die z. B. C_5H_{12}.

Die Problemlösungsstrategie, die hier zugrunde gelegt wurde, ist offenbar nichts anderes als der vertraute „British-Museum-Algorithmus", der in Abschn. 3.3 in der Programmiersprache LISP formuliert wurde. Das Verfahren lautet also GENERATE_AND_TEST, wobei im GENERATE-Teil die möglichen Strukturen systematisch erzeugt werden, während die chemische Topologie, Massenspektrometrie, chemische Heuristik und Kernspinresonanz jeweils Test-Prädikate angeben, um die möglichen Strukturformeln einzuschränken.

Zweckmäßigerweise lassen sich Problemlösungstypen in Diagnose-, Konstruktions- und Simulationsaufgaben einteilen. Typische diagnostische Problembereiche sind medizinische Diagnostik, technische Diagnostik wie z. B. Qualitätskontrolle, Reparaturdiagnostik oder Prozessüberwachung und Objekterkennung. Daher löst auch DENDRAL ein

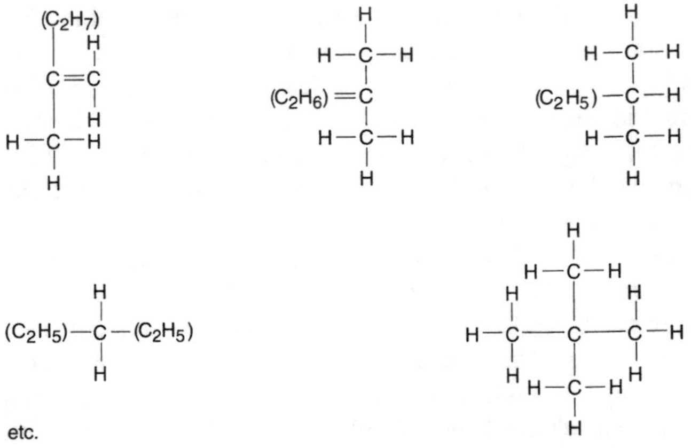

Abb. 4.3 Ableitung einer chemischen Strukturformel in DENDRAL

typisches Diagnoseproblem, indem es nämlich die passende molekulare Struktur für eine vorgegebene Summenformel erkennt.

Das erste medizinische Beispiel eines Expertensystems war MYCIN, das Mitte der 1970er Jahre an der Universität Standford entwickelt wurde [10, 11]. Das MYCIN-Programm wurde zur medizinischen Diagnose geschrieben, um einen Arzt mit medizinischem Spezialwissen über bakterielle Infektion zu simulieren. Methodisch handelt es sich um ein Deduktionssystem mit Rückverkettung. MYCINs Wissenspool über bakterielle Infektionen besteht aus etwa 300 Produktionsregeln. Die folgende Regel ist typisch:

Beispiel

If the infection type is primary bacteremia, the suspected entry point is the gastrointestinal tract, and the site of the culture is one of the sterile sites, then there is evidence that the organism is bacteroides.

Um das Wissen anwenden zu können, arbeitet MYCIN rückwärts. Für jede von 100 möglichen Hypothesen von Diagnosen versucht MYCIN auf einfache Fakten zu stoßen, die durch Laborergebnisse oder Klinikbeobachtungen bestätigt sind. Da MYCIN in einem Bereich arbeitet, in dem Deduktionen kaum sicher sind, wurde eine Theorie des plausiblen Schließens und der Wahrscheinlichkeitsbewertung mit dem Deduktionsapparat verbunden. Es handelt sich dabei um sogenannte Sicherheitsfaktoren für jeden Schluss in einem AND/OR-Baum, wie das Beispiel in Abb. 4.4 zeigt.

Dort bezeichnet F_i den Sicherheitsfaktor, den ein Benutzer einer Tatsache zumisst. C_i gibt den Sicherheitsfaktor eines Schlusses an, A_i den Grad der Verlässlichkeit, der einer Produktionsregel zugetraut wird. An den AND- bzw. OR-Knoten werden jeweils Sicherheitsfaktoren der entsprechenden Formel berechnet. Falls der Sicherheitsfaktor einer Datenangabe nicht größer als 0,2 sein sollte, so gilt sie als unbekannt und erhält den Wert 0. Das Programm berechnet also Bestätigungsgrade in Abhängigkeit von mehr oder weniger sicheren Fakten. MYCIN wurde unabhängig von seiner speziellen Datenbasis über Infektionskrankheiten für verschiedene diagnostische Anwendungsbereiche verallgemeinert.

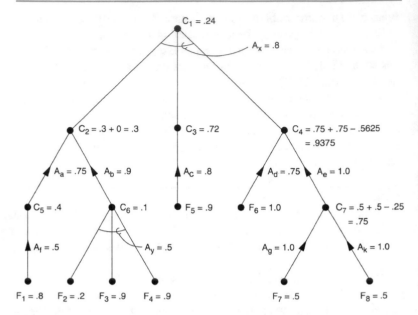

Abb. 4.4 AND/OR-Baum eines medizinischen Expertensystems

4.3 Eingeschränktes, unsicheres und intuitives Wissen

Experten zeichnen sich nicht dadurch aus, dass sie mit absoluter Sicherheit zwischen wahr und falsch unterscheiden können und damit größere Genauigkeit vortäuschen, als erreichbar ist. Ein guter Experte vermag vielmehr, Unsicherheiten einzuschätzen, die sich z. B. bei der medizinischen Diagnose in der Symptomerhebung oder Symptombewertung ergeben. In Expertensystemen wird daher häufig nicht die klassische Logik mit der Annahme der Zweiwertigkeit der Wahrheitswerte („tertium non datur") zugrunde gelegt, sondern zusätzlich Unsicherheitswerte wie z. B. „sicher", „wahrscheinlich", „möglich" u. a. angenommen. Es ist ein altes Problem der Wissenschaftstheorie, dass nur logische Schlüsse mit Sicherheit gelten, also z. B. der direkte Schluss, der aus der Annahme von $A \rightarrow B$ und A die Wahrheit von B folgert. A ist in diesem Fall eine hinreichende Bedingung für B, während B für A nur notwendig ist. Daher kann aus $A \rightarrow B$ und B nicht logisch zwingend auf A geschlossen werden:

Beispiel

1) Wenn der Patient einen Infekt hat, tritt Fieber auf.
2) Der Patient hat Fieber.

Der Patient hat möglicherweise einen Infekt.

Durch weitere notwendige Bedingungen wird das Krankheitsbild eines Infekts möglicherweise von einem Arzt als wahrscheinlicher angesehen, aber nicht als zwingend wahr.

Beispiel

Ein Verkehrsexperte stellt fest:

1) Wenn ein Fahrzeug von der Fahrbahn abkommt, dann ist der Fahrer häufig eingeschlafen.
2) Das Fahrzeug ist von der Fahrbahn abgekommen.

Der Fahrer ist wahrscheinlich eingeschlafen.

Beispiel

Ein Wirtschaftsexperte stellt z. B. fest:

1) Es handelt sich um eine Langzeitinvestition.
2) Der erwünschte Ertrag ist größer als 10 %.
3) Das Gebiet der Investition ist unbestimmt.

Eine Investition lohnt sich mit einem bestimmten Sicherheitsfaktor.

In der Wissenschaftstheorie wurde das statistische Schließen ebenso untersucht wie die induktiven Bestätigungsgrade einer Hypothese, die vom Umfang der Bestätigungen abhängig gemacht werden [12]. Als Grundalgorithmus zur Bewertung einer Diagnose in Expertensystemen bietet sich folgende Vorgehensweise an [13]:

1. Beginne mit den angenommenen („a priori"-)Wahrscheinlichkeiten aller (möglichen) Diagnosen;
2. Modifiziere für jedes Symptom die (bedingte) Wahrscheinlichkeit aller Diagnosen (entsprechend der Häufigkeit des Auftretens eines Symptoms bei Vorhandensein einer Diagnose);
3. Selektiere die wahrscheinlichste Diagnose. (Als allgemeine Formel zur Berechnung der wahrscheinlichsten Diagnose unter der Annahme bestimmter Symptome wird häufig das Theorem von Bayes verwendet).

Wissensrepräsentationen von Experten haben also Unsicherheitsfaktoren zu berücksichtigen. Dabei sind auch die Begriffe von Experten keineswegs immer scharf bestimmt, und dennoch operiert man damit. Angaben über Farbe, Elastizität u. ä. macht nur bei Bezug auf bestimmte Intervalle Sinn. Die Grenzen dieser Intervalle erscheinen dann durchaus willkürlich gesetzt. Ob für einen Designer eine Farbe noch schwarz oder schon grau ist, wird als durchaus unscharf („fuzzy") empfunden. In der Wissenschaftstheorie wird daher der Aufbau einer „fuzzy logic" versucht [14]. Paradoxa sind ohne geeignete Interpretation unausweichlich: Wenn ein Haufen aus n Strohhalmen als groß bezeichnet wird, dann ist auch ein Haufen mit $n - 1$ Strohhalmen groß. Wendet man diesen Schluss iteriert an, wird konsequenterweise auch der leere Haufen als groß zu bezeichnen sein.

Die Wissensrepräsentation in der klassischen Logik geht von der Fiktion einer zeitlich unveränderlichen Gültigkeit ihrer Schlüsse aus. Tatsächlich können aber neue Informationen, die in der Wissensbasis noch nicht berücksichtigt waren, alte Ableitungen ungültig machen. Beispiel: Wenn P ein Vogel ist, so kann P fliegen: Charly ist ein Vogel, aber auch ein Pinguin. Während also in der klassischen Logik die Menge der Ableitungen mit der wachsenden Menge an vorausgesetzten Fakten steigt (Monotonie), kann faktisch die Menge der Ableitungen mit der zeitlichen wachsenden Menge an neuen Informationen eingeschränkt werden (Nicht-Monotonie). Diese Nicht-Monotonie beim Schließen und Urteilen muss auch von einem Experten als realistische Situation angesetzt werden, da eine vollständige und fehlerfreie Datenerhebung nicht möglich, zu aufwendig oder langwierig für eine anstehende Problemlösung wäre.

Für ein Expertensystem erfordern sich ändernde Eingabedaten der Wissensbasis, dass die Bewertung von Schlussfolgerungen neu zu berechnen sind. Die Wissensrepräsentation in Datenbanken wird daher mittlerweile auch mit Zeitangaben versehen. In der medizinischen Diagnostik sind Angaben über die zeitliche Änderung eines Symptoms unausweislich. Auch hier hat die Wissenschaftstheorie mit der Logik des temporalen Schließens Pionierarbeit geleistet, die nun von den Konstrukteuren wissensbasierter Expertensysteme bewusst oder unbewusst implementiert werden [15].

Der Philosoph H. Dreyfus unterscheidet ein 5-Stufen-Modell vom Anfänger zum Experten, das diese Einsicht unterstreichen soll [16]. Auf der Stufe 1 übernimmt der Anfänger Regeln, die er ohne Bezug auf die Gesamtsituation stur anwendet. Der Fahrschüler lernt schalten bei festen Kilometerangaben, der Lehrling lernt Einzelteile eines Motors kennen, der Spieler lernt die Grundregeln eines Spiels. Auf der Stufe 2 nimmt der fortgeschrittene Anfänger bereits gelegentlich Bezug auf situationsabhängige Merkmale. Der Lehrling lernt Erfahrungswerte bestimmter Materialien zu berücksichtigen, der Fahrschüler lernt schalten aufgrund von Motorgeräuschen u. ä. Auf der Stufe 3 ist bereits Kompetenz erreicht, und der Lehrling hat gewissermaßen die Gesellenprüfung absolviert. Der Lehrling hat in seinem spezifischen Anwendungsbereich gelernt, Lösungsstrategien für komplexe Problemstellungen aus den erlernten Regeln zu entwerfen. Der Autofahrer kann die einzelnen Regeln zur Führung seines Fahrzeugs vorschriftsmäßig koordinieren und anwenden. Damit ist bereits, so Dreyfus, die maximale Leistungsfähigkeit eines Expertensystems erreicht.

Die nächsten Stufen des Meisters und Experten lassen sich nämlich algorithmisch nicht erfassen. Es wird Urteilsfähigkeit gefordert, die sich auf die gesamte Situation bezieht, der Schachmeister, der blitzartig komplexe Konstellationsmuster erkennt und sie mit bekannten Mustern vergleicht, der Rennfahrer, der die dem Motor und der Situation optimal angepasste Fahrweise intuitiv erfühlt, der Ingenieur, der aufgrund seiner Erfahrung aufgrund von Geräuschen hört, wo der Motorfehler liegt.

Wie wird man ein guter Managementexperte? Algorithmisches Denken, computergestützte Problemanalyse, der Einsatz von Expertensystemen hilft in der Vorbereitungsphase. Expertensystemen fehlt nämlich, wie oben herausgestellt wurde, vor allem ein allgemeines Welt- und Hintergrundwissen. Den Sinn für das Ganze als Basis richtiger Entscheidungen erfährt man nicht aus dem Lehrbuch oder Planungskalkülen. Nach einer Grundausbildung lernt ein Manager nicht mehr durch abstrakte Definitionen und allgemeine Lehrbuchregeln. Er lernt durch konkrete Beispiele und Fälle möglichst aus seinem Betrieb und vermag sie situationsbezogen zu verwerten. Konkrete Fallstudien verbunden mit einem Sinn für das Ganze schärfen die Urteilsfähigkeit des zukünftigen Managers.

Literatur

1. Puppe LF (1988) Einführung in Expertensysteme. Springer, Berlin
2. Kredel L (1988) Künstliche Intelligenz und Expertensysteme. Droemer Knaur, München
3. Mainzer K (1990) Knowledge-based systems. Remarks on the philosophy of technology and artificial intelligence. Journal for General Philosophy of Science 21:47–74
4. Clancey W (1983) The epistemology of a rule-based expert system – a framework for explanation. AI-Journal 20:215–293
5. Nilson N (1982) Principles of Artificial Intelligence. Springer, Berlin
6. Minsky M (1975) A framework for representing knowledge. In: Winston P (Hrsg) The Psychology of Computer Vision. McGraw-Hill, New York
7. Sussmann G, Steele G (1980) Constraints – a language for expressing almost-hierarchical descriptions. AI-Journal 14:1–39
8. Buchanan BG, Sutherland GL, Feigenbaum EA (1969) Heuristic DENDRAL: A program for generating processes in organic chemistry. In: Meltzer B, Michie D (Hrsg) Machine Intelligence, Bd. 4. Elsevier Science Publishing Co, Edinburgh
9. Buchanan BG, Feigenbaum EA (1978) DENDRAL and META-DENDRAL: Their applications dimensions. Artificial Intelligence 11:5–24
10. Shortliffe EH (1976) Computer-Based Medical Consultations: MYCIN. Elsevier Science Ltd, New York
11. Randall D, Buchanan BG, Shortliffe EH (1977) Producing rules as a representation for a knowledge-based consultation program. Artificial Intelligence 8:15–45
12. Carnap R (1959) Induktive Logik und Wahrscheinlichkeit. Springer, Wien
13. Lindley DV (1965) Introduction to Probability and Statistics from a Bayesian Viewpoint I–II. Cambridge University Press, Cambridge
14. Zadeh LA (1975) Fuzzy Sets and their Application to Cognitive and Decision Processes. Academic Press, New York
15. de Kleer J (1986) An assumption based TMS. AI-Journal 28:127–162
16. Dreyfus HL, Dreyfus SE (1986) Mind over Machine. Free Press, New York

Computer lernen sprechen

5.1 ELIZA erkannte Zeichenmuster

Auf dem Hintergrund wissensbasierter Systeme kann Turings berühmte Frage erneut aufgegriffen werden, die frühe KI-Forscher bewegt hat: Können diese Systeme „denken"? Sind sie „intelligent"? Die Analyse zeigt, dass wissensbasierte Expertensysteme ebenso wie konventionelle Computerprogramme auf Algorithmen beruhen. Auch die Trennung von Wissensbasis und Problemlösungsstrategie ändert daran nichts, denn beide Komponenten eines Expertensystems müssen in algorithmischen Datenstrukturen repräsentiert werden, um schließlich auf einem Computer programmierbar zu werden.

Das gilt auch für die Realisierung von natürlicher Sprache durch Computer. Als Beispiel sei an J. Weizenbaums Sprachprogramm ELIZA erinnert [1]. ELIZA soll als menschlichen Experten eine Psychiaterin simulieren, die sich mit einem Patienten unterhält. Es handelt sich um Regeln, wie bei bestimmten Satzmustern des Patienten mit bestimmten Satzmustern der „Psychiaterin" zu reagieren ist. Allgemein geht es um die Erkennung bzw. Klassifizierung von Regeln in Bezug auf ihre Anwendbarkeit in Situationen. Im einfachsten Fall ist die Gleichheit zweier Symbolstrukturen zu bestimmen, wie sie in der Programmiersprache LISP für Symbollisten durch die Funktion EQUAL bestimmt wird

© Springer-Verlag GmbH Deutschland, ein Teil von Springer Nature 2019
K. Mainzer, *Künstliche Intelligenz – Wann übernehmen die Maschinen?*,
Technik im Fokus, https://doi.org/10.1007/978-3-662-58046-2_5

(vgl. Abschn. 3.3). Eine Erweiterung liegt dann vor, wenn in den symbolischen Ausdrücken Terme und Variable aufgenommen werden, z. B.

$$(x \; B \; C)$$

$$(A \; B \; y)$$

Die beiden Terme gleichen einander ab, da die Variable x dem Atom A und die Variable y dem Atom C entspricht. Durch Einführung von Variablen kann also die Struktur eines Musters durch Musterabgleichung erkannt werden. Dazu wird in LISP ein eigener Operator MATCH definiert. Der einfachste Fall der Entsprechung eines Datums und einer Struktur ist die Gleichheit von Konstanten, z. B. die Gleichheit der Listen AB und AB:

$$(MATCH'(AB)'(AB)) = T$$

Zu Klassenbildung führen verschiedene Generatoren, die wie Variablen in der Logik oder Numerik wirken. So kann mit dem Symbol „?" jedes beliebige Objekt abgeglichen werden, z. B.

$$(MATCH'(?B)'(AB)) \qquad = T$$
$$(MATCH'(?B)'((AB)B)) \quad = T$$

Die Struktur gleicht also jede zweielementige Liste mit B als zweitem Element ab. Der ∗-Generator gleicht jede beliebige Folge von Elementen (einschließlich der leeren Folge) ab, z. B.

$$(MATCH'(*B)'(B)) \qquad = T$$
$$(MATCH'(*B)'(ABCB)) \quad = T$$

Die gegebene Struktur passt auf alle Listen mit dem Endelement B. Damit sind bereits die wesentlichen Grundlagen erläutert, um die algorithmische Struktur zu verstehen, die das angebliche Wissen des Psychiaters in ELIZA widerspiegelt. Den Dialog zwischen Patient P und ELIZA kann man sich so vorstellen:

Beispiel

P: MEN ARE ALL ALIKE
E: IN WHAT WAY
P: THEY'RE ALWAYS BUGGING US ABOUT SOMETHING OR
   OTHER
E: CAN YOU THINK OF A SPECIFIC EXAMPLE
P: WELL; MY BOYFRIEND MADE ME COME HERE
E: YOUR BOYFRIEND MADE YOU COME HERE
P: YES; I AM VERY SAD
E: YOU ARE VERY SAD
P: SAD AND DEPRESSED
E: PLEASE GO ON

. . .

Folgende Regeln erlauben die Ableitung der Antworten von ELIZA, wenn bestimmte Satzmuster vom Patienten benutzt und von ELIZA mittels Musterabgleichung erkannt werden:

```
'(((*AM *B) → (APPEND'(YOU ARE)B))
((*ARE*) → '(IN WHAT WAY))
((*ALWAYS*) → '(CAN YOU THINK OF A SPECIFIC EXAMPLE))
((*MY * B ME * C) → (APPEND '(YOUR)(APPEND B
                    (CONS 'YOU C))))
((*L) → '(PLEASE GO ON)))
```

Die zweite Regel besagt: Steht im Satz des Patienten ARE, so antworte mit der Liste '(IN WHAT WAY). In dem Satz MEN ARE ALL ALIKE gleicht also der *-Operator vor ARE die Liste MEN ab, hinter ARE die Liste ALL ALIKE.

Die vierte Regel besagt: Sind im Satz des Patienten die Worte MY und ME durch eine Liste *B getrennt und wird der Satz mit einer Liste *C abgeschlossen, dann setze bei der Antwort von ELIZA zunächst YOU und den C-Teil zu (CONS'YOU C) zusammen, wende darauf den B-Teil an, schließlich darauf '(YOUR).

Es handelt sich also beim Dialog mit ELIZA um nichts anderes als das Ableiten von syntaktischen Symbollisten in unserem Beispiel der

Programmsprache LISP. Semantisch sind die Strukturen so gewählt, dass sie umgangssprachlichen Unterhaltungsgewohnheiten entsprechen. Die letzte Regel ist eine typische Verlegenheitsreaktion, wie sie auch in tatsächlichen Unterhaltungen auftritt: Wenn eine beliebige Symbolliste (*L) vom Experten nicht erkannt wird (gewissermaßen das Unterhaltungsrauschen bla, bla, bla, bla, ...), dann macht er ein intelligentes Gesicht und sagt PLEASE GO ON.

Dabei dürfen wir keineswegs das Kind mit dem Bade ausschütten und aus der simplen algorithmischen Struktur dieses Gesprächsablaufs schließen, dass es sich um einen bloßen Taschenspielertrick zur Vortäuschung des Turing-Tests handelt. Das einfache Beispiel von ELIZA macht deutlich, dass Partygespräche ebenso wie das Befragen von menschlichen Experten durch Grundmuster vorbestimmt sind, in denen wir nur bis zu einem gewissen Grade variieren können. Diese jeweiligen Grundmuster werden von einigen Expertensystemen algorithmisch erfasst – nicht mehr und nicht weniger. Im Unterschied zum Expertensystem ist jedoch der Mensch nicht auf einzelne algorithmische Strukturen reduzierbar.

5.2 Automaten und Maschinen erkennen Sprachen

Computer verarbeiten im Grunde Texte als Folgen von Symbolen eines bestimmten Alphabets. Computerprogramme sind Texte über dem Alphabet einer Rechnertastatur, also den Symbolen der Tasten eines Keyboards. Diese Texte werden im Computer automatisch in Bitfolgen der Maschinensprache übersetzt, also Symbolfolgen eines Alphabets aus den beiden Ziffern 0 und 1, die für alternative technische Zustände der Rechenmaschine stehen. Über diese Texte und ihre Übersetzung in technische Abläufe kommt die physikalische Maschine des Computers zum Laufen. Wir werden im Folgenden zunächst ein allgemeines System von formalen Sprachen einführen, die von unterschiedlichen Typen von Automaten und Maschinen verstanden werden. Die natürlichen Sprachen von uns Menschen, aber auch die Kommunikationsmittel anderer Organismen werden sich als Spezialfälle unter besonderen Umständen (Kontexten) herausstellen.

▶ Ein Alphabet Σ ist eine endliche (nichtleere) Menge von Symbolen (die je nach Anwendung auch Zeichen oder Buchstaben genannt werden). Beispiele sind

$\Sigma_{bool} = \{0, 1\}$ Boolesches Alphabet der Maschinensprache,

$\Sigma_{lat} = \{a, b, \ldots, z, A, B, \ldots, Z\}$ lateinisches Alphabet einiger natürlicher Sprachen,

Σ_{Tastur} besteht aus Σ_{lat} und den anderen Symbolen einer Tastatur wie z. B. !, ', §, $, ... und dem Leerzeichen ⊔ (als leere Stelle zwischen Symbolen).

Ein Wort über Σ ist eine endliche oder leere Folge von Symbolen. Das leere Wort wird mit ε bezeichnet. Die Länge $|w|$ eines Worts w bezeichnet die Anzahl der Symbole eines Worts (mit $|\varepsilon| = 0$ für ein leeres Wort, aber $|⊔| = 1$ für das Leerzeichen der Tastatur). Beispiele von Worten sind

„010010" über dem Booleschen Alphabet Σ_{bool},

„Jetzt geht's los!" über Tastaturalphabet Σ_{Tastur}.

Σ^* bezeichnet die Menge aller Worte über dem Alphabet Σ.

Beispiel: $\Sigma_{bool}{}^* = \{\varepsilon, 0, 1, 00, 01, 10, 11, 000, \ldots\}$

Eine Sprache L über einem Alphabet Σ ist eine Teilmenge von Σ^*.
Die Verkettung von Worten w und v aus Σ^* wird mit wv bezeichnet. Entsprechend ist $L_1 L_2$ die Verkettung der Sprachen L_1 und L_2, die aus den verketten Worten wv mit w aus L_1 und v aus L_2 besteht.

Wann erkennt nun ein Automat oder eine Maschine eine Sprache?

▶ Ein Algorithmus (d. h. Turingmaschine bzw. nach der Churchschen These ein Computer) erkennt eine Sprache L über einem Alphabet Σ, wenn er für alle Symbolfolgen w aus Σ^* entscheiden kann, ob w ein Wort aus L ist oder nicht.

Wir unterscheiden Automaten und Maschinen unterschiedlicher Komplexität, die Sprachen unterschiedlicher Komplexität erkennen können [2]. Endliche Automaten sind besonders einfache Automaten, mit denen sich Vorgänge auf der Grundlage beschränkter Speicher ohne Verzögerung beschreiben lassen [3]. Beispiele sind Telefonschaltungen, Addieren, das Bedienen von Kaffeeautomaten oder die Steuerung von Fahrstühlen. Multiplikationen lassen sich nicht mit endlichen Automaten durchführen, da dazu Zwischenrechnungen mit Verzögerungen bei der Bearbeitung notwendig sind. Das gilt auch für den Vergleich von Worten, da sie beliebig lang sein und nicht mehr in einem beschränkten Speicher zwischengespeichert werden können.

Anschaulich kann man sich einen endlichen Automaten wie in Abb. 5.1 vorstellen. Dort werden ein gespeichertes Programm, ein Band mit einem Eingabewort und ein Lesekopf unterschieden, der sich auf dem Band nur von links nach rechts bewegen kann. Dieses Eingabeband lässt sich als linearer Speicher für die Eingabe auffassen. Es ist in Felder eingeteilt. Jedes Feld dient als Speichereinheit, die ein Symbol eines Alphabets Σ enthalten kann.

Bei der Spracherkennung beginnt die Arbeit eines endlichen Automaten mit der Eingabe eines Worts w über dem Alphabet Σ. Bei der Eingabe ist der endliche Automat in einem bestimmten Zustand s_0. Jeder endliche Automat ist durch eine Menge von akzeptierenden Zuständen (bzw. Endzuständen) charakterisiert. Bei den weiteren Verarbeitungsschritten verändern sich die Symbolfolgen und jeweiligen Zustände des Automaten, bis schließlich nach endlichen vielen Schritten das leere Wort ε in einem Zustand s erreicht ist. Wenn dieser Endzustand s zu den ausgezeichneten akzeptierenden Zuständen des Automaten gehört, dann hat der endliche Automat das Wort akzeptiert. Im andern Fall wird das Wort w vom Automaten verworfen. Ein endlicher Automat akzeptiert also ein Eingabewort, wenn er sich nach dem Lesen des letzten Buchstabens des Eingabeworts in einem akzeptierenden Zustand befindet.

Abb. 5.1 Schema eines endlichen Automaten

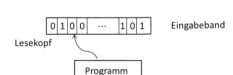

▶ Die von einem endlichen Automaten EA akzeptierte Sprache L(EA) besteht aus den akzeptierten Worten w aus Σ^*.

Die Klasse $\mathcal{L}$(EA) aller Sprachen, die von einem endlichen Automaten EA akzeptiert werden, bezeichnet man als Klasse der regulären Sprachen.

Reguläre Sprachen sind durch reguläre Ausdrücke (Worte) charakterisierbar, die aus den Symbolen eines Alphabets durch Alternative, Verkettung und Wiederholung entstehen. Man betrachte z. B. das Alphabet $\Sigma = \{a, b, c\}$. Beispiel einer regulären Sprache ist dann die Sprache, die alle Wörter umfasst, die aus beliebig vielen a (Wiederholungen wie z. B. a, aa, aaa, ...) oder (Alternative) aus beliebig vielen b (Wiederholungen wie z. B. b, bb, bbb, ...) bestehen. Ein weiteres Beispiel einer regulären Sprache umfasst alle Worte, die mit a beginnen, mit b aufhören und dazwischen nur Wiederholungen von c enthalten wie z. B. acb, $accccb$.

Um zu zeigen, dass eine Sprache nicht regulär ist, genügt es zu zeigen, dass es keinen endlichen Automaten gibt, der sie akzeptiert. Endliche Automaten haben keine andere Speichermöglichkeit als den aktuellen Zustand. Wenn also ein endlicher Automat nach dem Lesen zweier unterschiedlicher Worte wieder im gleichen Zustand endet, kann er nicht mehr zwischen den beiden Worten unterscheiden: Er hat den Unterschied „vergessen".

▶ Ein deterministischer endlicher Automat ist durch deterministische Abläufe bestimmt. Dabei ist jede Konfiguration aus Automatenzustand und jeweils gelesenem Wort eindeutig festgelegt. Ein Programm bestimmt vollständig und eindeutig die Folge der Konfigurationen aus Automatenzuständen und zugehörigen Worten.

Ein nichtdeterministischer endlicher Automat erlaubt in bestimmten Konfigurationen eine Auswahl von mehreren möglichen nachfolgenden Konfigurationen.

Daher kann ein nichtdeterministischer Algorithmus zu exponentiell vielen Möglichkeiten führen. Im Allgemeinen gibt es aber keine effizientere Art, nichtdeterministische Algorithmen durch deterministische Algorithmen zu simulieren, als alle möglichen Alternativen durch einen deterministischen Algorithmus zu simulieren. Auch im Fall von endlichen Automaten lässt sich beweisen, dass die nichtdeterministische Erweiterung der Möglichkeiten für die Spracherkennung nichts Neues leistet: Die deterministischen endlichen Automaten akzeptieren dieselben Sprachen wie die nichtdeterministischen endlichen Automaten.

Eine Turingmaschine (vgl. Abschn. 3.4) kann als Erweiterung eines endlichen Automaten verstanden werden. Sie besteht aus

- einer endlichen Kontrolle, die das Programm enthält,
- einem unbegrenzten Band, das sowohl als Eingabeband und Speicher verwendet wird,
- einem Lese-/Schreibkopf, der das Band in beiden Richtungen bewegen kann.

Eine Turingmaschine ähnelt einem endlichen Automaten insofern, da sie über einem endlichen Alphabet arbeitet und dabei ein Band benutzt, das am Anfang ein Eingabewort enthält. Im Unterschied zu einem endlichen Automaten kann eine Turingmaschine das unbegrenzte Band auch als Speicher benutzen. Ein endlicher Automat lässt sich zu einer Turingmaschine erweitern, indem der Lesekopf durch einen Lese-/Schreibkopf ersetzt wird und auch nach links bewegt werden kann [4].

Eine Turingmaschine TM ist durch einen Anfangszustand, einem akzeptierenden und einem verwerfenden Zustand bestimmt. Wenn TM den akzeptierenden Zustand erreicht, akzeptiert sie das Eingabewort, unabhängig wo der Lese-/Schreibkopf auf dem Band steht. Wenn TM den verwerfenden Zustand erreicht, verwirft sie das Eingabewort und stoppt. Ein Wort wird aber von einer TM auch dann verworfen, wenn sie nach seiner Eingabe nicht nach endlich vielen Schritten stoppt.

▶ Die von einer Turingmaschine TM akzeptierte Sprache $L(TM)$ besteht aus den akzeptierten Worten w aus Σ^*.

Die Klasse $\mathcal{L}(TM)$ aller Sprachen, die von einer Turingmaschine TM akzeptiert werden, bezeichnet man als Klasse der rekursiv aufzählbaren Sprachen.

Eine Sprache heißt rekursiv bzw. entscheidbar, falls es eine Turingmaschine TM gibt, die für alle Worte w aus Σ^* entscheiden kann, ob w akzeptiert wird (und zur Sprache gehört) oder nicht akzeptiert wird (und damit nicht zur Sprache gehört).

Nach der Churchschen These (vgl. Abschn. 3.4) ist die Turingmaschine der logisch-mathematische Prototyp für einen Computer überhaupt – unabhängig von seiner technischen Realisation als z. B. Supercomputer, Laptop oder Smartphone. Praktische Rechner haben aber die sogenannte von-Neumann-Architektur, wonach der Speicher für Programm und Daten, CPU und Eingabe technisch unabhängige Einheiten sind. In einer Turingmaschine sind Eingabe und Speicher in einer Einheit des Bands, Lesen und Schreiben in einem Lese/Schreibkopf zusammengezogen. Das ist theoretisch kein Problem, da sich Mehrband-Turingmaschinen definieren lassen, die über mehrere Bänder mit eigenem Lese/Schreibkopf verfügen. Sie übernehmen dann die getrennten Funktionen der von-Neumann-Architektur. Logisch-mathematisch ist die Einband-Turingmaschine mit der Mehrband-Turingmaschine äquivalent, d. h. kann sie simulieren.

Analog wie bei endlichen Automaten lassen sich deterministische Turingmaschinen zu nichtdeterministischen Turingmaschinen erweitern. Eine nichtdeterministische Turingmaschine kann endlich viele Alternativen nach einem Eingabewort verfolgen. Man kann sich diese Bearbeitungen graphisch als Verzweigungsbaum vorstellen. Das Eingabewort wird akzeptiert, wenn wenigstens eine dieser Bearbeitungen im akzeptierenden Zustand der Turingmaschine endet. Als Bearbeitungsstrategie solcher Verzweigungsbäume unterscheidet man die Tiefensuche von der Breitensuche. Bei der Tiefensuche wird jeder „Ast" des Verzweigungsbaums nacheinander darauf getestet, ob er in einem akzeptierten Endzustand endet. Bei der Breitensuche werden alle Äste gleichzeitig bis zu einer bestimmten Tiefe getestet, ob einer die Äste den akzeptierenden Zustand erreicht. Der Vorgang wird Schritt für Schritt solange wiederholt, bis dieser Fall eintritt. Dann stoppt die Maschine. Durch eine Breitensuche des Verzweigungsbaums können nichtdeterministische Turingmaschinen durch deterministische Turingmaschinen simuliert werden.

Hintergrundinformationen

Im Allgemeinen ist keine effizientere deterministische Simulation von nichtdeterministischen Algorithmen bekannt, als Schritt für Schritt alle Berechnungen eines nichtdeterministischen Algorithmus zu simulieren. Das hat allerdings seinen Preis: Bei der Simulation von Nichtdeterminismus durch Determinismus wächst die Rechenzeit exponentiell. Bisher ist die Existenz einer wesentlich effizienteren Simulation nicht bekannt. Die Nichtexistenz einer solchen Simulation wurde bisher jedoch noch nicht bewiesen.

Von natürlichen Sprachen sind wir gewohnt, dass ihre Worte und Sätze durch grammatikalische Regeln bestimmt werden. Jede Sprache lässt sich durch eine Grammatik, d. h. ein System entsprechender Regeln bestimmen. Dabei unterscheidet man zwischen Terminalsymbolen wie a, b, c, ... und Ziffern von Nichtterminalsymbolen (Nichtterminale) A, B, C, ...; X, Y, Z, ... Nichtterminale werden wie Variablen (Leerstellen) verwendet, die durch andere Wörter ersetzt werden können [5].

Beispiel

Beispiel einer Grammatik:

Terminale: a, b

Nichtterminale: S

Regeln:

$R_1: S \rightarrow \varepsilon$

$R_2: S \rightarrow SS$

$R_3: S \rightarrow aSb$

$R_4: S \rightarrow bSa$

Ableitung des Wortes $baabaabb$:

$S \rightarrow_{R_2} SS \rightarrow_{R_3} SaSb \rightarrow_{R_2} SaSSb \rightarrow_{R_4} bSaaSSb \rightarrow_{R_1}$
$baaSSb \rightarrow_{R_4} baabSaSb \rightarrow_{R_1} baabaSb \rightarrow_{R_3} baabaaSbb \rightarrow_{R_1}$
$baabaabb$

Offenbar sind Grammatiken nichtdeterministische Verfahren zur Erzeugung von Symbolfolgen. So sind mehrere Regeln mit der gleichen linken Seite zugelassen. Ferner ist nicht festgelegt, welche Regel zuerst bei Ersetzungen in einem Wort angewendet wird, wenn mehrere Möglichkeiten bestehen.

In der Linguistik werden Grammatiken zur syntaktischen Beschreibung der natürlichen Sprachen verwendet. Dazu werden syntaktische Kategorien wie ⟨Satz⟩, ⟨Text⟩, ⟨Nomen⟩ und ⟨Adjektiv⟩ als Nichtterminale eingeführt. Texte lassen sich mit entsprechenden Grammatikregeln ableiten.

Beispiel

Textableitung mit Grammatikregeln:

$\langle Text \rangle \rightarrow \langle Satz \rangle \langle Text \rangle$

$\langle Satz \rangle \rightarrow \langle Subjekt \rangle \langle Verb \rangle \langle Objekt \rangle$

$\langle Subjekt \rangle \rightarrow \langle Adjektiv \rangle \langle Nomen \rangle$

$\langle Nomen \rangle \rightarrow [Baum]$

$\langle Adjektiv \rangle \rightarrow [grüner]$

Nach N. Chomsky lässt sich eine Hierarchie von Grammatiken unterschiedlicher Komplexität angeben [6]. Da die entsprechenden Sprachen von grammatikalischen Regeln generiert werden, nannte er sie auch generative Grammatiken:

▶ **1. Reguläre Grammatik:**
Die einfachste Klasse sind die regulären Grammatiken, die genau die Klasse der regulären Sprachen erzeugen. Die Regeln einer regulären Grammatik haben die Form $X \rightarrow u$ und $X \rightarrow uY$ für ein Terminal u und den Nichtterminalen X und Y.

2. Kontextfreie Grammatik:
Alle Regeln haben die Form $X \rightarrow \alpha$ mit einem Nichtterminal X und einem Wort α aus Terminalen und Nichtterminalen.

3. Kontextsensitive Grammatik:
In den Regeln $\alpha \rightarrow \beta$ ist die Länge von Wort α nicht größer als die Länge von Wort β. Daher kann bei den Ableitungen kein Teilwort α durch ein kürzeres Teilwort β ersetzt werden.

4. Uneingeschränkte Grammatik:
Diese Regeln unterliegen keinen Einschränkungen.

Kontextfreie unterscheiden sich von regulären Grammatiken dadurch, dass die rechte Seite einer regulären Regel höchstens ein Nichtterminal enthält. Kontextsensitive enthalten im Unterschied zu uneingeschränkten Grammatiken keine Regel, bei denen das Wort auf der linken Seite größer als das Wort auf der rechten Seite ist. Daher können bei einem Computer die uneingeschränkten Grammatiken beliebige Speicherinhalte erzeugen und damit beliebige Ableitungen simulieren.

In welchem Verhältnis stehen die unterschiedlichen Grammatiken zu Automaten und Maschinen, die diese Sprachen erkennen? Zu jeder regulären Grammatik lässt sich ein äquivalenter endlicher Automat angeben, der die entsprechende reguläre Sprache erkennt. Umgekehrt lässt sich zu jedem endlichen Automaten eine äquivalente reguläre Grammatik angeben, mit der die entsprechende reguläre Sprache erzeugt wird.

Kontextfreie Grammatiken erzeugen kontextfreie Sprachen. Als passender Automatentyp, der kontextfreie Sprachen erkennt, lassen sich Kellerautomaten einführen:

▶ Ein Kellerautomat (vgl. Abb. 5.2) hat ein Eingabeband, das am Anfang das Eingabewort enthält. Wie bei endlichen Automaten kann der Lesekopf nur lesen und sich von links nach rechts bewegen. Daher kann das Band nur zum Einlesen der Eingabe verwendet werden und nicht als Speicher wie bei einer Turingmaschine. Allerdings muss sich ein Kellerautomat im Unterschied zu einem endlichen Automat nach Lesen eines Symbols nicht mit dem Lesekopf nach rechts bewegen. Er kann auf dem gleichen Feld des Bands verharren und Bearbeitungen auf den Daten im Keller vornehmen. Dabei kann der Kellerautomat nur auf das oberste Symbol im Keller zugreifen und lesen. Will man auf tiefer liegende Daten zugreifen, müssen die vorherigen Daten unwiderruflich gelöscht

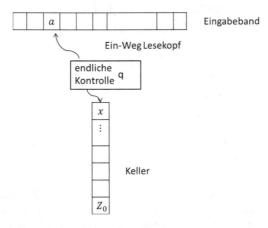

Abb. 5.2 Architektur eines Kellerautomaten

werden. Der Keller ist ein im Prinzip unbeschränktes Band mit endlich vielen Zugriffsmöglichkeiten.

Der Kellerautomat beginnt also seine Arbeit mit dem gelesenen Symbol auf dem Eingabeband, dem Zustand der endlichen Kontrolle und dem obersten Symbol des Kellers. In weiteren Aktionen ändert er den Zustand, rückt mit dem Lesekopf ein Feld nach rechts und ersetzt das oberste Symbol X des Kellers durch ein Wort α.

Die nichtdeterministischen Kellerautomaten erkennen genau die Klasse von kontextfreien Sprachen. Die nichtdeterministischen Kellerautomaten sind also mit den kontextfreien Grammatiken äquivalent, die genau die kontextfreien Sprachen erzeugen. In der Informatik eignen sich kontextfreie Grammatiken, um Programmiersprachen darzustellen. Die durch kontextfreie Grammatiken erzeugten Wörter entsprechen korrekten Programmen der modellierten Programmiersprache. Daher eignen sich kontextfreie Grammatiken für den Bau von Compilern. Dabei handelt es sich um Computerprogramme, die ein anderes Programm, das in einer bestimmten Programmiersprache geschrieben ist, in eine Form übersetzen, die von einem Computer ausgeführt werden kann.

In der Chomsky-Hierarchie folgen nun die kontextsensitiven Sprachen, die durch kontextsensitive Grammatiken erzeugt werden. Kontextsensitive Sprachen werden von einem eingeschränkten Maschinentyp der Turingmaschine erkannt:

▶ Ein linear beschränkter Automat ist eine Turingmaschine, deren Arbeitsband durch die Länge des Eingabeworts beschränkt ist. Dazu werden zwei zusätzliche Symbole verwendet, die das linke bzw. rechte Ende des Eingabeworts markieren und die während der Bearbeitung nicht überschritten werden dürfen.

Die Menge, der von nicht-deterministischen linear beschränkten Automaten erkannten Sprachen ist gleich der Menge der kontextsensitiven Sprache. Es ist bisher nicht bewiesen, ob deterministische linear beschränkte Automaten die gleiche Sprachklasse akzeptieren wie die nichtdeterministischen.

▶ Die uneingeschränkten Grammatiken erzeugen genau die rekursiv aufzählbaren Sprachen, die durch Turingmaschinen erkannt werden können. Die Menge der rekursiv aufzählbaren Sprachen

ist also genau die Klasse aller Sprachen, die durch Grammatiken
überhaupt erzeugt werden kann.

Sprachen, die nicht rekursiv aufzählbar sind, können also nur
durch Maschinen erkannt werden, die jenseits der Turingmaschine liegen, also – anschaulich gesprochen – „mehr können
als Turingmaschinen". Das ist für die Frage der KI zentral, ob Intelligenz auf Turingmaschinen als Prototypen von Computern
reduziert werden kann oder mehr ist.

Generative Grammatiken erzeugen nicht nur syntaktische Symbolfol-
gen. Sie bestimmen auch die Bedeutung von Sätzen. Dazu analysierte
Chomsky zunächst die Oberfläche eines Satzes als ein aus Phrasen und
Phrasenteilen zusammengesetztes Gebilde. Sie wurden durch weitere
Regeln in weitere Teile zerlegt, bis schließlich die einzelnen Worte eines
Satzes einer natürlichen Sprache ableitbar werden. Danach besteht ein
Satz aus Nominalphrase und Verbalphrase, eine Nominalphrase aus Arti-
kel und Substantiv, eine Verbalphrase aus Verb und Nominalphrase, etc.
So lassen sich Sätze durch unterschiedliche grammatische Tiefenstruk-
turen charakterisieren, um unterschiedliche Bedeutungen zu erfassen.

Danach kann derselbe Satz unterschiedliche Bedeutungen haben, die
durch unterschiedliche grammatische Tiefenstrukturen bestimmt sind
[7]. In Abb. 5.3 kann der Satz „Sie vertrieb den Mann mit dem Hund"
einmal die Bedeutung haben, dass eine Frau einen Mann mit Hilfe eines
Hundes vertrieb (a). Der Satz kann aber auch die Bedeutung haben,
dass eine Frau einen Mann vertrieb, der einen Hund mit sich führte (b).
Die Produktionsregeln lauten für $\langle S \rangle$ (Satz), $\langle NP \rangle$ (Nominalphrase),
$\langle VP \rangle$ (Verbalphrase), $\langle PP \rangle$ (Präpositionalphrase), $\langle T \rangle$ (Artikel), $\langle N \rangle$
(Nomen), $\langle V \rangle$ (Verb), $\langle P \rangle$ (Präposition), $\langle Pr \rangle$ (Pronomen):

$$\langle S \rangle \rightarrow \langle NP \rangle \langle VP \rangle \qquad \langle Pr \rangle \rightarrow [sie]$$

$$\langle NP \rangle \rightarrow \langle T \rangle \langle N \rangle \qquad \langle V \rangle \rightarrow [vertrieb]$$

$$\langle NP \rangle \rightarrow \langle Pr \rangle \qquad \langle T \rangle \rightarrow [den]$$

$$\langle NP \rangle \rightarrow \langle NP \rangle \langle PP \rangle \qquad \langle T \rangle \rightarrow [dem]$$

$$\langle VP \rangle \rightarrow \langle V \rangle \langle NP \rangle \qquad \langle N \rangle \rightarrow [Mann]$$

$$\langle VP \rangle \rightarrow \langle VP \rangle \langle PP \rangle \qquad \langle N \rangle \rightarrow [Hund]$$

$$\langle PP \rangle \rightarrow \langle P \rangle \langle NP \rangle \qquad \langle P \rangle \rightarrow [mit]$$

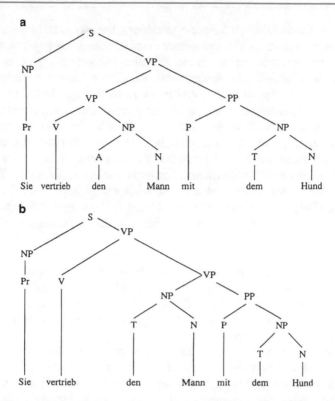

Abb. 5.3 Semantische Tiefenstruktur einer Chomsky-Grammatik [7, S. 347]

Eine generative Grammatik ist ein Kalkül von solchen rekursiven Produktionsregeln, der sich auch durch eine Turingmaschine realisieren lässt. Mit dieser generativen Grammatik werden die beiden Tiefenstrukturen für die unterschiedlichen Bedeutungen (a) und (b) abgeleitet (Abb. 5.3).

Nur in der Oberflächenstruktur eines Satzes unterscheiden sich natürliche Sprachen. Die Verwendung von Produktionsregeln ist nach Chomsky universal. Mit einem Turing-Programm, das endlich viele rekursive Produktionsregeln simuliert, lassen sich beliebig viele Sätze und ihre Tiefengrammatiken erzeugen.

Der Sprachphilosoph J. Fodor geht über Chomsky noch hinaus, da er für die sprachlichen Tiefenstrukturen und Universalien psychisch reale Kognitionsstrukturen annimmt, die allen Menschen angeboren sind [8]. Geist wird als System semantischer Repräsentationen verstanden, die universal und angeboren sind und in die sich alle Begriffe zerlegen lassen. Fodor spricht von einer „Gedankensprache" (language of thought).

Kommunikation zwischen Menschen ist allerdings keineswegs auf Gedankenaustausch über Sachverhalte beschränkt. Kommunikation besteht aus Handlungen des Sprechens, die Absichten verfolgen und Veränderungen der Umwelt auslösen. Der amerikanische Philosoph J. Searle hat dafür im Anschluss an den britischen Sprachphilosophen J. L. Austin den Begriff des Sprechaktes eingeführt [9]. Ein Sprechakt wie z. B. „Können Sie mir Information über eine bestimmte Person geben?" ist danach durch verschiedene Handlungskomponenten bestimmt. Zunächst ist der Übermittlungsvorgang des Ansprechens zu beachten (lokutionärer Akt). Mit dem Sprechakt sind bestimmte Absichten des Sprechers wie z. B. Bitte, Befehl oder Frage verbunden (illokutionärer Akt). Der perlokutionäre Akt hält die Auswirkungen des Sprechaktes auf den Adressaten einer Nachricht fest, z. B. die Bereitschaft, eine Information über eine Person zu geben oder nicht.

Die Sprechakttheorie wurde zum Vorbild der Computersprache KQML (Knowledge and Query Manipulation Language), mit der die Kommunikation zwischen Suchprogrammen („Agenten") im Internet definiert wird. Die Agentensprache KQML stellt Protokolle zur gegenseitigen Identifizierung, zum Aufbau einer Verbindung und zum Nachrichtenaustausch zur Verfügung. Auf der Nachrichtenebene werden Sprechakttypen festgelegt, die in unterschiedlichen Computersprachen formuliert sein können.

In der Technik geht es zunächst um möglichst effiziente Teillösungen, die Erkennung, Analyse, Transfer, Generierung und Synthese von natürlich sprachlicher Kommunikation durch Computerprogramme verwirklichen. Diese technischen Lösungen müssen keineswegs die Sprachverarbeitung des menschlichen Gehirns imitieren, sondern können vergleichbare Lösungen auch auf anderen Wegen erreichen. So ist es für begrenzte Kommunikationszwecke von Computerprogrammen keineswegs notwendig, dass alle Sprachschichten bis zur Bewusstseinsebene des Menschen technisch simuliert werden müssen.

Tatsächlich sind wir in einer technisch hochentwickelten Gesellschaft auch auf implizites und prozedurales Wissen angewiesen, das nur begrenzt in Regeln erfasst werden kann. Emotionales, soziales und situatives Wissen im Umgang mit Menschen lässt sich nur begrenzt in Regeln fassen. Gleichwohl wird dieses Wissen notwendig, um benutzerfreundliche Bedienungsoberflächen von technischen Geräten wie Computer zu gestalten. Künstliche Intelligenz sollte sich ebenso an den Bedürfnissen und Intuitionen seiner Benutzer orientieren und sie nicht mit komplizierten Regeln überfordern.

5.3 Wann versteht mich mein Smartphone?

Sprachverständnis wird bei Menschen durch entsprechende Fähigkeiten des Gehirns möglich. Es liegt daher nahe, neuronale Netze und Lernalgorithmen nach dem Vorbild des Gehirns einzusetzen (vgl. Abschn. 7.2). Der Neuroinformatiker T. J. Sejnowski schlug ein neuronales Netz vor, das die neuronalen Wechselwirkungen beim Lesen lernen in einer gehirnähnlichen Maschine simulieren sollte [10, 11]. Ob die Neuronen im menschlichen Gehirn tatsächlich in dieser Weise miteinander wechselwirken, kann physiologisch noch nicht entschieden werden. Es bleibt allerdings die erstaunliche Leistung, dass ein künstliches neuronales Netz mit Namen NETalk aus verhältnismäßig wenigen neuronalen Bausteinen einen menschenähnlichen Lernvorgang zu erzeugen vermag (Abb. 5.1). Die Schnelligkeit des Systems könnte durch heutige Computerpower erheblich gesteigert werden. Interessant wird NETalk auch, wenn dieses System nicht wie alle bisherigen künstlichen neuronalen Netze nur auf einem herkömmlichen (sequentiell arbeitenden) Computer simuliert würde, sondern durch eine entsprechende Hardware oder ‚Wetware' aus lebenden Zellen realisiert werden könnte.

Beispiel

Als Input von NETalk wird ein Text zeichenweise erfasst (Abb. 5.4; [12]). Da für die Aussprache eines Zeichens die umgebenden Zeichen wichtig sind, werden auch die drei vor und nach dem betreffenden Zeichen stehenden Symbole registriert. Jedes der sieben pro Schritt gelesenen Zeichen wird von Neuronen untersucht, die jeweils dem

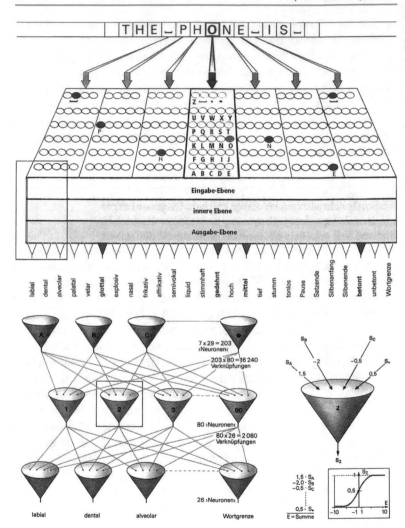

Abb. 5.4 NETalk lernt lesen [12]

Buchstaben des Alphabets, Satz- und Leerzeichen entsprechen. Der Output gibt die phonetische Aussprache des Textes an. Jedes Outputneuron ist für eine Komponente der Lautbildung zuständig. Die Umsetzung dieser Lautkomponenten in einen hörbaren Laut leistet ein gewöhnlicher konventioneller Syntheziser. Entscheidend ist der Lernvorgang des Lesens, der sich zwischen Inputtext und Outputaussprache selbst organisiert. Dazu ist eine dritte Ebene von Neuronen eingeschoben, deren synaptische Verbindungen mit Input- und Outputneuronen durch numerische Gewichte simuliert werden.

In einer Trainingsphase erlernt das System zunächst die Aussprache eines Beispieltextes. Dem System wird also kein Programm mit expliziten Regeln der Lautbildung eingegeben. Die Aussprache des Textes ist vielmehr durch synaptische Verschaltung der Neuronen gespeichert. Bei einem fremden Text werden seine zunächst zufälligen Aussprachelaute mit den gewünschten Lauten des Standardtextes verglichen. Ist der Output nicht korrekt, arbeitet sich das System wieder rückwärts zur internen Ebene und prüft nach, warum die Vernetzung zu diesem Output führte, welche Verbindungen das höchste Gewicht und damit den größten Einfluss auf diesen Output hatten. Es verändert dann die Gewichte, um schrittweise das Resultat zu optimieren. NETalk arbeitet also nach dem auf D. Rumelhart u. a. zurückgehenden Lernalgorithmus der Backpropagation (vgl. Abschn. 7.2).

Das System lernt Lesen ähnlich wie ein Mensch exemplarisch durch „Learning by doing" und nicht regelbasiert. In immer neuen Leseversuchen verbessert das System wie ein Schulkind seine Aussprache und hat schließlich eine Fehlerquote von ca. 5 %.

Benötigen wir aber tatsächlich zunächst die Kenntnis der neuronalen Sprachverarbeitung von Gehirnen, um KI-Software für Sprachverarbeitung einzusetzen? Mit den wachsenden Leistungen von Computern wurden bereits in der Vergangenheit einzelne Werke wie z. B. von Galilei und Thomas von Aquin digital gespeichert und katalogisiert. Als Google schließlich zur systematischen Digitalisierung von Literatur weltweit überging, eröffneten sich neue Möglichkeiten der Bearbeitung, die nun unter der Fachbezeichnung „Digital Humanities" zusammengefasst werden [13, 14]. Die Methoden der Digital Humanities gehen über die bloße Digitalisierung von Texten hinaus und bedienen sich Methoden von

Big Data (vgl. Abschn. 10.1). Ein wesentlicher Ansatz von Big Data besteht darin, dass man die Inhalte im Detail nicht kennen muss, um bestimmte Informationen aus Daten abzuleiten. In der Forschungsrichtung eCodicology werden Metadaten von alten Manuskripten algorithmisch erstellt, um Rückschlüsse auf Entstehungsorte, Produktionsbedingungen und kontextuale Zusammenhänge ziehen zu können. Metadaten betreffen z. B. Seitenformat, Beschriftungen, Register oder Marginalien.

In dem Projekt ePoetics wird die Ausbreitung literaturwissenschaftlicher Terminologie in einem historischen Zeitraum untersucht. Daraus ergeben sich Rückschlüsse über die Entwicklung der Literaturtheorie in diesem Zeitraum. Ein einzelner Wissenschaftler kann nur begrenzt viele Texte lesen. Um Epochen und Stilrichtungen zu erfassen und zu kategorisieren, sind unter Umständen Tausende von Romanen und Novellen notwendig. Geeignete Software vermag Korrelationen schnell zu liefern und anschaulich in Diagrammen zu illustrieren. Es gilt allerdings der kritische Vorbehalt: Der Superrechner ersetzt am Ende nicht die Bewertung und Interpretation des Literaturwissenschaftlers. Allerdings vermag geeignete Software, wie das Semantic Web zeigt, durchaus semantische Kontexte erkennen. Literaturwissenschaftler, die immer noch glauben, dass Computer „nur" syntaktisch Symbole verändern, haben den Ernst der Stunde und ihres Fachs noch nicht begriffen.

In einem nächsten Schritt kommen Software-Agenten (engl. Bots) zum Einsatz, die automatisch Texte verfassen. Bei einfachen Texten, wie sie in den sozialen Medien üblich sind, wird das nicht weiter verwundern. Twittern wir bereits mit Bots anstelle von Menschen? Aber auch in bestimmten Sparten des Journalismus ersetzen Bots die Textschreiber oder unterstützen sie wenigstens. Die Firma Narrative Science bietet Software an, um Artikel in Zeitschriften automatisch zu erstellen. Unternehmen nutzen diese Schreibprogramme für z. B. automatisierte Börsenberichte. Die Schreibprogramme können sich im Stil einem Verfasser anpassen. Durch Verbindung mit einer Datenbank kann der Text schnell publiziert werden. Banken greifen auf die Texte zurück und können auf diese Weise sofort auf neue Daten reagieren, um Gewinne schneller als Konkurrenten zu erzielen. Auch hier ist wieder bemerkenswert und typisch für Big Data, dass es nicht auf die Korrektheit der Daten ankommt, sondern auf Reaktionsschnelligkeit. Solange alle Beteiligten auf dieselben Daten zurückgreifen, spielt die Qualität und Zuverlässigkeit der Information für die Gewinnchancen keine Rolle. Textabgleichungen auf der Grundlage von Mustererkennung sind seit Weizenbaums ELIZA bekannt. Heutige Software zerlegt mittlerweile Sätze in einzelne Phrasen und berechnet blitzschnell die Wahrscheinlichkeiten für passende Antwortmuster auf gestellte Fragen oder passende Übersetzungen in andere Sprachen. Ein Beispiel für ein effizientes Übersetzungsprogramm war bereits VERBMOBIL.

Beispiel

VERBMOBIL war ein Projekt, das 1993–2000 vom Deutschen Forschungszentrum für Künstliche Intelligenz (DFKI) koordiniert wurde [15]. Im Einzelnen wurde die gesprochene Sprache über zwei Mikrofone den Spracherkennungsmodulen für Deutsch, Englisch oder Japanisch zugeleitet und einer Prosodieanalyse (Analyse der Sprachmetrik und -rhythmik) unterzogen. Auf dieser Grundlage wurden in einer integrierten Verarbeitung Bedeutungsinformationen berücksichtigt, die z. B. durch grammatikalische Tiefenanalysen von Sätzen und Regeln der Dialogverarbeitung gewonnen wurden. VERBMOBIL realisierte also den Weg von der umgangssprachlichen Spracherkennung bis zur Dialogsemantik von Gesprächen, die keineswegs auf den Austausch kurzer Sprachbrocken beschränkt blieben, sondern auch lange Redebeiträge beinhalteten, wie sie für spontane Sprache typisch sind.

Sprachverarbeitung durchläuft bei uns Menschen verschiedene Repräsentationsebenen. In technischen Systemen versucht man diese Schritte nacheinander zu realisieren. In der Computerlinguistik [16–18] wird diese Vorgehensweise als Pipelinemodell beschrieben:

Ausgehend von einer Schallinformation (Hören), wird im nächsten Schritt eine Textform erzeugt. Die entsprechenden Buchstabenketten werden dann als Wörter und Sätze erfasst. In der morphologischen Analyse werden Personalformen analysiert und Wörter im Text auf Grundformen zurückgeführt. In der syntaktischen Analyse werden die grammatikalischen Formen der Sätze wie Subjekt, Prädikat, Objekt, Adjektiv etc. herausgestellt, wie in den Chomsky-Grammatiken erläutert wurde (vgl. Abschn. 5.2). In der semantischen Analyse werden den Sätzen Bedeutungen zugeordnet, wie in den Tiefenstrukturen der Chomsky-

Grammatiken durchgeführt wurde. Schließlich werden in einer Dialog-
und Diskursanalyse die Beziehungen von z. B. Frage und Antwort, aber
auch Absichten, Zwecken und Intentionen untersucht.

Wie wir später sehen werden, ist es für effiziente technische Lösungen
keineswegs erforderlich, alle Stufen dieses Pipeline-Modells zu durchlaufen. Die enormen heutigen Rechenleistungen zusammen mit maschi-
nellen Lern- und Suchalgorithmen eröffnen die Ausnutzung von Daten-
mustern, die für effiziente Lösungen auf allen Ebenen eingesetzt werden
können. Dazu werden generative Grammatiken zur semantischen Analyse von Tiefenstrukturen kaum verwendet. Auch spielt die Orientierung an
der semantischen Informationsverarbeitung des Menschen keine Rolle.
Bei Menschen sind semantische Prozesse typischerweise mit Bewusstsein verbunden, was keineswegs notwendig ist:

Beispiel

Ein semantisches Frage-Antwort-System ist das Programm WATSON
von IBM, das die Rechenpower eines Parallelrechners und den Speicher von Wikipedia einsetzt. Im Unterschied zu ELIZA versteht WAT-
SON die semantischen Bedeutungen der Kontexte und Sprachspiele.
WATSON ist eine semantische Suchmaschine (IBM), die in natürlicher Sprache gestellte Fragen erfasst und in einer großen Datenbank passende Fakten und Antworten in kurzer Zeit findet. Dazu integriert sie viele parallel arbeitende Sprachalgorithmen, Expertensysteme, Suchmaschinen und linguistische Prozessoren auf der Grundlage
der Rechen- und Speicherkapazitäten von riesigen Datenmengen (Big
Data) (Abb. 5.5; [19]).

WATSON orientiert sich nicht am menschlichen Gehirn, sondern setzt
auf Rechenpower und Datenbankkapazitäten. Dennoch besteht das System den Turing-Test. Dazu passt sich eine Stilanalyse den Gewohnheiten
des Sprechers oder Schreibers an. Personalisierung des Schreibstils ist
daher keine unüberwindliche Schranke mehr.

WATSON bezeichnet mittlerweile eine Plattform von IBM für kognitive Tools und deren vielfältiger Anwendung in Wirtschaft und Unternehmen [20]. Nach dem Mooreschen Gesetz (vgl. Abschn. 9.4) werden
die Leistungen von WATSON in absehbarer Zeit keinen Supercomputer
benötigen. Dann wird eine App in einem Smartphone dieselbe Leistung

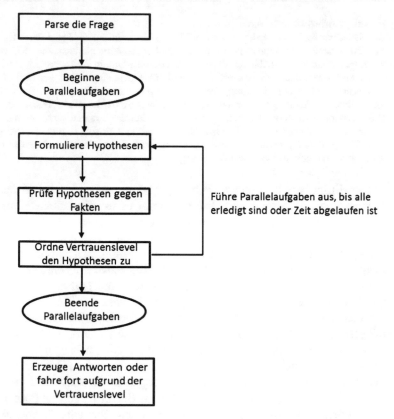

Abb. 5.5 Architektur von WATSON [19]

erbringen. Wir werden uns schließlich mit unserem Smartphone unterhalten. Dienstleistungen müssen nicht mehr über ein Keyboard angefordert werden, sondern durch Sprechen mit einem intelligenten Sprachprogramm. Auch Unterhaltungen über unsere intimen Gefühle sind nicht auszuschließen, wie es Weizenbaum schon befürchtet hatte.

Hintergrundinformationen
Der US-amerikanischen Science-Fiction-Film „Her" von Spike Jonze aus dem
Jahr 2013 handelt von einem introvertierten und schüchternen Mann, der sich in
ein Sprachprogramm verliebt. Beruflich schreibt dieser Mann in Auftragsarbeit Brie-
fe für Menschen, denen es schwerfällt, ihre Gefühle dem Gegenüber verständlich
zu machen. Zur eignen Entlastung besorgt er sich ein neues Betriebssystem, das
mit weiblicher Identität und angenehmer Stimme ausgestattet ist. Über Headset und
Videokamera kommuniziert er mit Samantha, wie sich das System selber benennt.
Samantha lernt schnell über soziale Interaktionen und verhält sich immer menschlicher. Während häufig geführten, langen und intensiven Gesprächen entwickelt sich
schließlich eine intime emotionale Beziehung.

Der Einsatz von intelligenten Schreibprogrammen ist nicht nur in den
Medien und im Journalismus denkbar, wenn es um Routinetexte von
z. B. Wirtschaftsnachrichten, Sportberichten oder Boulevardmeldungen
geht. Auch in der Verwaltung oder Rechtsprechung werden Routinetexte
verwendet, die an Bots delegierbar sind. Wir werden den Einsatz auto-
matischer Schreibprogramme auch in der Wissenschaft erleben. Die Produktion von Artikeln in Fachzeitschriften in Medizin, Technik- und Naturwissenschaften ist mittlerweile so gigantisch, dass sie selbst in Spezi-
algebieten der Forschung von den jeweiligen Experten nicht mehr im Detail gesichtet werden kann. Die Forschungsergebnisse müssen mit großer
Schnelligkeit publiziert werden, um im Wettbewerb bestehen zu können.
So ist es durchaus denkbar, dass Wissenschaftler/innen in den fachüb-
lichen linguistischen Aufbau (z. B. eines Preprints) nur noch die Daten,
Argumente und Ergebnisse eingeben, die ein Bot in passender Formulierung dem Schreibstil des Verfassers anpasst und über eine Datenbank
publiziert.

Schreibroboter werden in der Finanzbranche zunehmend zum Alltag. Firmen wie „Narrative Science" oder „Automated Insight" setzen
intelligente Software ein, um Daten der Quartalszahlen von Investment-
banken in Nachrichtentexte zu übersetzen. Solche Texte wurden früher
von Reportern in mühsamen Quartalsberichten verfasst. Automaten erzeugen ein Vielfaches der früher von Menschen verfassten Berichte in
Sekundenschnelle. Im Finanzsektor generieren Algorithmen blitzschnell
Unternehmensprofile für Analyseabteilungen. Automatische Schreibprogramme können Kunden darüber informieren, mit welchen Strategien
Fondsmanager Geld am Aktienmarkt investieren und wie sich die Fonds

entwickeln. Versicherungsunternehmen benutzen intelligente Schreib-programme, um die Vertriebsleistung zu messen und Empfehlungen für Verbesserungen zu erläutern. Automatisch erstellte Texte können Kunden bestätigen, ob sie mit ihrer Anlagestrategie richtig liegen. Unterstützung durch automatisierte Schreibprogramme schafft zudem mehr Zeit für individuelle Beratung von Kunden. Mit Robo-Advice dringt Künstliche Intelligenz zunehmend in der Anlageberatung und Vermögensverwaltung vor. Wenn mittlerweile neben Englisch auch Deutsch, Französisch und Spanisch als Sprachen zum Einsatz kommen, steigt der Anwendungsbereich. Der menschliche Anlageberater wird nicht ersetzt, aber das Tempo der digitalen Angebote ist sehr hoch und mit dem exponentiellen Wachstum der IT-Tools koordiniert.

Literatur

1. Weizenbaum J (1965) ELIZA – A computer program for the study of natural language communication between man and machine. Communications of the Association for Computing Machinery 9:36–45
2. Hotz GH, Walter H (1968–1969) Automatentheorie und formale Sprachen I–II. B.I. Wissenschaftsverlag, Mannheim
3. Böhling KH, Indermark K, Schütt D (1969) Endliche Automaten I–II. B.I. Wissenschaftsverlag, Mannheim
4. Hopcroft JE, Motwani R, Ullman J (2001) Introduction to Automata Theory, Languages, and Computation. Addison Wesley, Readings
5. Hromkovic J (2011) Theoretische Informatik. Formale Sprachen, Berechenbarkeit, Komplexitätstheorie, Algorithmik, Kommunikation und Kryptographie, 4. Aufl. Vieweg Teubner, Wiesbaden
6. Chomsky N (1969) Aspekte der Syntax-Theorie. Suhrkamp, Frankfurt
7. Anderson JR (1996) Kognitive Psychologie, 2. Aufl. Spektrum Akademischer Verlag, Heidelberg
8. Fodor JA (1975) The Language of Thought. Harvard University Press, New York
9. Searle JR (1969) Speech Acts. Cambridge University Press, Cambridge (Mass.)
10. Sejnowski TJ, Rosenberg CR (1986) NETalk: a parallel network that learns to read aloud. In: The John Hopkins University Electrical Engineering and Computer Science Technical Report JHU/EECS-86/01
11. Sejnowski TJ, Rosenberg CR (1987) Parallel networks that learn to pronounce English text. Complex Systems 1:145–168
12. Kinzel W, Deker U (1988) Der ganz andere Computer: Denken nach Menschenart. Bild der Wissenschaft 1:43

13. Schreibman S, Siemens R, Unsworth J (2004) A Companion to Digital Humanities. Wiley-Blackwell, Oxford
14. Thaler M (2012) Controversies around Digital Humanities. Historical Research 37(3):7–229
15. Wahlster W (Hrsg) (2000) Verbmobil: Foundations of Speech-to-Speech Translation. Springer, Berlin
16. Hausser R (2014) Foundations of Computational Linguistics: Human-Computer Communication in Natural Language, 3. Aufl. Springer, Berlin
17. Jurasky D, Martin JH (2008) Speech and Language Processing. An Introduction to Natural Language Processing, Computational Linguistics and Speech Recognition, 2. Aufl. PEL, Upper Saddle River
18. Mitkov R (Hrsg) (2003) The Oxford Handbook of Computational Linguistics. Oxford University Press, Oxford
19. Watson. (Künstliche Intelligenz) Wikipedia. Zugegriffen: 30.7.15
20. http://www-05.ibm.com/de/watson/. Zugegriffen: 30.7.15

Algorithmen simulieren die Evolution

6.1 Biologische und technische Schaltpläne

Informationsverarbeitung mit Computern und Menschen wird mit künstlichen oder natürlichen Sprachen wiedergegeben. Sie sind nur Spezialfälle von symbolischen Repräsentationssystemen, die sich ebenso für genetische Informationssysteme angeben lassen. Genetische Sprachen repräsentieren mit ihren grammatikalischen Regeln molekulare Verfahren, um molekulare Sequenzen mit genetischen Bedeutungen zu erzeugen. Entscheidend für das Verständnis dieser molekularen Sprachen sind wiederum nicht wir Menschen, sondern die molekularen Systeme, die sich ihrer bedienen. Wir Menschen mit unserer Art der Informationsverarbeitung sind erst am Anfang, diese Sprachen mit ihren Regeln zu entziffern und zu verstehen. Die formalen Sprach- und Grammatiktheorien liefern dazu zusammen mit der algorithmischen Komplexitätstheorie erste Ansätze.

Für genetische Informationen werden die Nukleinsäure-Sprache mit dem Alphabet der vier Nukleotide und die Aminosäure-Sprache mit dem Alphabet der zwanzig Aminosäuren verwendet. Bei der Nukleinsäure-Sprache lässt sich eine Hierarchie verschiedener Sprachschichten unterscheiden, die von der untersten Ebene der Nukleotide mit den Grundsymbolen A, C, G, T bzw. U bis zur höchsten Ebene der Gene reicht, in denen die vollständige Erbinformation einer Zelle festgehalten ist. Jede

© Springer-Verlag GmbH Deutschland, ein Teil von Springer Nature 2019
K. Mainzer, *Künstliche Intelligenz – Wann übernehmen die Maschinen?*,
Technik im Fokus, https://doi.org/10.1007/978-3-662-58046-2_6

zwischengeschaltete Sprachebene setzt sich aus Einheiten der vorherigen
Sprachebene zusammen und gibt Anweisungen für verschiedene Funk-
tionen wie z. B. Transkription oder Replikation von Sequenzen.
   Mit der formalen Sprachtheorie von Chomsky lässt sich auch die
Grammatik genetischer Sprachen definieren [1, 2]:

▶ A. Lindenmayer unterscheidet dazu als endliche Alphabete für die
DNA: A, C, G, T, für die RNA: A, C, G, U, und für die Proteine zwanzig
Buchstaben $A, C, D, \ldots, Y, W$. Die Sequenzen, die aus den Buchstaben
dieser Alphabete gebildet werden können, heißen Worte. Die Menge aller
Sequenzen bildet eine Sprache. Eine Grammatik besteht aus Regeln, die
Sequenzen in andere überführt.

Beispiel

Im einfachsten Fall einer regulären Grammatik mit Regeln wie z. B.
$A \rightarrow C, C \rightarrow G, G \rightarrow T, T \rightarrow A$ können Sequenzen wie z. B.
$GTACGTA \ldots$ generiert werden: Man beginnt mit dem linken Buch-
stabe der Sequenz und fügt nach rechts die Buchstaben gemäß den
vorausgehenden Buchstaben hinzu.

Reguläre Grammatiken bestimmen reguläre Sprachen, die durch endliche Automaten als entsprechende Informationssysteme erzeugt werden
(vgl. Abschn. 5.2). Einen endlichen deterministischen Automaten kann
man sich als eine Maschine mit endlichen Eingängen, Ausgängen und
einem endlichen Speicher vorstellen, die Informationen aufnimmt, verarbeitet und weitergibt.
   Endliche Automaten mit regulären Sprachen reichen jedoch nicht zur
Erzeugung aller Kombinationsmöglichkeiten aus, wie z. B. spiegelsym-
metrische Sequenzen $AGGA$ zeigen. Bei nicht-regulären Sprachen unterscheidet Chomsky eine Hierarchie stärkerer Informationssysteme. Dazu
werden die grammatikalischen Regeln der Sprachen gelockert und die
Automaten durch Speicherzellen ergänzt. Ein Beispiel ist der Keller-
Automat, der kontextfreie Sprachen erkennt, bei denen die Zulässigkeit
eines Symbols von linken und von rechten Nachbarn abhängt. Hebt man
diese Bestimmung auf, so erhält man kontextabhängige Sprachen, bei
denen weit auseinanderliegende Symbole miteinander in Beziehung stehen. Solche kontextsensitiven Sprachen werden von linear beschränkten

Automaten erkannt, in denen sich jede von endlich vielen Speicherzellen in wahlfreiem Zugriff erreichen lässt.

▶ In regulären, kontextfreien und kontextsensitiven Sprachen kann rekursiv entschieden werden, ob eine Zeichensequenz endlicher Länge zur Sprache gehört oder nicht. Dazu braucht man nur alle Zeichenreihen bis zu dieser Länge zu erzeugen und mit der vorliegenden Zeichensequenz zu vergleichen. Von dieser Art sind genetische Sprachen.

Ist diese Forderung nicht erfüllt, werden Maschinen von der Komplexität der Turingmaschine (Abb. 3.2) notwendig. Eine Turingmaschine ist gewissermaßen ein endlicher Automat, der freien Zugriff in einem unbegrenzt großen Speicher hat. Von diesem Standpunkt aus ist ein linear beschränkter Automat eine Turingmaschine mit einem endlichen Speicherband. Der Kellerautomat besitzt ein Band, das auf einer Seite unendlich lang ist, wobei der Lesekopf immer über dem letzten beschrifteten Band steht. Ein endlicher Automat ist eine Turingmaschine ohne Band. Es gibt allerdings so komplexe nicht-rekursive Sprachen, deren Zeichenreihen auch eine Turingmaschine nicht in endlicher Zeit erkennen kann. Sie können jedoch vom Menschen intellektuell gemeistert werden und sind daher für die Beurteilung menschlicher Informationsverarbeitung im Rahmen der KI-Forschung zu beachten.

▶ Die Hierarchie der Spracherkennung entspricht unterschiedlichen Komplexitätsgraden der Problemlösung, die durch entsprechende Automaten und Maschinen bewältigt werden können. Nach unserer Definition künstlicher Intelligenz (vgl. Kap. 1) besitzen diese Automaten und Maschinen unterschiedliche Grade von Intelligenz. Auch biologischen Organismen, die Beispiele dieser Automaten und Maschinen sind, können daher Intelligenzgrade zugeordnet werden.

Genetische Sprachen und ihre Grammatiken erlauben also Komplexitätsbestimmungen entsprechender genetischer Informationssysteme. Dazu werden möglichst kurze generative Grammatiken zur Erzeugung der jeweiligen DNA-Sequenz gesucht. Die Komplexität einer genetischen

Grammatik wird durch die Summe der Länge aller Regeln definiert. Bemerkenswert ist auch die genetische Redundanz einer Erbinformation.

▶ In der Informationstheorie bezeichnet Redundanz überflüssige Information. In der Nachrichtentechnik wird Redundanz z. B. durch Wiederholungen zur Sicherung gegen Übertragungsfehler eingesetzt. In der Umgangssprache verwenden Menschen Wiederholungen durch ähnliche Umschreibungen, um das Verständnis zu steigern. Falls keine Redundanz vorliegt, ist der mittlere Informationsgehalt (Informationsentropie) einer Sequenz maximal. Redundanz misst die Abweichung des Informationsgehalts einer Sequenz von der maximalen Informationsentropie.

Messungen ergeben eine geringe Redundanz der genetischen Sprachen gegenüber den menschlichen Umgangssprachen. Das zeigt einerseits die große Zuverlässigkeit genetischer Informationssysteme. Andererseits bringt Redundanz auch Flexibilität und Sensibilität zum Ausdruck, um Verständnis durch variierte Wiederholungen zu erreichen. Sie zeichnet daher menschliche Informationsverarbeitung aus und wird bei der Beurteilung Künstlicher Intelligenz zu berücksichtigen sein. In der Evolution genetischer Informationssysteme beobachten wir eine Tendenz zur Speicherung immer größerer Informationsmengen, um Struktur und Funktion eines Organismus abzusichern. Es kommt aber nicht nur auf die Entzifferung einer möglichst langen DNA-Sequenz an. Bei den höher entwickelten Organismen wie dem Menschen sind die Proteine als Träger vielfältiger Erbanlagen von grundlegender Bedeutung. Die Evolution dieser Systeme beruht geradezu auf der Einführung neuer Regeln in die Grammatik der Proteine und damit neuer Funktionen des Organismus. Es lässt sich sogar zeigen, dass die Regellänge der Proteinstrukturen und damit die Komplexität ihrer Grammatik für die höher entwickelten Organismen wachsen. Grammatikregeln erlauben zudem eine beliebig wiederholbare Produktion von Sequenzen. Sie tragen daher zur Standardisierung der genetischen Informationssysteme bei, ohne die das Wachstum komplexer Organismen nicht möglich wäre. In der Evolution des Lebens beschränkt sich die Fähigkeit der Informationsverarbeitung keineswegs nur auf genetische Informationssysteme. Von überragender Bedeutung wurde die Informationsverarbeitung mit Nervensystemen und Gehirnen in höher entwickelten Organismen und schließlich mit Kommunikations- und Informationssystemen in Populationen und Gesellschaften von Organismen [19, 20]. Genetische Informationssysteme haben sich vor ca. drei bis vier Milliarden Jahren gebildet und zu einer großen Vielfalt zellulärer Organismen geführt. Dabei kam es zu einer Informationsspeicherung, die sich durch die Informations- bzw. Speicherkapazität der während der Evolution erzeugten Erbinformationen abschätzen lässt.

▶ Allgemein wird die Informationskapazität eines Speichers durch den Logarithmus der Zahl der verschiedenen möglichen Zustände des Speichers gemessen. Für Nukleotidsequenzen der Länge n, die aus vier Bausteinen gebildet werden, gibt es 4^n verschiedene Anordnungsmöglichkeiten. Auf bit-Einheiten im Dualsystem umgerechnet beträgt die Informationskapazität $I_k = \ln 4^n / \ln 2 = 2n$.

Für Polypeptide aus zwanzig verschiedenen Bausteinen ergibt sich eine entsprechende Speicherkapazität von $I_k = \ln 20^n / \ln 2 = n \cdot 4{,}3219\,\text{bit}$.

Für Chromosomen mit ca. 10^9 Nukleotiden folgt eine Speicherkapazität von doppelter Länge mit ca. $2 \cdot 10^9\,\text{bit}$.

Informations- und Speicherkapazität sind unabhängig von der materiellen Form eines Speichers definiert und erlauben daher einen Vergleich unterschiedlicher Informationssysteme. Zum Vergleich lässt sich die Informationskapazität eines menschlichen Speichersystems wie z. B. Bücher und Bibliotheken heranziehen:

Beispiel

Für einen der 32 Buchstaben des lateinischen Alphabets werden $\ln 32 / \ln 2 = 5\,\text{bit}$ benötigt. Daher könnten mit einer DNA-Sequenz $2 \cdot 10^9\,\text{bit} / 5\,\text{bit} = 4 \cdot 10^8$ Buchstaben gespeichert werden. Für eine durchschnittliche Wortlänge von 6 Buchstaben sind das ca. $6 \cdot 10^7$ Wörter. Bei einer Druckseite mit ca. 300 Wörtern ergeben sich $2 \cdot 10^5$ Druckseiten. Bei einem Buchumfang von 500 Seiten entspricht also eine DNA-Sequenz aus 10^9 Nukleotiden einer Speicherkapazität von 400 Büchern.

Man schätzt heute, dass die biologische Evolution auf der Erde vor ca. zehn Millionen Jahren nach der Entstehung von Bakterien, Algen, Reptilien und Säugetieren mit dem Menschen einen Höhepunkt von 10^{10} bit genetischer Information erreicht hat.

Mit der Entwicklung von Nervensystemen und Gehirnen zeichneten sich in der Evolution neue Informationssysteme ab. Sie waren jedoch keineswegs auf einmal da, sondern entwickelten sich durch Spezialisierung einiger Zellen auf Signalübertragung. Entsprechend waren die Informationsmengen, die durch frühe Nervensysteme gespeichert werden konnten, zunächst wesentlich kleiner als bei genetischen Informationssystemen. Erst mit dem Auftreten von Organismen mit der Komplexität der Reptilien beginnen neuronale Informationssysteme damit, die Informationskapazität von genetischen Informationssystemen zu übertreffen (Abb. 6.1).

Damit wird gesteigerte Flexibilität und Lernfähigkeit in der Auseinandersetzung mit der Umwelt eines Organismus verbunden. In einem genetischen System können nicht alle möglichen Situationen einer komplexen und sich ständig verändernden Umwelt in Programmzeilen der Erbinformation berücksichtigt werden. Bei komplexen zellulären Organismen stoßen genetische Informationssysteme an ihre Grenzen und werden durch neuronale Informationssysteme ergänzt [3].

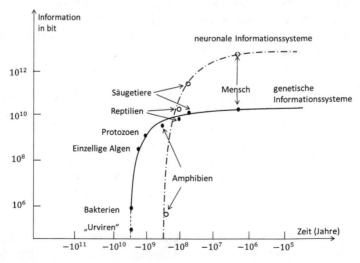

Abb. 6.1 Evolution genetischer und neuronaler Informationssysteme [19]

6.2 Zelluläre Automaten

Die Entdeckung der DNA-Struktur und des genetischen Kodes war ein erster Schritt zum Verständnis eines molekularen Mechanismus, der sich selber reproduziert. Die Computerpioniere von Neumann und Zuse zeigten unabhängig voneinander, dass für die Selbstreproduktion nicht die Art der materiellen Bausteine für die Selbstreproduktion grundlegend ist, sondern eine Organisationsstruktur, die eine vollständige Beschreibung von sich selbst enthält und diese Information zur Schaffung neuer Kopien (Klone) verwendet [4, 5].

Die Analogie mit dem Zellverband eines Organismus entsteht, wenn man sich das System eines zellulären Automaten als unbegrenztes Schachbrett vorstellt, auf dem jedes Quadrat eine Zelle repräsentiert. Die einzelnen Zellen der parkettierten Ebene lassen sich als endliche Automaten auffassen, deren endlich viele Zustände durch verschiedene Farben oder Zahlen unterschieden werden. Im einfachsten Fall gibt es nur die beiden Zustände „schwarz" (1) oder „weiß" (0). Eine Umgebungsfunktion gibt an, mit welchen anderen Zellen die einzelne Zelle verbunden ist. Sie kann z. B. die Form eines Kreuzes oder Quadrates festlegen.

Der Zustand einer Zelle hängt von Zuständen in der jeweiligen Umgebung ab und wird durch (lokale) Regeln bestimmt. Da alle Regeln in einem Schritt ausgeführt werden, arbeitet das Automatennetz des zellulären Automaten synchron und taktweise. Die aus einer Konfiguration von zellulären Zuständen durch Regelanwendung entstandene Konfiguration heißt Nachfolger der ursprünglichen Konfiguration. Die aus einer Konfiguration durch wiederholte Regelanwendung entstandenen Konfigurationen heißen Generationen der ursprünglichen Konfiguration. Eine Konfiguration ist stabil, wenn sie mit ihrem Nachfolger übereinstimmt. Sie „stirbt" in der nächsten Generation, wenn alle ihre Zellen im Zustand „weiß" (0) sind.

Beispiel

Ein Beispiel für einen 2-dimensionalen zellulären Automaten mit zwei Zuständen „lebendig" (schwarz) und „tot" (weiß) ist folgende Version von J. Conways „Game of Life" (Spiel des Lebens) mit lokalen Regeln: (1) Eine lebendige Zelle überlebt zur nächsten Generation, wenn zwei oder drei Zellen der Nachbarschaft ebenfalls lebendig sind. (2) Eine Zelle stirbt, wenn sich in der Nachbarschaft mehr als drei („Überbevölkerung") oder weniger als zwei lebendige Zellen befinden („Isolation"). (3) Eine tote Zelle darf dann und nur dann lebendig werden, wenn exakt drei der Nachbarzellen lebendig sind. Conways „Game of Life" ist ein zellulärer Automat, der in nachfolgenden Generationen komplexe Muster erzeugt, die an die Gestalt zellulärer Organismen erinnern. Er ist sogar ein universeller zellulärer Automat, da er jede Musterbildung eines zellulären Automaten simulieren kann [6].

Technisch können zelluläre Automaten durch einen Computer simuliert werden. Ein entsprechendes Computerprogramm für einen zellulären Automaten verwendet im Prinzip die gleichen Methoden, als würde man zelluläre Musterentwicklung mit Papier und Bleistift durchführen. Zunächst wird ein Arbeitsbereich für die Zellen festgelegt. Dabei entspricht jede Zelle einem Speicherelement im Computer. Bei jedem Entwicklungsschritt muss das Programm einzeln nacheinander jede Zelle aufsuchen, die Zustände der Nachbarzellen bestimmen und den nächsten Zustand der Zelle berechnen. In diesem Fall ist ein zellulärer Automat auf einem sequentiellen Digitalcomputer simulierbar. Besser und effektiver wäre ein Netz aus vielen Prozessoren in zellulärer Verschaltung, in denen die Verarbeitung parallel wie in einem zellulären Organismus abläuft. Umgekehrt lässt sich jeder Computer als universelle Turingmaschine durch einen universellen zellulären Automaten simulieren.

Nach John von Neumann muss ein sich selbst reproduzierender Automat die Leistungsfähigkeit einer universellen Turingmaschine haben, also jede Art von zellulärem Automaten simulieren können. In der präbiologischen Evolution hatten die ersten sich selbst reproduzierenden Makromoleküle und Mikroorganismen sicher nicht den Komplexitätsgrad eines universellen Computers. Daher entwickelte C. Langton (1986) einfachere zelluläre Automaten ohne die Fähigkeit universeller Berechenbarkeit, die sich spontan in bestimmten Perioden wie Organismen reproduzieren können. Anschaulich erinnern ihre PC-Bilder an einfache zelluläre Organismen mit kleinen Schwänzen, aus denen sich ähnliche kleine Organismen bilden:

Beispiel

Die Zustände der Zellen werden in Abb. 6.2 durch Zahlen markiert [7, 8]. Leere Zellen haben den Zustand 8 und bilden die virtuelle Umwelt der virtuellen Organismen. Zellen im Zustand 2 hüllen den virtuellen Organismus wie eine Haut ein und grenzen ihn von der Umwelt ab.

Die innere Schleife trägt den Kode für die Selbstreproduktion. Zu jedem Zeitpunkt werden die Kodenummern entgegen dem Uhrzeigersinn schrittweise weiterbewegt. Je nachdem, welche Kodenummer das schwanzartige Ende erreicht, wird es um eine Einheit erweitert oder wird eine Linksbiegung bewirkt.

Nach vier Durchläufen ist die zweite Schleife vollendet. Beide Schleifen trennen sich, und der zelluläre Automat hat sich selber

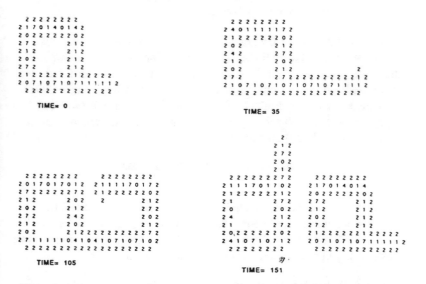

Abb. 6.2 Zelluläre Automaten simulieren zelluläre Selbstorganisation [7, 8]

reproduziert. Schließlich bedeckt eine Kolonie solcher Organismen den Bildschirm. Während sie sich an den Außenrändern reproduzieren, werden die mittleren bei der Selbstproduktion von ihren eigenen Nachkommen blockiert. Wie bei einem Korallenriff bilden sie ein totes zelluläres Skelett, auf dem sich das virtuelle Leben weiterentwickelt.

Zweidimensionale zelluläre Automaten bestehen aus einem Netz einzelner Zellen, die durch die Geometrie der Zellanordnung, die Nachbarschaft jeder Einzelzelle, ihre möglichen Zustände und die davon abhängenden Transformationsregeln für zukünftige Zustände charakterisiert sind. Zur Analyse der Evolutionsmodelle genügen eindimensionale zelluläre Automaten, die aus einer Zeile von Zellen in einem zweidimensionalen Parkett bestehen [9, 10]. In einem einfachen Fall hat jede Zelle zwei Zustände 0 und 1, die graphisch z. B. durch ein weißes bzw. schwarzes Quadrat dargestellt werden können. Der Zustand jeder Zelle ändert sich in einer Folge von diskreten Zeitschritten nach einer Transformationsregel, in der die vorherigen Zustände der jeweiligen Zelle und ihrer beiden Nachbarzellen berücksichtigt sind.

▶ Allgemein legt die Umgebungsfunktion $2r + 1$ Zellen fest, also für $r = 1$ im einfachsten Fall drei Zellen mit einer vorausgehenden Zelle und zwei Nachbarzellen. Je nach Anzahl der Zustände und Nachbarschaftszellen ergeben sich einfache lokale Regeln, mit denen die diskrete zeitliche Entwicklung Reihe für Reihe festgelegt wird. Für $r = 1$ und $k = 2$ ergeben sich $2^3 = 8$ mögliche Verteilungen der Zustände 0 und 1 auf $2 \cdot 1 + 1 = 3$ Zellen, also z. B. die Regeln:

$$\underline{111} \quad \underline{110} \quad \underline{101} \quad \underline{100} \quad \underline{011} \quad \underline{010} \quad \underline{001} \quad \underline{000}$$
$$0 \qquad 1 \qquad 0 \qquad 1 \qquad 1 \qquad 0 \qquad 1 \qquad 0$$

Ein Automat mit diesen Regeln hat die binäre Kodenummer 01011010 oder (in dezimaler Kodierung) $0 \cdot 2^7 + 1 \cdot 2^6 + 0 \cdot 2^5 + 1 \cdot 2^4 + 1 \cdot 2^3 + 0 \cdot 2^2 + 1 \cdot 2^1 + 0 \cdot 2^0 = 90$. Für 8-stellige binäre Codenummern mit zwei Zuständen gibt es $2^8 = 256$ mögliche zelluläre Automaten.

Mit einfachen lokalen Regeln können bereits die 256 eindimensionalen zellulären Automaten mit zwei Zuständen und zwei Nachbarzellen unterschiedlich komplexe Muster erzeugen, die an Strukturen und Prozesse der Natur erinnern. Ihre Anfangszustände (d. h. das Muster der Anfangszeile) dürfen geordnet oder ungeordnet sein. Daraus entwickeln diese Automaten in aufeinanderfolgenden Zeilen typische Endmuster.

Moderne Computer mit hoher Geschwindigkeit und Speicherkapazität erlauben Computerexperimente, um unterschiedliche Musterbildungen von zellulären Automaten zu studieren. Einige Automaten erzeugen farbige Symmetrien, die an die Muster von Tierfellen oder Muschelschalen erinnern. Andere reproduzieren oszillierende Wellenmuster. Einige Automaten entwickeln sich nach wenigen Schritten in einen konstanten Gleichgewichtszustand wie ein molekulares System, das in einem Kristall erstarrt. Wieder andere Automaten sind empfindlich abhängig von kleinsten Veränderungen ihrer Anfangszustände, die sich zu globalen Veränderungen ihrer Musterbildung aufschaukeln. Das erinnert an Strömungs- und Musterbildungen aus Wetter- und Klimamodellen.

Tatsächlich lassen sich zelluläre Automaten wie dynamische Systeme in der Physik durch mathematische Gleichungen beschreiben. Das künstliche Leben, das sie durch ihre Musterbildung simulieren, ist dann präzise durch das Lösen dieser Gleichungen erklärbar und prognostizierbar [11].

▶ In zweidimensionalen zellulären Automaten hängt der Zustand x_i einer Zelle i ($1 \leq i \leq I$) vom eigenen Input u_i und den binären Inputs u_{i-1} und u_{i+1} der linken und rechten Nachbarzelle ab (Abb. 6.3). Daher ist die Dynamik des zellulären Automaten, also die zeitliche Zustandsentwicklung $\dot{x}_i$ seiner Zellen durch Zustandsgleichungen $\dot{x}_i = f(x_i; u_{i-1}, u_i, u_{i+1})$ mit einer Anfangsbedingung $x_i(0) = 0$ und Outputgleichung $y_i = y(x_i)$ bestimmt.

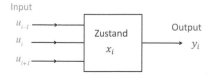

Abb. 6.3 Zelle als dynamisches System mit Zustandsvariable x_i, Outputvariable y_i und drei konstanten binären Inputs u_{i-1}, u_i, u_{i+1}

6.3   Genetische und evolutionäre Algorithmen

Darwins Evolution lässt sich als Suchverfahren nach erfolgreichen Arten auffassen, die sich über Generationen neuen Umweltbedingungen angepasst haben. Genetische Algorithmen optimieren Populationen von Chromosomen in nachfolgenden Generationen durch Reproduktion, Mutation und Selektion [12, 13]. Statt Populationen von Chromosomen als Informationsträgern müssten beim Information Retrieval im Internet Mengen von Dokumenten durchforstet werden [14, 15]. Allgemein werden genetische Algorithmen auf Mengen von Binärsequenzen angewendet, die Informationsstränge kodieren. Mutation bedeutet die zufällige Änderung eines Bits von z. B. 01 0 1011 in 01 1 1011. Ähnlich wie Gensequenzen durch Enzyme zerschnitten und verändert wieder zusammengesetzt werden können, gibt es bei genetischen Algorithmen Rekombinationsverfahren wie z. B. Crossover, bei dem die zerschnittenen Abschnitte zweier Binärsequenzen vertauscht wieder zusammengesetzt werden:

Selektion bedeutet Auswahl von Chromosomen, die nach der Evaluierung der Population einer Generation maximalen Fitnessgrad aufweisen. Am Ende sollen die Arten mit den höchsten Fitnessgraden „überleben" (survival of the fittest). Vereinfacht lässt sich ein solcher Algorithmus so notieren, wobei die nachfolgenden Generationen einer Population P durch die Nummerierung i gezählt werden:

```
i = 0
InitializePopulation P(i);
Evaluate P(i);
while not done {
i = i + 1;
P' = SelectParents P(i);
```

```
Recombine P'(i);
Mutate P'(i);
Evaluate P'(i)
P = Survive P, P'(i);
}
```

„Survival of the Fittest" kann z. B. in Klassifikationsaufgaben bestehen:

Beispiel

Ein Automat muss entscheiden, ob mehr als 50 % der Zellen einer zufällig gewählten Anfangsbedingung im Zustand 1 („schwarz") sind oder nicht:

Falls das zutrifft, strebt der Automat in einen Gleichgewichtszustand, in dem alle Zellen im Zustand 1 sind.

Im anderen Fall strebt er in einen Gleichgewichtszustand, in dem alle Zellen im Zustand 0 sind.

Die Evolution einer Automatenpopulation bedeutet also, dass genetische Algorithmen mit Mutation, Rekombination und Selektion zur Optimierung von Automatengenerationen führen. Im Beispiel ergeben sich bei einem Automatentyp mit $r = 3$ und $k = 2$ insgesamt 2^7 mögliche Verteilungen der Zustände 0 und 1 auf $2 \cdot 3 + 1 = 7$ Zellen, also 128 Regeln pro Automat und 2^{128} Automaten.

Diese große Automatenklasse erfordert einen genetischen Algorithmus der Optimierung, um z. B. die genannte Klassifikationsaufgabe zu lösen. Eine grafische Darstellung ihrer Evolution zeigt zunächst starke Verbesserung der Fitnessgrade, die schließlich in der 18. Generation in eine Sättigung übergehen.

Genetische Algorithmen werden nicht nur verwendet, um evolutionäre Prozesse im Computer zu simulieren. Wir können auch von der Natur lernen und sie zur Problemlösung einsetzen [16, 17]. So werden genetische Algorithmen benutzt, um optimale Computerprogramme zu finden, die bestimmte Aufgaben lösen. Das Programm wird also vom Programmierer nicht explizit geschrieben, sondern im evolutionären Prozess erzeugt. Wie in der Natur besteht jedoch keine Garantie auf Erfolg. In diesem Fall werden die virtuellen Organismen durch Computerprogramme dargestellt. Operationen eines genetischen Algorithmus optimieren Generationen von Computerprogrammen, unter denen sich ein erfolgreiches Exemplar befindet.

In der Natur entwickelt sich eine Population nicht bei konstanten Umweltbedingungen. Tatsächlich laufen viele Evolutionen gleichzeitig ab, wobei die sich verändernden Populationen gegenseitig als Umwelt wirken. In der Biologie spricht man in diesem Fall von Ko-Evolutionen. Sie sind ein Beispiel für parallele Problemlösung und Informationsverarbeitung in der Natur. In diesem Fall können Fitnessgrade nicht nur für nachfolgende Generationen einer Population vergeben werden, sondern auch relativ zu entsprechenden Generationen einer anderen Population in Ko-Evolution. Praktisch könnten so mehrere Programmentwicklungen z. B. von konkurrierenden Firmen getestet werden.

Die Zufälligkeiten von genetischen Algorithmen stoßen bei Programmierern nicht immer auf Gegenliebe. Genetische Algorithmen arbeiten ähnlich wie die natürliche Auslese in der Evolution: Viele Ansätze werden gleichzeitig probiert, von denen die meisten nicht funktionieren, wenige zum Erfolg führen können, aber nicht müssen. Manchmal lösen kleine Fehler der DNA furchtbare Krankheiten aus. Andererseits ist aber unsere DNA fehlerbehaftet. Diese Fehler synthetisieren dann vielleicht nur fast die gleichen Aminosäuren eines Proteins wie der richtige Kode, ohne dass wir zu Schaden kommen. Von der Natur lernen, heißt daher auch lernen, mit Fehlern umzugehen. Jedenfalls sind Fehler in der Software des virtuellen Lebens tolerabler als in der Wetware der Natur:

▶   Von der Natur lernen, heißt Programmieren lernen.

Statt Populationen von zellulären Automaten können wir uns auch Populationen von mobilen Agenten vorstellen, die sich in einer virtuellen Evolution im Computernetz entwickeln. Generationen von mobilen Agenten, die z. B. Informationen nach den Vorgaben menschlicher Nutzer suchen, verbessern ihre Fitness: Sie trainieren z. B. für den Nutzer interessante Probeartikel an Beispielen und suchen ähnliche Artikel im Netz. Mobile Agenten, die häufig mit irrelevantem Informationsmaterial aus dem Netz wiederkehren, werden selektiert. Erfolgreiche Agenten vermehren sich durch Mutationen und Kombinationen ihrer Merkmale. In diesem Fall sprechen wir von KL (Künstliches Leben)-Agenten. Po-

pulationen von KL-Agenten können sich mit genetischen Algorithmen
über Generationen entwickeln, um ihre Informationssuche im Netz nach
den Suchanfragen eines Nutzers zu optimieren.

In einem semantischen Netz sind die Dokumente automatisch mit Bedeutungen, Definitionen und Schlussregeln ergänzt. Falls ein Dokument
für einen Nutzer bedeutsam ist, dann gilt das auch für die Links dieses
Dokuments zu seinen Ergänzungen, die zur Verständnissteigerung beitragen. Insbesondere sind Links in der Nähe von Schlüsselbegriffen des
Dokuments bedeutungsvoller als andere Links. KL-Agenten können erheblich zur Reduktion des Suchraums beitragen [18]:

Beispiel

Zunächst werden Agenten initialisiert (initialize agents), erhalten Dokumente vom Nutzer (user) und starten mit einem Nutzerprofil (user
profile). In einem vereinfachten Modell bewerten sie die Bedeutung
(relevancy) eines Dokuments, indem sie die Entfernung (Anzahl der
Links) zwischen seinen Schlüsselworten und den Schlüsselworten der
Suchanfrage (query) bestimmen.

Der Genotyp (genotype) eines KL-Agenten ist bestimmt durch die
Größen „Vertrauen" (confidence) und „Energie" (energy).

Vertrauen ist der Grad, mit dem ein Agent den Beschreibungen
eines Dokuments und den damit verbundenen Links traut.

Die „Lebensenergie" E_a eines KL-Agenten a wächst oder fällt mit
seinem Sucherfolg von Dokumenten D_a in der Nähe zur Suchanfrage.

Falls diese Energie größer als ein kritischer Wert ε ist, setzen El-
ternagenten (parents) Nachkommen (offspring) in die Welt, deren Genotyp durch Mutation verändert wird.

Falls die Energie kleiner als der kritische Wert ist, stirbt der Agent.

Das Nutzerprofil muss immer in jeder Agentengeneration wieder
neu angepasst werden (update user profile).

Zusammengefasst: Erfolgreiche Suchagenten werden selektiert,
mutieren ihren Genotyp und dürfen sich reproduzieren:

```
Initialize agents;
Obtain queries from user;
while (there is an alive agent){
```

```
Get document D_a pointed by current agent;
Pick an agent a randomly;
Select a link and fetch select document D_a';
Compute the relevancy of document D_a';
Update energy (E_a) according to the document relevancy;
if (E_a > ε)
Set parent and offspring's genotype appropriately;
Mutate offspring's genotype;
else if (E_a < 0)
Kill agent a;
}
Update user profile;
```

Literatur

1. Lindenmayer R, Rozenberg G (Hrsg) (1976) Automata, Languages, Development. North-Holland, Amsterdam
2. Lenneberg EH (Hrsg) (1972) Biologische Grundlagen der Sprache. Suhrkamp, Frankfurt
3. Sagan C (1978) Die Drachen von Eden. Das Wunder der menschlichen Intelligenz. Droemersche Verlagsanstalt Th. Knaur Nachf., München
4. von Neumann J (1966) Theory of Self-Reproducing Automata. University of Illinois Press, Urbana, London
5. Zuse K (1969) Rechnender Raum. Vieweg+Teubner, Braunschweig
6. Berlekamp E, Conway J, Guy R (1982) Winning Ways. A K Peters/CRC Press, New York (2 Bde)
7. Langton CG (Hrsg) (1989) Artificial Life. Westview Press, Rewood City
8. Langton CG (Hrsg) (1991) Artificial Life II. Westview Press, Redwood City
9. Wolfram S (1986) Theory and Applications of Cellular Automata. World Scientific Pub Co Inc, Singapur
10. Wolfram S (2002) A New Kind of Science. Wolfram Media, Champaign/Ill
11. Mainzer K, Chua L (2011) The Universe as Automaton. From Simplicity and Symmetry to Complexity. Springer, Berlin
12. Holland J (1975) Adaption in Natural and Artificial Systems. A Bradford Book, Ann Arbor
13. Rechenberg I (1973) Evolutionsstrategie: Optimierung technischer Systeme nach Prinzipien der biologischen Evolution. Frommann-Holzboog, Stuttgart
14. Kraft DH, Petry FE, Buckles BP, Sadavisan T (1997) Genetic Algorithms for Query Optimization in Information Retrieval: Relevance Feedback. In: Sanchez E,

Zadeh LA, Shibata T (Hrsg) Genetic Algorithms and Fuzzy Logic Systems. Soft Computing Perspectives. World Scientific Pub Co Inc, Singapur, S 155–173

15. Goldberg DE (1989) Genetic Algorithms in Search, Optimization, and Machine Learning. Addison Wesley, Reading (Mass)
16. Koza JR (1994) Genetic Programming II: Atomatic Discovery of Reusable Programs. MIT Press, Cambridge
17. Fogel DB (1995) Evolutionary Computation: Towards a New Philosophy of Machine intelligence. A Bradford Book, Piscataway N.J.
18. Cho S-B (2000) Artificial Life Technology for Adaptive Information Processing. In: Kasabov N (Hrsg) Future Directions for Intelligent Systems and Information Sciences. The Future of Speech and Image Technologies, Brain Computers, WWW, and Bioinformatics. Physica, Heidelberg, S 13–33
19. Goonatilake S (1991) The Evolution of Information. Pinter Publishers, London
20. Haefner K (Hrsg). Evolution of Information Processing Systems. An Interdisciplinary Approach for a New Understanding of Nature and Society. Springer, Berlin

Neuronale Netze simulieren Gehirne

7

7.1 Gehirn und Kognition

Gehirne sind Beispiele für komplexe Informationssysteme auf der Grundlage neuronaler Informationsverarbeitung [1]. Was sie gegenüber anderen Informationssystemen auszeichnet ist die Fähigkeit zu Kognition, Emotion und Bewusstsein. Unter dem Begriff der Kognition (lat. cognoscere für „erkennen", „wahrnehmen", „wissen") werden Fähigkeiten wie z. B. Wahrnehmung, Lernen, Denken, Gedächtnis und Sprache zusammengefasst. Welche synaptischen Signalverarbeitungen liegen diesen Prozessen zugrunde? Welche neuronalen Teilsysteme sind beteiligt?

In der Evolution wurden unter bestimmten Nebenbedingungen nur einige Beispiele solcher kognitiver Informationssysteme ausgebildet. Wenn wir die Gesetze dieser komplexen Systeme kennen, werden auch andere Exemplare auf eventuell anderer materieller Grundlage vorstellbar. Die KI-Forschung interessiert sich für die Theorie kognitiver Informationssysteme, um Exemplare der biologischen Evolution zu simulieren oder neue Systeme für technische Zwecke zu bauen. Während der biologischen Evolution auf der Erde wurden kognitive Fähigkeiten durch das menschliche Gehirn am differenziertesten ausgebildet. Dabei sind neuronale Teilsysteme und Areale zu unterscheiden, die kognitive

© Springer-Verlag GmbH Deutschland, ein Teil von Springer Nature 2019
K. Mainzer, *Künstliche Intelligenz – Wann übernehmen die Maschinen?*,
Technik im Fokus, https://doi.org/10.1007/978-3-662-58046-2_7

Funktionen realisieren. Im Wirbeltiergehirn hatten sich stammesge-
schichtlich fünf Teile etwa gleichzeitig herausgebildet, nämlich Nach-,
Hinter-, Mittel-, Zwischen- und Endhirn. Gehirn und Rückenmark bilden
zusammen das Zentralnervensystem. Der Hirnstamm umfasst das ver-
längerte Rückenmark (Nachhirn), die Brücke, das Klein- und Mittelhirn
[2].

Hintergrundinformationen

Bei Primaten wie dem Menschen werden folgende weitere Teile und Funktionen unterschieden: Die Brücke (Pons) übermittelt Bewegungssignale von der Großhirnrinde
zum Kleinhirn. Das Kleinhirn (Cerebellum) reguliert Bewegungen und wirkt beim
Erlernen der Motorik mit. Das Mittelhirn kontrolliert sensorische und motorische
Funktionen. Das Zwischenhirn umfasst den Thalamus als Schaltzentrale für Signale
des übrigen Zentralnervensystems zur Großhirnrinde und den Hypothalamus als Re-
gulator von vegetativen, endokrinen (also Sekretionen von Drüsen betreffende) und
viszeralen (also das Darmsystem betreffende) Funktionen.

Hirnstamm, limbisches System und Neocortex sind nicht getrennt, sondern eng
miteinander verbunden. Das limbische System erweist sich als Verarbeitungs- und
Integrationsorgan. Es verbindet u. a. das Frontalhirn mit tiefliegenden Hirnstrukturen, die für die Steuerung von Lebensfunktionen wie z. B. Blutdruck und Atmung
zuständig sind. Wir werden später sehen, dass sich kognitive Prozesse wie Denken
und Sprechen nicht von motivierenden Emotionen trennen lassen. Insbesondere sind
motivierende Handlungs-, Verhaltens- und Zielbewertungen lebenswichtig und ohne
Rückkopplung mit dem limbischen System ausgeschlossen. Das Gehirn ist also kein
Computer, in dem der Neocortex als Rechenwerk abgetrennt werden könnte.

Die Großhirnrinde besteht aus einer 2–3 mm dicken Nervenschicht, mit der
die Großhirnhemisphäre überdeckt wird. Jede der beiden Großhirnhälften ist in
die vier großen Bereiche Stirn- bzw. Frontallappen, Scheitel- bzw. Parietallappen,
Hinterhaupts- bzw. Okzipitallappen und Schläfen- bzw. Temporallappen unterteilt.
Der Stirnlappen ist vor allem bei der Planung zukünftiger Handlungen und der Be-
wegungskoordination beteiligt. Der Scheitellappen dient dem Tastgefühl und der
Körperwahrnehmung, der Hinterhauptslappen dem Sehen und der Schläfenlappen
dem Hören und teilweise dem Lernen, dem Gedächtnis und der Emotion. Die Namen
dieser Regionen leiten sich von den sie bedeckenden Schädelregionen ab.

Neben der Großhirnrinde umfasst die Großhirnhemisphäre noch die tieferliegen-
den Basalganglien, den Hippocampus und die Amygdala (Mandelkern). Die Basalganglien wirken bei der motorischen Steuerung mit. Der Hippocampus ist eine ent-
wicklungsgeschichtlich alte Struktur in beiden Temporallappen der Großhirnrinde.
Der lateinische Name leitet sich von der an ein Seepferdchen erinnernden Formation
ab. Sie ist an Lernvorgängen und Gedächtnisbildung wesentlich beteiligt. Die Man-
delkernformation koordiniert vegetative und endokrine Reaktionen in Verbindung mit
emotionalen Zuständen.

Wahrnehmung der Außenwelt ist eine zentrale Fähigkeit eines kognitiven Informationssystems. Menschliche Sinnesorgane registrieren dazu physikalische und chemische Systeme der Außenwelt, die dann durch komplexe neuronale Systeme zu dem verarbeitet werden, was wir als Wahrnehmungen bezeichnen. Verschiedene Energieformen wie Lichtenergie, mechanische, thermische oder chemische Energie werden in die fünf Sinnesqualitäten bzw. Modalitäten des Sehens, Hörens, Fühlens, Schmeckens und Riechens umgewandelt.

Hintergrundinformationen

Die neuronale Organisation der verschiedenen Wahrnehmungssysteme ist sehr ähnlich:

Zunächst werden primäre sensorische Neuronen durch Reize aktiviert. Wir sprechen auch von Rezeptorneuronen, die jeweils durch lokale rezeptive Felder charakterisiert sind. So entspricht beim Tastsinn jedem primären sensorischen Neuron ein abgegrenztes rezeptives Feld auf der Haut, in dem das jeweilige Neuron z. B. durch Druck aktiviert werden kann.

Die primären sensorischen Neuronen werden durch Neuronen zweiter Ordnung im ZNS („Projektionsneuronen") gebündelt, die mit übergeordneten Neuronen weiter verschaltet sind. Dabei spielen Relaiskerne eine entscheidende Rolle.

Wie bereits erwähnt sind im Thalamus viele Relaiskerne konzentriert, um sensorische Signale über spezifische Nervenbahnen zur Großhirnrinde weiterzuleiten. Die rezeptiven Felder der einzelnen primären sensorischen Neuronen überlagern sich zu Feldern der einzelnen Projektionsneuronen, so dass schließlich auch in den sensorischen Bereichen des Cortex rezeptive Felder von Neuronen höherer Ordnung angetroffen werden.

Die Bahnen der Sinnessysteme sind also hierarchisch von den Rezeptoren bis zu den Neuronen höherer Ordnung mit entsprechenden rezeptiven Feldern organisiert. Teilmodalitäten der Sinnessysteme wie z. B. Form, Farbe und Bewegung im Sehsystem oder Tasten, Schmerz und Temperatur im Fühlsystem des Körpers haben getrennte und parallele Bahnen, die auf den Hierarchiestufen gebündelt werden.

Schließlich laufen sie in den jeweiligen sensorischen Cortexgebieten zusammen, um einheitliche Empfindungen wie einen roten süßen Apfel oder einen Verbrennungsschmerz zu erzeugen. Diese Wahrnehmungssysteme arbeiten also mit getrennter und paralleler Signalverarbeitung. Dabei werden die Reize benachbarter Rezeptoren (z. B. auf der Haut oder der Retina) in benachbarte Signale der rezeptiven Felder von Neuronen höherer Ordnung übersetzt.

Die rezeptiven Felder sind also neuronale (topographische) Karten, bei denen die räumliche Ordnung der Inputsignale auf jeder Hierarchiestufe des Sinnessystems erhalten bleibt. Nur bei den chemischen Sinnen wie Geschmack und Geruch trifft dieses Ordnungsprinzip nicht zu.

Ebenso wie Wahrnehmungen, Bewegungen und Emotionen werden kognitive Prozesse wie Gedächtnis, Lernen und Sprache durch komplexe neuronale Schaltkreise im Gehirn kontrolliert. Mit Lernen bezeichnen wir Verfahren, mit denen Informationssysteme Informationen über sich und ihre Umwelt erwerben. Mit Gedächtnis wird die Fähigkeit bezeichnet, diese Informationen zu speichern und wieder abzurufen. Beim Menschen unterscheiden wir je nach Länge der Speicherung das Sekunden bis Minuten umfassende Kurzzeitgedächtnis vom Tage bis Jahrzehnte umfassenden Langzeitgedächtnis.

Beim Lernen sprechen wir von einer expliziten Form, wenn Daten und Wissen bewusst erworben und ständig abrufbar gehalten werden. Bei der impliziten Form geht es um den Erwerb von motorischen und sensorischen Fähigkeiten, die wesentlich ohne Bewusstsein ständig verfügbar sind. So wird z. B. beim Autofahren im theoretischen Unterricht explizites Faktenwissen erworben, während die Fahrpraxis mit expliziten Hinweisen des Fahrlehrers beginnt, aber schließlich wesentlich auf unbewussten motorischen und sensorischen Lernprogrammen beruht. Analog wird in der Informatik zwischen deklarativem (explizitem) und nicht-deklarativem (implizitem) Wissen unterschieden.

▶ In der Kognitionsforschung werden zwei deklarative und zwei nicht-deklarative Gedächtnissysteme unterschieden [3]:

Das episodische Gedächtnis ist für autobiographische und einzelne Ereignisse zuständig. Es ist ebenso deklarativ wie das Wissenssystem, das explizit Fakten und Wissen z. B. aus Lehrbüchern abspeichert.

Demgegenüber umfasst das prozedurale Gedächtnis motorische Fähigkeiten, die keiner bewussten Wissensrepräsentation für ihre Ausführung bedürfen.

Häufig wird auch noch das Priming als implizite Form eines Gedächtnissystems genannt, da es spontan und unbewusst ähnliche erlebte Situationen und Wahrnehmungsmuster miteinander assoziiert. (In der Werbung wird diese Form des Gedächtnisses ausgenutzt, um Kunden unterhalb der Bewusstseinsschwelle für Handlungen und Entscheidungen zu animieren.)

Kognitive Gedächtnissysteme benötigen Verfahren der Einspeicherung, Abspeicherung und des Abrufs von Informationen. In organischen

Systemen wie dem menschlichen Gehirn lassen sich neuronale Teilsysteme unterscheiden, die dafür zuständig sind. So werden die Assoziationsgebiete des zerebralen Cortex zur Abspeicherung im episodischen Gedächtnis und im Wissenssystem verwendet. Das Kleinhirn ist an der Abspeicherung des prozeduralen Gedächtnisses beteiligt, während diese Aufgabe beim Priming durch Gebiete um die primären sensorischen Felder des zerebralen Cortex übernommen werden.

Bemerkenswert ist an dieser Stelle bereits, dass bei der Einspeicherung von Informationen auch emotionsverarbeitende Areale des limbischen Systems beteiligt sein können. Für tierische und menschliche Gedächtnissysteme folgt daraus, dass häufig Emotionen angesprochen werden müssen, um das Einprägen und Lernen zu erleichtern. Dieser Aspekt wurde für künstliche Speicher- und Gedächtnissysteme in der KI-Forschung bisher kaum berücksichtigt, könnte aber bei der Entwicklung neuartiger Speicherungssysteme, die auf den menschlichen Nutzer sensibel reagieren, eine Rolle spielen.

► Beim impliziten Lernen unterscheidet die Kognitionsforschung zwischen assoziativen und nicht-assoziativen Formen. Ein bekanntes Beispiel für assoziatives Lernen ist die klassische Konditionierung (z. B. Pawlowscher Hund), bei der eine zeitliche Beziehung (Assoziation) zwischen einem bedingten Reiz (z. B. Tonsignal) und einem darauffolgenden unbedingten Reiz (z. B. Futterangebot) gelernt wird.

Bei der operativen Konditionierung (z. B. Versuch-Irrtum-Lernen) wird ein Verhalten (z. B. zufälliges Finden und Drücken eines Knopfes) durch einen Reiz (z. B. Futter) verstärkt.

Bei nicht-assoziativem Lernen wird durch wiederholte Reizsignale unbewusst eine Reizgewöhnung mit Abnahme der Reaktion (Habituation) oder eine Reizsteigerung mit Überreaktion (Sensitivierung) erzeugt.

Assoziatives impliziertes Lernen wie die klassische Konditionierung lässt sich durch neuronale Informationsverarbeitung erklären. Grundlage ist die synaptische Verstärkung zwischen sensorischen Neuronen, die zeitlich nacheinander durch einen bedingten und unbedingten Reiz aktiviert werden. Diese sensorischen Neuronen sind über Inter- bzw. Projektionsneuronen miteinander verschaltet. Die synaptische Verstärkung wird dann erzielt, wenn die Interneuronen durch den unbedingten Reiz aktiviert werden, kurz nachdem die durch den bedingten Reiz stimulierten sensorischen Neuronen zu feuern begonnen haben.

Tatsächlich zeigt sich nach einem Konditionierungstraining bei gekoppelten sensorischen Neuronen ein größeres erregendes (postsynaptisches) Potential als bei ungekoppelten. Die explizite Form des Lernens und des Gedächtnisses ist mit Langzeitpotenzierung im Hippocampus verbunden. Damit wird molekularbiologisch eine psychologische Regel des Lernens bestätigt, die 1949 D. Hebb als Hypothese formuliert hatte [4]:

▶ Wenn ein Axon der Zelle A eine Zelle B erregt und wiederholt und dauerhaft zur Erregung von Aktionspotentialen in Zelle B beiträgt, so wird damit die Effizienz von Zelle A zur Erzeugung von Aktionspotentialen in B größer (Hebbsche Regel).

7.2 Neuronale Netze und Lernalgorithmen

W. S. McCulloch und W. Pitts schlugen 1943 ein erstes Modell eines technischen neuronalen Netzes vor [5]:

▶ In einem vereinfachten McCulloch-Pitts-Neuron treten an die Stelle der Dendriten Inputlinien $x_1 \ldots x_m$ ($m \geq 1$) und an die Stelle des Axons eine Outputlinie y (Abb. 7.1).

Falls die Inputlinie x_i im n-ten Zeitintervall einen Impuls leitet, gilt $x_i(n) = 1$, im anderen Fall ist $x_i(n) = 0$.

Falls die i-te Synapse angeregt (exzitatorisch) ist, wird sie mit einem Gewicht w_i größer als Null verbunden, das der elektrischen Stärke

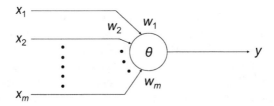

Abb. 7.1 McCulloch-Pitts-Neuron

einer elektrischen Synapse oder der Transmitterausschüttung einer chemischen Synapse entspricht.

Bei einer hemmenden (inhibitorischen) Synapse gilt $w_i < 0$.

Wenn das Zeitintervall bis zum nächsten Impuls (Refraktärzeit) als Zeiteinheit interpretiert wird, lässt sich eine digitale Zeitskala $n = 1, 2, 3, \ldots$ annehmen, in der das Neuron operiert.

Das Feuern des Outputs zum Zeitpunkt $n + 1$ wird durch das Feuern der Inputsignale zum Zeitpunkt n bestimmt: Das Neuron feuert nämlich nach McCulloch-Pitts einen Impuls entlang seinem Axon zum Zeitpunkt $n + 1$, falls die gewichtete Summe des Inputs zum Zeitpunkt n den Schwellenwert des Neurons überschreitet.

Ein neuronales Netz nach McCulloch Pitts wird als komplexes System solcher Neuronen verstanden, deren Input- und Outputlinien miteinander verbunden sind und die mit der gleichen Zeitskala operieren.

Eine wesentliche Einschränkung der McCulloch-Pitts-Netze bestand in der Annahme, dass die Gewichte für immer fixiert seien. Damit ist eine entscheidende Leistungsfähigkeit des Gehirns aus seiner stammesgeschichtlichen Evolution ausgeschlossen. Das Lernen wird nämlich durch Modifikationen der Synapsen zwischen den Neuronen ermöglicht. Es setzt also variable Synapsengewichte voraus. Die Stärke der Verbindungen (Assoziationen) von Neuronen hängt von den jeweiligen Synapsen ab. Unter physiologischen Gesichtspunkten stellt sich das Lernen daher als lokaler Vorgang dar. Die Veränderungen der Synapsen werden nicht global von außen veranlasst und gesteuert, sondern geschehen lokal an den einzelnen Synapsen durch Änderung der Neurotransmitter.

Nach diesem Konzept baute der amerikanische Psychologe F. Rosenblatt Ende der 50er Jahre die erste neuronale Netzwerkmaschine, die Mustererkennung mit neuronenähnlichen Einheiten bewerkstelligen sollte:

Beispiel

Diese Maschine, der Rosenblatt den Namen „Perzeptron" gab, bestand aus einem Rasternetz von 400 Photozellen, das der Retina nachgebildet war und mit neuronenähnlichen Einheiten verbunden wurde [6].

Wenn den Sensoren ein Muster wie z. B. ein Buchstabe vorgelegt wurde, dann aktivierte diese Wahrnehmung eine Neuronengruppe, die wiederum ein Neuronenensemble zu einer Klassifizierung veranlasste, ob nämlich der vorgelegte Buchstabe einer bestimmten Buchstabenkategorie angehört oder nicht.

Analog zu neuronalem Gewebe sah Rosenblatt verschiedene Schichten vor:

Die Eingabeschicht dient als künstliche Netzhaut (Retina). Sie ist aus Stimuluszellen (S-units) zusammengesetzt, die man sich technisch als Photozellen vorstellen kann.

Die S-Einheiten werden mit der Mittelschicht über zufällige Verbindungen verknüpft, die feste Gewichte (Synapsen) besitzen und daher nicht veränderbar bzw. lernfähig sind. Entsprechend ihrer Aufgabe bezeichnet sie Rosenblatt als Assoziationszellen (A-units). Jede A-Zelle erhält also einen festgewichteten Input von einigen S-Zellen. Eine S-Zelle der Retina kann ihr Signal auch auf mehrere Zellen der Mittelschicht projizieren. Die Mittelschicht ist komplett mit den Responsezellen (R-units) der Ausgabeschicht verbunden (Abb. 7.2).

Nur die Synapsengewichte zwischen Mittel- und Ausgabeschicht sind variabel und damit lernfähig.

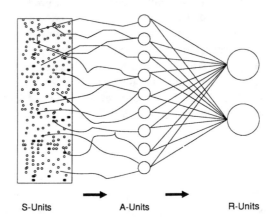

Abb. 7.2 Architektur von Perzeptron

Die Neuronen arbeiten als Schaltelemente mit zwei Zuständen. Das Perzeptron-Netzwerk lernt durch einen überwachten Lernvorgang:

Dazu muss bei jedem zu lernenden Muster (z. B. Buchstabe) der gewünschte Zustand jeder Zelle der Outputschicht bekannt sein. Die zu lernenden Muster werden dem Netzwerk angeboten. Die Lernregel von Perzeptron ist eine Variante der Hebbschen Lernregel, wonach die Gewichtsänderung in einem Lernschritt proportional zur präsynaptischen Aktivität und zur Differenz von gewünschter und tatsächlicher postsynaptischer Aktivität ist. Der Vorgang wird mit einer konstanten Lernschrittweite solange wiederholt, bis alle Muster den korrekten Output erzeugen.

Wegen seiner Langsamkeit und beschränkten Lernfähigkeit, bei der nur die Synapsengewichte zur Outputschicht verändert werden können, erwies sich das Perzeptron aber als praktisch unbrauchbar. Hinzu kam eine gravierende mathematische Einschränkung:

Der Perzeptron Lernalgorithmus (1950) beginnt mit einer Zufallsmenge von Gewichten und modifiziert diese Gewichte nach einer Irrtumsfunktion, um die Differenz zwischen aktuellen Output eines Neuron und gewünschten Output eines trainierten Datenmusters (z. B. Buchstabenfolgen, Pixelbild) zu minimieren. Dieser Lernalgorithmus kann nur trainiert werden, um solche Muster wiederzuerkennen (supervised learning), die „linear trennbar" sind. Anschaulich müssen die Muster in diesem Fall durch eine Gerade trennbar sein.

Beispiel

Abb. 7.3a zeigt zwei Muster, die entweder aus kleinen Quadraten oder kleinen Kreisen als Elementen bestehen. Beide Muster sind durch eine Gerade trennbar und damit durch ein Perzeptron erkennbar. Abb. 7.3b zeigt zwei Muster, die nicht durch eine Gerade trennbar sind.

▶ M. Minsky, führender KI-Forscher seiner Zeit, und S. Papert bewiesen 1969, dass Perzeptron versagen würde, wenn die Muster nur durch Kurven („nichtlinear") zu trennen wären (Abb. 7.3b; [7, 8]).

Anfangs wurde der Beweis von Minsky und Papert als grundsätzliche Grenze der neuronalen Netze für die KI-Forschung aufgefasst. Die Lö-

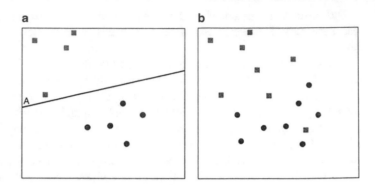

Abb. 7.3 Linear (**a**) und nichtlinear (**b**) trennbare Muster

sung des Problems war durch die Architektur natürlicher Gehirne inspiriert. Warum sollte Informationsverarbeitung nur in einer Richtung durch die überlagerten Schichten vernetzter Neuronen laufen? D. E. Rumelhart, G. E. Hinton und R. J. Williams bewiesen 1986, dass rückgekoppelte Informationsläufe (backpropagation) zwischen Input-, Zwischen- und Outputschicht mit geeigneten Aktivierungs- und Lernalgorithmen auch nichtlineare Klassifikationen zulassen. Schließlich bewiesen K. Hornik, M. Stinchcome und H. White 1989, dass unter geeigneten Bedingungen auch Feedforward-Architekturen verwendet werden können [9, 10]:

▶ Dabei wird eine nichtlineare Funktion von Inputvariablen bestimmt, indem die Gewichte der Funktion $y(W,X)$ mit dem zu berechnenden Gewichtsvektor W, dem Vektor X der bekannten Inputs und dem bekannten Output y optimiert werden.

Ein (feedforward) neuronales Netz mit 3 Schichten von Inputneuronen, mittleren („versteckten") Neuronen und Outputneuronen (Abb. 7.4) ist bestimmt durch die Outputfunktion

$$y(Z, W, X) = o(Z \cdot h(W \cdot X))$$

mit Inputvektoren X, Gewichtsvektoren W zwischen Inputschicht und versteckten Neuronen, Aktivierungsfunktion h der versteckten Neuronen, Gewichtungsvektor Z zwischen versteckten Neuronen und Output-

Abb. 7.4 Drei-Schichten Modell eines neuronalen Netzes mit einem Output-Neuron

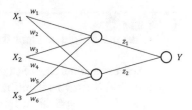

neuronen und Aktivierungsfunktion o des Outputneurons. Mit einem Outputneuron können einzelne numerische Werte vorausgesagt werden.

► Ein feedforward neuronales Netz mit 3 Schichten und zwei Outputneuronen ist bestimmt durch die Outputfunktion

$$y_1(Z_1, W, X) = o(Z_1 \cdot h(W \cdot X))$$
$$y_2(Z_2, W, X) = o(Z_2 \cdot h(W \cdot X))$$

mit Gewichtsvektoren Z_1 und Z_2 zwischen den verstecken Neuronen und den beiden Outputneuronen (Abb. 7.5).

Mehrere Outputneuronen können für Klassifikationsaufgaben eingesetzt werden. Dabei lernen neuronale Netze vorauszusagen, zu welcher Klasse (entsprechend der Anzahl der Outputneuronen) ein Input gehört (z. B. Gesichts-, Profilerkennung) [11].

Mehrschichtige Neuronennetze werden bei der visuellen Wahrnehmung eingesetzt. Sie können auf dem Computer simuliert werden:

Abb. 7.5 Drei-Schichten Modell eines neuronalen Netzes mit zwei Output-Neuronen

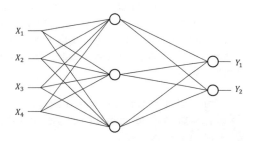

Beispiel

Auf der ersten Schicht identifiziert der Computer hellere und dunklere Pixel.

Auf der zweiten Schicht lernt der Computer, einfache Formen wie Ecken und Kanten zu identifizieren.

Auf der dritten Schicht lernt der Computer, komplexere Teile wie z. B. Details von Gesichtern zu unterscheiden.

Auf der vierten Schicht lernt der Computer, die Teile zu Gesichtern zusammenzusetzen.

Tatsächlich laufen die Schritte der Gesichtserkennung in dieser Reihenfolge von der Retina bis zu den Sehfeldern des menschlichen Gehirns ab (Abb. 7.6; [12]).

Lernprozesse mit mehrschichtigen neuronalen Netzen werden auch als „Deep Learning" bezeichnet. Gemeint ist dabei, dass ein schrittweise „tiefer" gehendes Verständnis eines Sachverhalts (z. B. Bild) entsteht, nachdem zunächst nur einzelne Bausteine, dann Cluster und schließlich das Ganze erkannt werden.

Anfang der 80er Jahre schlug der Physiker J. Hopfield ein einschichtiges neuronales Netz vor, das am Modell sich selbst organisierender Materialien (Spinglas-Modell) orientiert ist [13].

▶ Ein Ferromagnet ist ein komplexes System aus Dipolen mit je zwei möglichen Spinzuständen Up ($\uparrow$) und Down ($\downarrow$). Die statistische Verteilung der Up- und Down-Zustände lässt sich als Makrozustand des Systems angeben.

Bei Abkühlung des Systems auf den Curie-Punkt findet ein Phasenübergang statt, bei dem spontan nahezu alle Dipole in den gleichen Zustand springen und daher aus einer irregulären Verteilung ein reguläres Muster hervorgeht. Das System geht also in einen Gleichgewichtszustand über, in dem sich selbständig eine Ordnung organisiert. Diese Ordnung wird als magnetischer Gesamtzustand des Ferromagneten wahrgenommen.

Hopfield beschrieb analog ein Netz aus einer einzigen Schicht, in dem binäre Neuronen vollständig und symmetrisch vernetzt sind. Es ist daher

Abb. 7.6 Mehrschichtenmo-
dell zur Gesichtserkennung
(deep learning) [12]

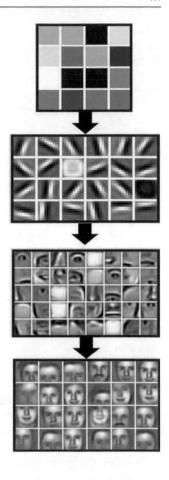

ein homogenes neuronales Netz. Der binäre Zustand eines Neurons entspricht den beiden möglichen Spinwerten eines Dipols. Die Dynamik des
Hopfield-Systems ist exakt dem Spinglas-Modell der Festkörperphysik
nachgebildet. Die energetische Wechselwirkung der magnetischen Atome im Spinglas-Modell wird nun als Wechselwirkung binärer Neuronen
interpretiert. Die Verteilung der Energiewerte im Spinglas-Modell wird
als Verteilung der „Rechenenergie" im neuronalen Netz aufgefasst.

Abb. 7.7 Potentialgebirge als Zustandsraum eines
Hopfield-Systems [14]

Anschaulich können wir uns dazu ein Potentialgebirge über dem
Zustandsraum aller möglichen binären Neuronen vorstellen (Abb. 7.7;
[14]). Startet das System aus einem Anfangszustand, so bewegt es sich in
diesem Potentialgebirge so lange bergab, bis es in einem Tal mit lokalem
Minimum stecken bleibt. Ist der Startzustand das Eingabemuster, so ist
das erreichte Energieminimum die Antwort des Netzwerkes. Ein Tal mit
lokalem Energieminimum ist also ein Attraktor, auf den sich das System
hinbewegt.

Beispiel

Eine einfache Anwendung ist die Wiedererkennung eines verrauschten Musters, dessen Prototyp das System vorher gelernt hat. Dazu stellen wir uns ein schachbrettartiges Gitternetz aus binären technischen
Neuronen vor (Abb. 7.8; [15]). Ein Muster (z. B. der Buchstabe A)
wird im Gitternetz durch schwarze Punkte für alle aktiven Neuronen
(mit Wert 1) und weiße Punkte für inaktive Neuronen (mit Wert 0)
dargestellt.

Die Prototypen der Buchstaben werden zunächst dem System
„eintrainiert", d. h. sie werden mit den Punktattraktoren bzw. lokalen
Energieminima verbunden. Die Neuronen sind mit Sensoren verbunden, mit denen ein Muster wahrgenommen wird.

Bieten wir nun dem System ein verrauschtes und teilweise ge-
störtes Muster des eintrainierten Prototypen an, dann kann es den
Prototypen in einem Lernprozess wiedererkennen:

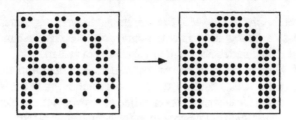

Abb. 7.8 Wiedererkennung eines Musters im Hopfield-System [15]

Der Lernprozess geschieht durch lokale Wechselwirkungen der einzelnen Neuronen nach einer Hebbschen Lernregel: Sind zwei Neuronen zur gleichen Zeit entweder aktiv oder inaktiv, so wird die synaptische Kopplung verstärkt. Bei unterschiedlichen Zuständen werden die synaptischen Gewichte verkleinert. Der Lernprozess wird so lange durchgeführt, bis der gespeicherte Prototyp erzeugt („wiedererkannt") ist.

Der Wiedererkennungsprozess ist also ein Phasenübergang zu einem Zielattraktor, wie wir ihn bereits beim Ferromagneten beobachtet haben. Hervorzuheben ist, dass dieser Phasenübergang ohne zentrale Programmsteuerung durch Selbstorganisation geschieht. Hopfield-Systeme lassen sich auch für kognitive Aufgaben anwenden. Im Potentialgebirge stellt der Zustand geringster Energie eine optimale Lösung dar. Ein Optimierungsproblem, wie z. B. die Suche nach einer optimalen Reiseroute, ist auch mit einem Hopfield-System möglich:

Beispiel

In einem Hopfield-System werden die unterschiedlichen Entfernungen zwischen den Städten und die Reihenfolge, in der sie besucht werden, durch entsprechende Synapsengewichte berücksichtigt.

In Bruchteilen von Sekunden sinkt die Rechenenergie in einen stabilen energiearmen Zustand, der die kürzeste Route repräsentiert.

Ein neuronales Netz kann so ständig zwischen Millionen von möglichen Antworten entscheiden, weil es die Antworten nicht nacheinander prüfen muss. Es geht auch nicht davon aus, dass jede mögliche Antwort wahr oder falsch ist. Jede Möglichkeit hat vielmehr ihr synaptisches Gewicht, das der Stärke der Annahme entspricht, die das System mit jeder Möglichkeit verbindet. Sie werden parallel verarbeitet.

Hopfield-Systeme arbeiten zwar parallel, aber determiniert, d. h. jedes Neuron ist z. B. bei der Buchstabenerkennung unverzichtbar. Nun verhalten sich aber lebende Nervenzellen kaum wie determinierte Planetensysteme, und auch bei entsprechenden technischen Netzmodellen treten große Nachteile auf. Stellen wir uns einen Wiedererkennungsprozess oder ein Entscheidungsverfahren im Sinne von Hopfield als Energieverringerung vor, dann kann der Lernprozess in einem Tal steckenbleiben, das nicht das tiefste im gesamten Netz ist.

T. J. Sejnowski und G. E. Hinton schlugen deshalb ein Verfahren vor, um das Netzwerk zu immer tieferen Tälern zu führen [16]. Hat z. B. eine Kugel im Energiegebirge ein Tal erreicht, dann lautet der naheliegende wie anschauliche Vorschlag, das gesamte System ein wenig zu schütteln, damit die Kugel das Tal verlassen kann, um niedrigere Minima einzunehmen. Starke oder schwächere Schüttelbewegungen verändern die Aufenthaltswahrscheinlichkeit einer Kugel wie bei einem Gasmolekül, dessen Kollisionen durch Druck- und Temperaturveränderungen beeinflusst werden.

► Sejnowski und Hinton nannten ihr probabilistisches Netzwerk daher nach dem Begründer der statistischen Mechanik und Thermodynamik „Boltzmann-Maschine".

Es ist bemerkenswert, dass bereits John von Neumann auf die Verbindung von Lern- und Erkenntnisvorgängen zu Boltzmanns statistischer Thermodynamik hingewiesen hatte.

Hintergrundinformationen
Das Problem, ein globales Minimum im Netzwerk zu finden und Nebenminima zu vermeiden, tritt physikalisch in der Thermodynamik der Kristallzüchtung auf. Um einem Kristall eine möglichst fehlerfreie Struktur zu verleihen, muss es langsam abgekühlt werden. Die Atome müssen nämlich Zeit haben, um Plätze in der Gitterstruktur mit minimaler Gesamtenergie zu finden. Bei hinreichend hoher Temperatur vermögen einzelne Moleküle ihren Zustand so zu ändern, dass die Gesamtenergie zunimmt. In diesem Fall können also noch lokale Minima verlassen werden. Mit sinkender Temperatur nimmt aber die Wahrscheinlichkeit dafür ab. Dieses Verfahren wird anschaulich auch „simuliertes Ausglühen bzw. Kühlen" (simulated annealing) genannt.

Probabilistische Netzwerke haben experimentell eine große Ähnlichkeit mit biologischen neuronalen Netzen. Werden Zellen entfernt oder einzelne Synapsengewichte um kleine Beträge verändert, erweisen sich Boltzmann-Maschinen als fehlertolerant gegenüber kleineren Störungen wie das menschliche Gehirn z. B. bei kleineren Unfallschäden. Das menschliche Gehirn arbeitet mit Schichten paralleler Signalverarbeitung. So sind z. B. zwischen einer sensorischen Inputschicht und einer motorischen Outputschicht interne Zwischenschritte neuronaler Signalverarbeitung geschaltet, die nicht mit der Außenwelt in Verbindung stehen. Tatsächlich lässt sich auch in technischen neuronalen Netzen die Repräsentations- und Problemlösungskapazität steigern, indem verschiedene lernfähige Schichten mit möglichst vielen Neuronen zwischengeschaltet werden. Die erste Schicht erhält das Eingabemuster. Jedes Neuron dieser Schicht hat Verbindungen zu jedem Neuron der nächsten Schicht. Die Hintereinanderschaltung setzt sich fort, bis die letzte Schicht erreicht ist und ein Aktivitätsmuster abgibt.

▶ Wir sprechen von überwachten Lernverfahren, wenn der zu lernende Prototyp (z. B. die Wiedererkennung eines Musters) bekannt ist und die jeweiligen Fehlerabweichungen daran gemessen werden können. Ein Lernalgorithmus muss die synaptischen Gewichte so lange verändern, bis ein Aktivitätsmuster in der Outputschicht herauskommt, das möglichst wenig vom Prototyp abweicht.

▶ Ein effektives Verfahren besteht darin, für jedes Neuron der Outputschicht die Fehlerabweichung von tatsächlichem und gewünschtem Output zu berechnen und dann über die Schichten des Netzwerks zurückzuverfolgen. Wir sprechen dann von einem Backpropagation-Algorithmus. Die Absicht ist, durch genügend viele Lernschritte für ein Vorgabemuster den Fehler auf Null bzw. vernachlässigbar kleine Werte zu vermindern.

Bislang wurde ein solches Verfahren als technisch effektiv, aber biologisch unrealistisch angenommen, da neuronale Signalverarbeitung nur vorwärts (feedforward) vom präsynaptischen zum postsynaptischen Neuron bekannt war. Bei der Langzeitpotenzierung werden heute allerdings auch rückläufige Signalwirkungen diskutiert. Daher könnten

Lernalgorithmen mit Backpropagation neurobiologisch durchaus interessant werden.

► Wir sprechen von nicht-überwachtem Lernen, wenn ein Lernalgorithmus neue Muster und Korrelationen erkennt, ohne dabei auf vorgegebene bzw. eintrainierte Prototypen zurückzugreifen.

Wie kann ein neuronales Netz ohne „Überwachung" durch eine äußere Instanz (Prototyp bzw. „Lehrer") lernen? Hochentwickelte Gehirne der biologischen Evolution können nicht nur eintrainierte Muster wiedererkennen, sondern klassifizieren spontan nach Merkmalen ohne äußere Überwachung des Lernvorgangs. Begriffe und Figuren werden durch spontane Selbstorganisation erzeugt. In einer mehrschichtigen Netzwerkhierarchie kann dieser Prozess durch Wettbewerb und Selektion der Neuronen in den verschiedenen Schichten realisiert werden. Ein Neuron lernt, indem es den Wettbewerb mit den übrigen Neuronen eines Clusters gewinnt. Dabei werden Ähnlichkeiten von Korrelationen und Zusammenhängen verstärkt (Abb. 7.9; [17]).

Tatsächlich werden sensorische Informationen über mehrere neuronale Schichten im Cortex projiziert. Diese Projektionen sind zwar verzerrt, erhalten aber die Nachbarschaftsbeziehungen zwischen Punkten des abgebildeten Gegenstandes. Solche verzerrten Darstellungen finden sich ebenso in den visuellen Feldern von Sehwahrnehmungen als auch in den somatotopischen Darstellungen der Körperoberfläche oder den auditiven Feldern von Tonfolgen im Cortex.

Die visuellen, taktilen oder auditiven Abbildungen der Außenwelt können zwar in Teile zerschnitten sein, um sie besser auf der zerfurchten Oberfläche des Cortex unterzubringen. Sie können auch größer oder kleiner verzerrt sein, um durch eine größere oder kleinere Auflösung eine größere oder geringere Sensibilität in bestimmten Zonen zum Ausdruck zu bringen. In diesen Teilen bleibt aber die Ordnung der Zusammenhänge erhalten. Wahrnehmungsinformationen werden also nicht nur über mehrere neuronale Schichten projiziert und parallel verarbeitet. In den neuronalen Schichten werden auch Nachbarneuronen einer neuronalen Schicht beeinflusst.

Neuronale Projektionen im Cortex werden wegen ihrer geometrischen Eigenschaften als Abbildungen und als neuronale Karten bezeich-

Abb. 7.9 Mehrschichtiges neuronales Netz erkennt Korrelationen und Cluster [17]

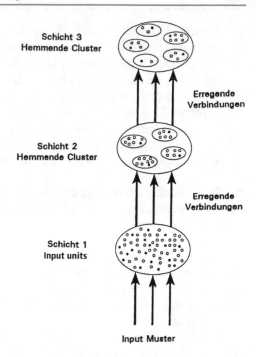

net. Sie organisieren ihre Detaildarstellungen aufgrund äußerer Reize weitgehend selber. Diese neuronale Selbstorganisation entlastet die genetische Informationsverarbeitung. Nicht alle Details können wegen ihrer ständigen Veränderung und Komplexität in der Programmierung der Erbinformation berücksichtigt werden. Für visuelle Karten schlug der Neuroinformatiker C. von der Malsburg einen Algorithmus der Selbstorganisation vor [18]:

► In neuronalen Karten verändern Synapsen ihre Verbindung aufgrund der Aktivität ihrer Verbindungspartner (Hebbsche Regel).

Neuronale Signale werden nicht nur auf nachfolgende neuronale Schichten übertragen, sondern auch innerhalb einer Schicht auf benachbarte Neuronen.

Neuronen konkurrieren untereinander in einem Wettbewerb, wobei die stärker aktivierten Neuronen die schwächeren unterdrücken.

Da viele neuronale Karten in dieser Weise arbeiten, wird davon ausgegangen, dass nur die Prinzipien der Selbstorganisation genetisch verankert sind, die Details aber sich in jedem Individuum selbständig entwickeln. Nach diesem biologischen Vorbild hat T. Kohonen neuronale Netze als sich selbst organisierende Merkmalskarten entworfen, die mit nicht-überwachten Lernalgorithmen auskommen [19]. Benachbarte Erregungsorte der Merkmalskarte entsprechen äußeren Reizen mit ähnlichen Merkmalen. Dazu gehören Reizorte auf der Retina, Haut oder im Ohr, die auf einer neuronalen Schicht im Cortex abgebildet werden.

▶ Schematisch werden in einer Kohonenkarte die Eingangssignale der Reize (geometrisch aufgefasst als Vektoren eines Vektorraums) auf ein quadratisches Gitter abgebildet, dessen Knoten die Neuronen des Cortex darstellen (Abb. 7.10).

In einem einzelnen Lernschritt wird ein Reiz zufällig ausgewählt und auf das am besten angepasste Neuron abgebildet. Es handelt sich um dasjenige Neuron, dessen Synapsenstärke sich vom Eingangsreiz verglichen mit den Synapsenstärken der übrigen Gitterneuronen am wenigsten unterscheidet.

Alle Neuronen in der Nachbarschaft dieses Erregungszentrums werden ebenfalls erregt, aber mit abnehmendem Abstand weniger. Sie passen sich dem Erregungszentrum im Lernschritt an.

Der Lernalgorithmus hängt aber sowohl von der Reichweite der Nachbarschaftsbeziehung als auch der Reaktionsintensität auf neue Reize ab. Beide Größen nehmen bei jedem wiederholten Lernschritt ab, bis sich die

Abb. 7.10 Kohonen-Karte mit nicht-überwachtem Lernen [19]

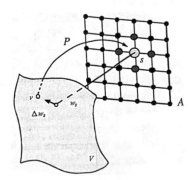

Karte von einem ungeordneten Anfangszustand in eine Merkmalskarte verwandelt hat, deren Details der Verteilung der Eingangsreize möglichst adäquat entsprechen. Das Informationssystem hat sich selbständig in einen Gleichgewichtszustand begeben, der mit der Erzeugung einer Information verbunden ist.

Beim unüberwachten Lernen (unsupervised learning) lernt also der Algorithmus, neue Muster (Korrelationen) aus der Menge der Eingaben ohne „Lehrer" zu erkennen (z. B. selbstorganisierende Kohonen-Karten). Beim überwachten Lernen (supervised learning) lernt der Algorithmus, eine Funktion aus gegebenen Paaren von Ein- und Ausgaben (Training) zu bestimmen. Ein „Lehrer" (z. B. eintrainierter Prototyp eines Musters) korrigiert Abweichungen vom korrekten Funktionswert zu einer Ausgabe (z. B. Wiedererkennung von gelernten Mustern).

Bestärkendes Lernen (reinforcement learning) liegt dazwischen: Einem Roboter wird ein Ziel vorgegeben (wie beim überwachten Lernen). Die Realisation muss er allerdings selbstständig finden (wie beim unüberwachten Lernen). Bei der schrittweisen Verwirklichung des Zieles erhält der Roboter bei jedem Teilschritt eine Rückmeldung der Umgebung, wie gut oder schlecht er dabei ist, das Ziel zu realisieren. Seine Strategie ist es, diese Rückmeldungen zu optimieren.

Technisch heißt das: Der Algorithmus lernt durch Erfahrung (trail and error), wie in einer (unbekannten) Umgebung (Welt) zu handeln ist, um den Nutzen des Agenten zu maximieren [20, 21].

▶ Mathematisch handelt es sich beim bestärkenden Lernen (reinforcement learning) um ein dynamisches System aus einem Agenten und seiner Umgebung mit diskreten Zeitschritten $t = 0, 1, 2, \ldots$ Zu jedem Zeitpunkt t ist die Welt in einem Zustand z_t. Der Agent wählt eine Aktion a_t. Dann geht das System in den Zustand z_{t+1} und der Agent erhält die Belohnung b_t (Abb. 7.11).

Die Strategie des Agenten wird mit π_t bezeichnet, wobei $\pi_t(z, a)$ die Wahrscheinlichkeit ist, dass die Aktion $a_t = a$ ist, falls der Zustand $z_t = z$ ist. Algorithmen des verstärkenden Lernens bestimmen, wie ein Agent seine Strategie aufgrund seiner Erfahrungen (rewards) verändert. Das Ziel des Agenten ist es dabei, seine Rückmeldungen zu optimieren, um das Ziel zu erreichen.

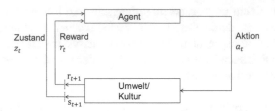

Abb. 7.11 Verstärkendes Lernen eines Agenten aus seiner Umgebung

---

Beispiel

Ein Beispiel ist ein mobiler Roboter, der leere Getränkedosen in einem Büro aufsammeln und in einen Mülleimer werfen soll. Der Roboter besitzt Sensoren, um die Dosen zu erkennen, und einen Arm mit Greifer, um die Dosen anzufassen. Seine Aktivitäten hängen von einer Batterie ab, die gelegentlich auf einer Basisstation aufgeladen werden muss. Das Kontrollsystem des Roboters besteht aus Komponenten zur Interpretation von Sensorinformationen und zur Navigation des Roboterarms und Robotergreifers. Die intelligenten Entscheidungen zur Dosensuche werden durch einen Reinforcement Algorithmus realisiert, der das Ladungsniveau der Batterie berücksichtigt.

Der Roboter kann zwischen drei Aktionen entscheiden:

1. aktive Suche nach einer Dose in einer bestimmten Zeitperiode,
2. stationärer Ruhezustand und warten, dass jemand eine Dose bringt,
3. zurück zur Basisstation, um die Batterie aufzuladen.

Eine Entscheidung fällt entweder periodisch oder immer dann, wenn gewisse Ereignisse wie das Finden einer Dose eintreten. Der Zustand des Roboters wird durch den Zustand seiner Batterie bestimmt.

Die Rückmeldungen (rewards) sind meistens Null, werden aber positiv, wenn der Roboter eine leere Dose findet, oder negativ, wenn die Batterieladung zu Ende geht.

Im Idealfall ist ein Agent in einem Zustand, der alle vergangenen Erfahrungen aufsummiert, die zur Erreichung seines Ziels notwendig sind. Dazu reichen normalerweise seine unmittelbaren und gegenwärtigen Wahrnehmungen nicht. Aber mehr als die vollständige Geschichte von allen vergangenen Wahrnehmungen ist auch nicht notwendig. Für den zukünftigen Flug eines Balls reicht es, seine gegenwärtige Position und Geschwindigkeit zu kennen. Es ist nicht notwendig, die vollständige frühere Bahn zu kennen. In solchen Fällen hat also die Vorgeschichte des gegenwärtigen Zustands keinen Einfluss auf die zukünftige Entwicklung. Wenn die Wahrscheinlichkeit eines Zustands nur vom vorausgehenden Zustand und einer vorausgehenden Aktion des Agenten in diesem Zustand abhängt, erfüllt der Entscheidungsprozess die Markov-Eigenschaft:

▶ Markov-Entscheidungsprozesse (MDP = Markov Decision Process) sind durch die Markov-Eigenschaft bestimmt:

$$P(z_{t+1}, r_{t+1} | z_{0:t}, a_{0:t}, b_{0:t}) = P(z_{t+1}, r_{t+1} | z_t, a_t)$$

Das Aktionsmodell $P(z_{t+1} | z_t, a_t)$ ist die bedingte Wahrscheinlichkeitsverteilung, dass die Welt vom Zustand z_t in Zustand z_{t+1} übergeht, falls der Agent die Aktion a_t auswählt; r_{t+1} ist die erwartete Belohnung (return) im nächsten Schritt.

Da Rechen- und Speicherkapazität knapp und kostspielig sind, wird für praktische Anwendungen des Reinforcement Lernens häufig die Markov-Eigenschaft vorausgesetzt. Selbst wenn die Kenntnis des gegenwärtigen Zustands nicht ausreicht, ist eine Approximation der Markov-Eigenschaft günstig. Bei sehr großen („unendlichen") Zustandsräumen muss die Nutzenfunktion eines Agenten approximiert werden (z. B. SARSA = State-Action-Reward-State Algorithmen, Temporal Difference Learning, Monte Carlo Methods, Dynamic Programming).

Nach dem englischen Mathematiker und Theologen T. Bayes (1702–1762) lässt sich Lernen mit bedingten Wahrscheinlichkeiten von Ereignissen erklären. Dabei wird Wahrscheinlichkeit nicht als Häufigkeit (objektive Wahrscheinlichkeit), sondern als Glaubensgrad (subjektive Wahrscheinlichkeit) aufgefasst: Ein Ereignis A wird vor Eintreten von Ereignis B mit der a priori Wahrscheinlichkeit $P(A)$ eingeschätzt, aber nach Eintreten von B mit der a posteriori (bedingten) Wahrscheinlichkeit $P(A|B)$.

Hintergrundinformationen

Mit Hilfe des Satzes von Bayes lassen sich bedingte Wahrscheinlichkeiten berechnen: Die bedingte Wahrscheinlichkeit $P(A|B)$ von Ereignis A nach Eintreten von Ereignis B ist durch den Quotienten der Wahrscheinlichkeit $P(A \cap B)$ (d. h. der Wahrscheinlichkeit, dass die Ereignisse A und B zusammen eintreten) und der Wahrscheinlichkeit $P(B)$ von Ereignis B definiert, d. h.

$$P(A|B) = \frac{P(A \cap B)}{P(B)}$$

$$= \frac{\frac{P(A \cap B)}{P(A)} \cdot P(A)}{P(B)} = \frac{P(B|A) \cdot P(A)}{P(B)}.$$

Daher besagt der Satz von Bayes

$$P(A|B) = \frac{P(B|A) \cdot P(A)}{P(B)},$$

d. h. die Wahrscheinlichkeit von A nach Eintreten von B berechnet sich aus der bedingten Wahrscheinlichkeit von B unter Voraussetzung von A und den a priori Wahrscheinlichkeiten $P(A)$ und $P(B)$.

Lernen aus der Erfahrung lässt sich durch Lernsätze mit bedingten Wahrscheinlichkeiten realisieren. Eine künstliche Intelligenz könnte auf dieses Verfahren zurückgreifen, um zukünftiges Entscheiden und Handeln abzuschätzen:

► Ein Bayesianisches Netz besteht aus Knoten für Ereignisvariablen, deren Verbindungen (Kanten) durch bedingte Wahrscheinlichkeiten gewichtet sind. Daraus lassen sich die Wahrscheinlichkeiten von Ereignissen unter der Bedingung anderer Ereignisse ausrechnen.

Beispiel

Die Ereignisse E (Erdbeben) und B (Einbruch) lösen das Ereignis A (Alarm ertönt) aus (Abb. 7.12; [22]). Der Alarm führt dazu, dass Sepp (Ereignis S) oder Marie (Ereignis M) bei der Feuerwehr anrufen.

Die Variablen E (Erdbeben), B (Einbruch), A (Alarm ertönt), S (Sepp ruft an), M (Marie ruft an) sind binär und mit den Wahrheitswerten T (Ereignis tritt ein) oder F (Ereignis tritt nicht ein) verbunden. Der Alarm A kann also ein Erdbeben E oder einen Einbruch B als Ursachen haben. Der Alarm kann als Wirkung einen Anruf von Sepp S oder Marie M bei der Feuerwehr auslösen.

Abb. 7.12 Bayesianisches Lernnetz mit bedingten Wahrscheinlichkeiten [22]

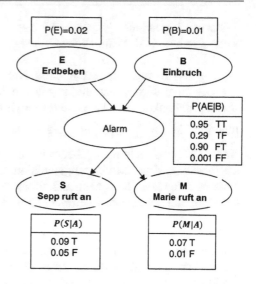

Wenn z. B. ein Einbruch beobachtet wird und kein Erdbeben vorliegt, Sepp anruft und nicht Marie: Wie hoch ist dann die Wahrscheinlichkeit, dass Alarm ertönt?

Bayesianische Netzwerke erlauben effektive Voraussage- und Entscheidungsmodelle. Entscheidungsprozesse von Menschen sind aber nur selten „rational". Häufig werden sie von Gefühlen und Intuitionen „verzerrt". Darauf macht der Psychologe und Wirtschafts-Nobelpreisträger D. Kahneman aufmerksam und spricht von „kognitiver Verzerrung" menschlicher Entscheidungen [23]. Häufig wurden diese angeblich „typisch menschlichen" Reaktionen angeführt, um künstliche Intelligenz nach dem Turing-Test gegenüber menschlicher Intelligenz auszuhebeln.

Eine rational entscheidende Künstliche Intelligenz lässt sich nach der klassischen Nutzentheorie programmieren.

Hintergrundinformationen

In der klassischen Nutzentheorie berechnet man einen Erwartungswert, indem man die möglichen Resultate x_1, x_2, ..., x_n mit ihren Eintrittswahrscheinlichkeiten p_1, p_2, ..., p_n multipliziert und dann die so gewichteten Resultate $p_1\, x_1$, $p_1\, x_1$, ..., $p_n\, x_n$ addiert.

Formal lassen sich „kognitive Verzerrungen" rationaler Erwartungs-
werte durchaus in der Künstlichen Intelligenz berücksichtigen:

► Um den Erwartungswert u eines Nutzens (utility) zu berechnen,
berücksichtigt Kahneman die kognitiven Verzerrungen von Eintrittswahrscheinlichkeiten und Resultaten durch eine Wertefunktion v (value
function) in $u = \sum_{i=1}^{n} w(p_i)v(x_i)$. Die dafür gewählte Funktion (vgl.
Abb. 7.13) ist nichtlinear S-förmig und gewichtet Verluste stärker
als Gewinne. Eine Gewichtungsfunktion w der Wahrscheinlichkeiten
berücksichtigt, dass Menschen z. B. unwahrscheinliche Ergebnisse über-
bewerten und höher wahrscheinliche Ergebnisse unterbewerten.

Ein Beispiel ist Flugangst, bei der ein seltenes Ereignis wie ein Flug-
zeugabsturz überbewertet wird. Demgegenüber werden wesentlich häu-
figere Verkehrsunfälle unterbewertet. Ein Roboter könnte also mit einer
Funktion kognitiver Verzerrungen programmiert werden, um in diesem
Fall den Turing-Test zu bestehen. Damit „hat" er allerdings noch keine
Emotionen oder Intuitionen, sondern simuliert sie nur.

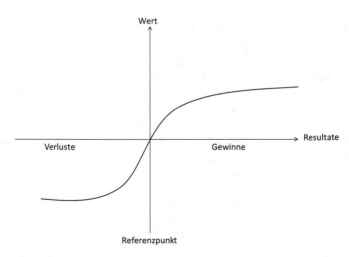

Abb. 7.13 Kognitive Verzerrung rationaler Entscheidungen

7.3 Emotionen und Bewusstsein

Ebenso wie Wahrnehmungen und Bewegungen werden Emotionen durch neuronale Schaltkreise im Gehirn kontrolliert. Auch Emotionen liegen also Signal- und Informationsprozesse zugrunde, die für die künstliche Intelligenz erschlossen werden können.

In biologischen Organismen spielen die neuronalen Botenstoffe in den emotionalen Schaltkreisen eine Rolle. Bereits bei Tieren ist zu beobachten, dass Angst mit äußeren Reaktionen wie z. B. Beschleunigung von Herzschlag und Atmung oder trockenem Mund verbunden ist. Das emotionale System ist mit dem dafür zuständigen autonomen Nervensystem verschaltet. Aber auch Kognition und Gedächtnis wirken auf emotionale Zustände ein: Freude, Trauer oder Schmerz können mit Vorstellungen und Erinnerungen verbunden sein. Die Gehirnforschung zeigt, wie eng beim Menschen Denken, Fühlen und Handeln vernetzt sind. Die Psychologie spricht daher auch von einer emotionalen Intelligenz des Menschen, die typisch für seine Entscheidungen ist. Ziel der KI-Forschung ist es, Informationssysteme mit emotionaler Intelligenz technisch zu modellieren oder sogar zu erzeugen. In diesem Fall wäre Kognition ebenso wie Emotion nicht auf biologische Organismen beschränkt.

Hintergrundinformationen

Für eine Modellierung bieten sich zunächst die äußeren Reaktionen bei emotionalen Vorgängen an. Physiologische Veränderungen bei z. B. Angstzuständen wie schneller Herzschlag, Hauttranspiration oder angespannte Muskeln werden durch das autonome Nervensystem ausgelöst, das nicht bewusst erlebt wird, sondern unwillkürlich (autonom) reagiert.

Als Schaltzentrale dient im Zwischenhirn der Hypothalamus, der Veränderungen äußerer und innerer Zustände registriert und den Körper über das autonome Nervensystem auf neue Situationen einzustellen und zu stabilisieren sucht. Erhöhung des Herzschlags zur stärkeren Blutversorgung oder Pupillenerweiterung für rasche Reaktionen sind Beispiele für Alarmierungszustände wie Angst. Zudem wirkt der Hypothalamus auf das (endokrine) Drüsensystem zur Freisetzung von Hormonen ein. Der Hypothalamus lässt sich also mit einem Gleichgewichtsregler in einem homöostatischen System vergleichen. Durch elektrische Simulation des Hypothalamus bei Katzen und Ratten lassen sich Zustände erzeugen, die mit typischen äußeren Reaktionen wie bei Ärger verbunden sind.

Wo entstehen Emotionen im Gehirn des Menschen? Beteiligt ist ein Ring von Hirnrinde um den Hirnstamm und das Zwischenhirn (limbi-

scher Lappen). Zum limbischen System gehören auch Hippocampus und
Mandelkern (Amygdala). Tatsächlich führte der Ausfall des Temporal-
lappens mit Mandelkern und Hippocampusformation zu „emotionaler
Blindheit": Patienten zeigen keine emotionalen Äußerungen.
Neben Verbindungen des Mandelkerns sind Verschaltungen mit dem
Assoziationscortex angegeben. Im Einzelnen sind die neuronalen Schalt-
einheiten der Mandelkernstruktur in komplexer und großräumiger Weise
mit verschiedenen neuronalen Systemen vernetzt, die bis heute nur teilweise bekannt sind. So gibt es Impulse von den sensorischen Kernen des
Thalamus und aus dem primären sensorischen Cortex. Input und Output
werden durch einen Schaltkern der Mandelkernstruktur (Nucleus cen-
tralis) an die cortikalen Assoziationsfelder zurückgemeldet und ermöglichen damit das bewusste Erleben von Emotionen. Dieser Schaltkern
ist auch am Wachheitsgrad und den damit verbundenen physiologischen
Reaktionen beteiligt.

Hintergrundinformationen

Die Mandelkernstruktur ist auch bei der emotionalen Färbung von kognitiv-senso-
rischen Signalen beteiligt. Das limbische System kreuzen bestimmte Transmitter-
bahnen, die bei der Erzeugung von Aggressionen, Angst, traurigen und depressi-
ven Gefühlen beteiligt sind. Vom Gehirn erzeugte Morphine bewirken freudige und
lustvolle Gefühle. Emotionale Zustände werden also durch verschiedene, weiträu-
mig miteinander verbundene Hirnstrukturen bewirkt. Bekannt sind die neuronalen
Ärger-Wut-, Furcht-Angst-, Panik-Trauer-, Freude-Lust- und Interesse-Erwartungs-
Systeme.

Der Neurologe A. Damásio unterscheidet zwischen einem Grund-
apparat von primären Gefühlen aufgrund von angeborenen neuronalen
Schaltkreisen des limbischen Systems und sekundären Gefühlen, die
in der individuellen Entwicklung aufgrund besonderer Erfahrungen erworben werden [24]. Sekundäre Gefühle entstehen durch Modifikation
und Weiterentwicklung der primären Gefühle, indem sich deren basale
neuronale Schaltkreise mit der präfrontalen Großhirnrinde verbinden
und damit individuelle Erfahrungen, Erinnerungen und Lernprozesse
möglich werden. Analog wie bei den sensorischen und motorischen Systemen verfügt das emotionale System nicht über eine feste emotionale
Grundkarte, sondern über eine Vielzahl von neuronalen Repräsentati-
onsmustern, die ständig modifiziert und koordiniert werden.

► Diese Dynamik emotionaler Zustände ist Forschungsthema des Affective Computing, das auf die Methoden der Künstlichen Intelligenz zurückgreift [25]. Im Vordergrund steht zunächst eine Verbesserung des Mensch-Maschine-Verhältnisses. Beispiel ist das Trainieren neuronaler Netze auf das Erkennen von emotionalen Reaktionen.

Die Verbesserung des Interface von Computer und Nutzer soll dazu führen, dass ein Computer ohne Maus und Tastatur eines Keyboards durch Minenspiel, Gestik oder Stimmlage bedient wird. Insbesondere Behinderte könnten davon profitieren.

Dabei wird aus der Gehirnforschung angenommen, dass Emotionen durch physiologische Signalmuster dargestellt werden, die ein neuronales Netz erkennen kann. So sind z. B. Ärger oder Kummer durch bestimmte Messkurven für Muskelspannung, Blutdruck, Hautleitfähigkeit und Atmungsfrequenz bestimmt. Ein neuronales Netz kann auf das Erkennen typischer Muster trainiert werden, um auch in verrauschten Mustern Grundstimmungen zu erkennen. Ein solches neuronales Netz könnte sich in seiner Gefühlsdiagnose ebenso irren wie ein menschlicher Psychologe, der diese Kurven falsch interpretiert. Es könnte daher im Sinne Turings den Turing-Test bestehen, da Irren bekanntlich menschlich ist. Andererseits würde die Gefühlserkennung einer Software über Messinstrumente und Messgrößen realisiert, die für die menschliche Wahrnehmung von Emotionen nicht entscheidend sind.

Daher berücksichtigen andere Ansätze den Gesichtsausdruck, der für die emotionale Körpersprache der Primaten grundlegend ist. So gibt es eine Reihe von Grundmustern des Minenspiels, die als Kodes dieser Sprache zu verstehen sind. Für ein neuronales Mustererkennungssystem gibt es verschiedene Möglichkeiten:

Emotionale Gesichtsausdrücke von z. B. „Glück", „Überraschung", „Ärger", „Ekel" sind mit angespannten oder entspannten Gesichtspartien verbunden, die wegen ihrer größeren oder schwächeren Durchblutung Wärme- oder Energiekarten bilden. Über spezielle Sensoren können neuronale Netze solche emotionalen Karten wahrnehmen. Das neuronale Netz wird auf entsprechende Prototypen trainiert und vermag damit Stimmungslagen auch in verrauschten Mustern zu erkennen. In diesem Fall arbeitet das Erkennungssystem für Emotionsmuster erneut anders als z. B. beim Menschen. An die Stelle von Wärmekarten, die von Menschen ohne Zusatzinstrumente nicht erkannt werden können, treten Minenspiel und Hautfärbung typischer Gesichtspartien.

Beispiel

Visuelle Gesichtskarten können von geeigneten neuronalen Netzen erkannt und unterschieden werden. Als Beispiel werden acht Parameter für Gesichtsregionen unterschieden: Größe, Schrägstellung und Gestalt der Augenbrauen, Größe, Breite und Gestalt des Mundes. Da diese Merkmale mehr oder weniger stark ausgeprägt sind, werden sie als fuzzy Eigenschaften in einem Intervall von Null bis Eins definiert. Was z. B. die Augengröße betrifft, so können Augen geschlossen (0), schwach (0.33), moderat (0.67) oder weit aufgerissen sein (1.0). Aus der E-mail-Sprache sind binäre Kodes wie z. B. :-) oder :-(für Freude oder Frust bekannt. In einem fuzzy Kode kann der Mundbogen als Darstellung der Mundgestalt zwischen diesen beiden Extremstellungen variieren. Ein gesamter Gesichtsausdruck wird also durch acht fuzzy Werte dieser Parameter bestimmt. Auch sechs emotionale Parameter für Glück, Traurigkeit, Ärger, Ekel, Angst und Überraschung lassen sich durch fuzzy Werte zwischen „schwach", „mäßig" und „stark" belegen. Ein gesamter emotionaler Zustand ist dann durch acht fuzzy Werte dieser Parameter bestimmt. Im Rahmen psychologischer Tests können Probanden Testbögen mit fuzzy Angaben dieser Parameter ausfüllen, um ihre emotionalen Zustand in bestimmten Situationen zu bestimmen. Situationen werden auf diese Weise durch fuzzy Werte eines emotionalen Musters repräsentiert.

Eine japanische Forschergruppe um T. Onisawa hat ein System zur situationsabhängigen Gesichtserkennung von Emotionen entworfen [26]:

Beispiel

Als emotionale Prototypen werden Glück, Traurigkeit, Ärger, Ekel, Angst, Überraschung und Unnatürlichkeit zugrunde gelegt. Das System besteht aus sieben neuronalen Netzen, die den jeweiligen Grad der Prototypen feststellen.

Jedes Netz besteht daher aus einer Inputschicht mit acht Knoten für Gesichtsparameter und sechs Knoten für Situationsmuster und einer

Outputschicht, die einen Knoten für je einen der sieben emotionalen Prototypen erhält.

Zwischen Input- und Outputschicht befinden sich zwei weitere Neuronenschichten mit jeweils zwanzig Neuronen.

Ein Backpropagation-Algorithmus stellt die Abweichung von den emotionalen Prototypen fest. Derselbe Gesichtsausdruck kann in verschiedenen Situationen mit unterschiedlichen emotionalen Zuständen verbunden sein.

Die sieben Outputneuronen des Gesamtsystems für die sieben emotionalen Prototypen beschreiben den fuzzy Wert einer Gesamtbefindlichkeit.

Wenn z. B. drei oder mehr der unangenehmen Emotionen wie Ärger, Ekel, Traurigkeit oder Angst nur wenig empfunden werden, liegt bereits ein Zustand vor, der in der natürlichen Sprache mit dem fuzzy Begriff „Unwohlsein" bezeichnet wird. Obwohl dieses System lernfähig, flexibel, fehlertolerant und fuzzy ist, arbeitet es auf anderer Grundlage als die neuronalen Areale im Gehirn, die für diese Aufgabe zuständig sind. Es gibt im Gehirn keine separaten Areale, die nichts anderes können, als jeweils einen bestimmten Emotionstyp zu erkennen. Andererseits berücksichtigt das System kulturelle Eigenheiten, die bei emotionalen Befindlichkeiten eine Rolle spielen. Es wird daher mit dem japanischen Wort für Gefühl als ein Kansei-Informationssystem bezeichnet.

Lassen sich auch dynamische Systeme entwerfen, die Emotionen nicht nur erkennen, sondern auch empfinden? Emotionen bei Primaten sind mit neurochemischen und hormonellen Veränderungen in komplexen Netzwerken verbunden. Emotionen und Empfindungen sind daher nicht in einer Zelle oder einem Gehirnmodul wie im Prozessor eines herkömmlichen Computers programmiert, sondern in den synaptischen Verschaltungsmustern und hormonellen Rückkopplungen dieser Netze. Denkbar sind also Schaltungsmuster, die emotionale Dynamik durch Lernalgorithmen simulieren.

Beispiel

Im Model CATHEXIS wird ein Netz emotionaler Prototypen angenommen, die als Netzknoten repräsentiert sind [27]. Es handelt sich um die sieben Emotionen Ärger bzw. Zorn, Furcht bzw. Angst,

Schmerz bzw. Traurigkeit, Genuss bzw. Glücklichsein, Ekel und Überraschung. Weitere Emotionen lassen sich wieder als Mischzustände des emotionalen Netzes erzeugen, an denen die emotionalen Prototypen unterschiedlich stark beteiligt sind. So ist z. B. Gram eine bestimmte Form von Traurigkeit, in der auch Ärger und Furcht mitschwingen. Die Intensität eines emotionalen Prototyps wird dabei durch die Intensität der übrigen Prototypen verstärkt oder gehemmt. So wirkt z. B. Ärger hemmend auf Genuss und Glücklichsein, aber verstärkend auf Traurigkeit.

Dieses emotionale System ist ferner mit einem Verhaltenssystem ausgestattet, in dem verschiedene Verhaltensstrategien ausgewählt werden können. Sie reichen von z. B. Gesichtsausdruck und Körperhaltung bis zu stimmlichen Veränderungen. Welches Verhalten gewählt wird, hängt von den jeweils dominierenden Emotionen ab. Bei entsprechenden numerischen Darstellungen rechnet ein Algorithmus die höchsten Werte aus, die über das zu wählende Verhalten entscheiden. Dieses Verhalten wird durch ein motorisches System realisiert, um damit die Systemumwelt zu verändern.

Im CATHEXIS Modell werden vier Arten von internen Stimuli unterschieden: Neuronale Stimuli betreffen z. B. neurochemische und hormonelle Botenstoffe. Sensomotorische Stimuli betreffen z. B. Muskelpotentiale und motorische Nervenreize. Motivationsstimuli beziehen sich auf alle Motivationen, die Emotionen auslösen können. Dazu gehören Hunger- und Durstzustände als Auslöser von Hunger- und Durstgefühlen ebenso wie z. B. Schmerzreizungen als Auslöser von Schmerzgefühlen. Schließlich werden corticale Stimuli angenommen, die durch Denken und Entscheiden Emotionen auslösen können.

▶ Das System CATHEXIS ist algorithmisch durch Funktionen zur Berechnung der Intensität emotionaler Prototypen p zu einem Zeitpunkt t definiert. Diese Funktionen hängen ab von der Intensität einer Emotion zum vorhergehenden Zeitpunkt $t - 1$, dem anregenden und hemmenden Einfluss der übrigen emotionalen Prototypen auf p und der Gesamtbeeinflussung von p durch die vier internen Stimuli, die eine Vernetzung mit dem Gesamtorganismus simulieren. Jede Emotion ist durch einen unteren Schwellenwert der Auslösung und einen oberen Schwellenwert der Sättigung bestimmt.

So beginnen z. B. Glücks- und Schmerzgefühle bei einer bestimmten Reizschwelle und lassen sich nicht beliebig steigern. Diese Schwellenwerte einzelner Emotionen können allerdings bei Menschen unterschiedlich sein. Einige sind z. B. schmerzempfindlicher, leidensfähiger oder für Euphorie anfälliger als andere.

Es liegt ferner nahe, das gewünschte Temperament des emotionalen Systems durch die jeweiligen Schwellenwerte der emotionalen Prototypen einzustellen. Die Dynamik des emotionalen Systems CATHEXIS ist also insgesamt durch sieben gekoppelte Gleichungen für die sieben angenommen emotionalen Grundtypen bestimmt.

Als nichtlineares komplexes dynamisches System erzeugt es Gesamtzustände des Systems, die sich in stationären Gleichgewichtszuständen stabilisieren, aber auch ins Chaos abstürzen können. Wir können von emotionalen Attraktoren sprechen, die den jeweiligen Temperamentstyp charakterisieren – vom Sanguiniker, der zwischen Zuständen wie „himmelhoch jauchzend" und „zu Tode betrübt" oszilliert, bis zum Choleriker, der sich in einem Chaosattraktor des Zorns verrennt.

Denkbar werden Hybridsysteme der künstlichen Intelligenz, die neben motorischen und kognitiven Teilsystemen auch mit emotionalen Teilsystemen ausgestattet sind. Mit Blick auf das Gehirn wäre z. B. ein wissensbasiertes Expertensystem mit einem emotionalen System zu koppeln analog der Vernetzung des Cortex mit den Schaltzentralen des limbischen Systems (z. B. Mandelkerne). Die Übersetzung dieser Dynamik in eine geeignete Programmiersprache liefert zunächst nur eine emotionale Software, die selber nicht empfindet. Es könnte für Roboter genügen, dass bei bestimmten numerischen Intensitätsgrößen in Intervallen von numerischen Reizschwellenwerten entsprechende Handlungen ausgelöst werden: Roboter müssten nicht tatsächlich Schmerz und Freude empfinden, um mit emotionaler Intelligenz benutzerfreundlich zu interagieren.

Damit ist das Erleben von Emotionen bei Robotern keineswegs ausgeschlossen, wenn die Software der Emotionen mit der entsprechenden Wetware hormoneller, neurochemischer und physiologischer Abläufe wie bei biologischen Organismen verbunden wäre. Selbst bei dieser physiologisch-biochemischen Ausstattung müsste ein Roboter nicht in jeder Hinsicht wie Menschen empfinden. Jedenfalls ist die Erzeugung eines empfindungsfähigen Systems nicht prinzipiell ausgeschlossen (vgl. Kap. 8).

Die meisten Körper- und Gehirnfunktionen, Wahrnehmungen und Bewegungen sind unbewusst, prozedural und nicht deklarativ. In der Evolution haben sich zwar Aufmerksamkeit, Wachheit und Bewusstsein als Selektionsvorteile herausgestellt, um z. B. in kritischen Situationen vorsichtiger und zielsicherer zu handeln. Bewusstsein reduziert daher Unbestimmtheit und trägt damit zum Informationsgewinn eines Systems bei. Allerdings wäre ein komplexes Informationssystem völlig überfordert, wenn alle seine Prozessschritte in dieser Weise kontrolliert ins „Bewusstsein" gebracht würden.

Selbst hochkomplexe Kognitionsprozesse können unbewusst ablaufen. Häufig wissen wir nicht, wie Einfälle und Informationen für Problemlösungen entstanden sind. Die Technik-, Wissenschafts- und Kulturgeschichte ist voll von Anekdoten großer Ingenieure, Wissenschaftler, Musiker oder Literaten, die von intuitiven und unbewussten Einfällen buchstäblich im Schlaf berichten. Auch Manager und Politiker entscheiden häufig intuitiv, ohne alle Details einer komplexen Situation bewusst durchkalkuliert zu haben. Für die KI-Forschung folgt daraus, dass Bewusstseinsfunktionen z. B. für kognitive und motorische Systeme eine wichtige Rolle spielen können, aber keineswegs die konstitutive Funktion besitzen, ohne die intelligente Problemlösungen nicht möglich wären.

▶ Unter Bewusstsein wird in der Gehirnforschung eine Skala von Graden der Aufmerksamkeit, Selbstwahrnehmung und Selbstbeobachtung verstanden. Wir unterscheiden zunächst visuelles, auditives, taktiles oder motorisches Bewusstsein und meinen damit, dass wir uns selbst bei diesen physiologischen Abläufen wahrnehmen. Wir wissen dann, dass wir jetzt sehen, hören, fühlen oder uns bewegen, ohne dass visuelle, auditive, taktile oder motorische Abläufe immer bewusst sein müssten.

Die neurobiologische Erklärung bewusster visueller Wahrnehmung setzt wieder auf Hierarchiemodelle paralleler Signalverarbeitung:

> **Beispiel**
>
> Auf jeder Hierarchiestufe werden visuelle Signale neu und häufig auf parallelen Bahnen unterschiedlich kodiert. Die Ganglienzellen der Netzhaut verarbeiten einen Lichtreiz in Aktionspotentiale. Die Neuronen der primären Sehrinde sprechen unterschiedlich auf Linien, Kanten und Farben an.
>
> Hierarchisch höhere Neuronen reagieren auf bewegte Konturen.
>
> Auf noch höheren Hierarchiestufen werden ganze Gestalten und vertraute Objekte kodiert, emotional gefärbt und mit Erinnerungen und Erfahrungen assoziiert.
>
> Schließlich wird auf prämotorische und motorische Strukturen projiziert, deren Neuronen Tätigkeiten wie z. B. Sprechen und Handeln auslösen.

Dieses Modell erklärt, warum Patienten, deren neuronale Hierarchiestufe zur expliziten Gestaltwahrnehmung zerstört wurde, vertraute Gesichter nicht mehr bewusst wiedererkennen, obwohl sie implizit ein Gesicht mit seinen typischen Einzelheiten (Konturen, Schatten, Farben etc.) wahrnehmen. Neuronen, die auf Gestaltwahrnehmung (z. B. Vervollständigung von Konturen, Vordergrund-Hintergrund) spezialisiert sind, erzeugen die Vorstellung von Figuren, obwohl diese Figuren in einer Abbildung nur angedeutet oder suggeriert werden.

Einige Philosophen sprachen gelehrt vom „intentionalen" (vom Bewusstsein beabsichtigten) Bezug zwischen dem „Erkenntnissubjekt" (Beobachter) und „Erkenntnisobjekt" (physikalisches Bild). Die Entstehung der Gestalt fehlt bei Patienten mit einer entsprechenden Gehirnläsion. Bei Verletzungen einer anderen Hierarchiestufe verlieren betroffene Patienten die Fähigkeit der bewussten Farbwahrnehmung, obwohl die Farbrezeptoren des Auges funktionieren.

Das Modell paralleler Signalverarbeitung auf Hierarchiestufen komplexer neuronaler Systeme hat erhebliche Bedeutung für die Technik neuronaler Netze (vgl. Abschn. 7.2). Für den Neurobiologen und Gehirnforscher bleibt es allerdings nur ein Modell, solange die beteiligten neuronalen Strukturen und ihre molekulare und zelluläre Signalverarbeitung nicht identifiziert und durch Beobachtung, Messung und Experiment belegt sind.

Im Zusammenhang mit Bewusstseinszuständen liegen hier die tatsächlichen Probleme der modernen Neurobiologie, Kognitions- und Gehirnforschung. Wie werden auf zellulärer Ebene die Neuronen einer bestimmten Hierarchiestufe „verschaltet", die z. B. auf bestimmte Konturen und Gestalten reagieren? Im Anschluss an die Hebbschen Regeln müsste die simultane Aktivität nicht nur die Neuronen erregen, die auf den jeweiligen Aspekt eines wahrgenommenen Gegenstandes reagieren. Vorübergehend müssten auch die betroffenen Synapsen verstärkt werden, so dass in einer Art Kurzzeitgedächtnis ein reproduzierbares Aktivitätsmuster entsteht.

Bei den Wahrnehmungssystemen haben wir bereits das Synchronisationsverfahren kennengelernt. Danach müssten alle Neuronen, die einen bestimmten Aspekt repräsentieren, im Gleichtakt feuern, jedoch asynchron zu denen, die auf einen anderen Aspekt reagieren:

Fragen

In Weiterführung dieses Ansatzes könnte die Hypothese entwickelt werden, dass Aufmerksamkeits- und Bewusstseinszustände durch bestimmte synchrone Aktivitätsmuster erzeugt werden (z. B. die Aufmerksamkeit für die Vordergrund-Hintergrund-Beziehung bei der Gestaltwahrnehmung).

In dem Zusammenhang wird heute auf die bereits erwähnte Langzeitpotenzierung synaptischer Verschaltungen verwiesen, die bei der Gedächtnisbildung eine Rolle spielen soll. Sie könnte die kurz- oder langfristige Reproduzierbarkeit von bewussten Wahrnehmungen garantieren.

Andere Autoren wie F. Crick vermuten, dass die Neuronen einer bestimmten cortikalen Schicht an Bewusstseinszuständen eng beteiligt sind, indem sie für die Aufrechterhaltung von Schaltungen mit kreisender Erregung und Aufmerksamkeit sorgen.

Schließlich stellt sich die Frage nach der Entstehung eines Bewusstseins von uns selbst, eines Selbstbewusstseins, das wir mit dem Wort „Ich" bezeichnen. In der Entwicklung eines Kindes lassen sich die Stadien genau angeben, in denen das Ich-Bewusstsein erwacht und Wahrnehmungen, Bewegungen, Fühlen, Denken und Wünsche schrittweise mit dem eigenen Ich verbunden werden. Dabei wird nicht auf einmal ein einzelnes „Bewusstseinsneuron" wie eine Lampe eingeschaltet. Eine solche Vorstellung würde das Problem auch nur verschieben, da wir fragen müssten, wie in diesem Bewusstseinsneuron Bewusstsein zustande käme. Am Beispiel einer Wahrnehmung wird der komplexe Verschaltungsprozess deutlich, der im Prozess der Selbstreflexion schließlich zum Selbstbewusstsein führt: Ich nehme einen Gegenstand wahr; schließlich nehme ich mich selbst beim Wahrnehmen dieses Gegenstandes wahr; schließlich nehme ich wahr, wie ich mich selbst beim Wahrnehmen dieses Gegenstandes wahrnehme etc.

Fragen

Jede dieser Ebenen von Selbstwahrnehmung könnte (nach einer Hypothese von H. Flohr [28]) mit einem bestimmten neuronalen Repräsentationsmuster (neuronale Karte) verbunden sein, dessen Kodierung als Input auf der nächsten Wahrnehmungsstufe eine neue neuronale Meta-Repräsentation der Selbstreflexion auslöst.

Umgekehrt kann ein gespeichertes Aktivitätsmuster von uns selbst mit dem sprachlichen Kodewort „Ich" aufgerufen werden, um Absichten und Wünsche unmittelbar zu äußern oder durch Handlungen zu realisieren. Diese Art der Selbstwahrnehmung kann durch Medikamente und Drogen verlangsamt, getrübt oder bis zum euphorischen Rausch beschleunigt werden. Die synaptische Verschaltungsgeschwindigkeit bei der Bildung synchroner Aktivitätsmuster ist tatsächlich über die Transmitterausschüttung beeinflussbar.

Die Disposition, ein Ich-Bewusstsein zu entwickeln, ist vermutlich genetisch angelegt, auch wenn wir noch nicht genau wissen wie. In der Evolution hat es sich aus der Aufmerksamkeit für überlebenswichtige Aspekte der Wahrnehmung, Bewegung, Emotion und Kognition entwickelt. Heute sprechen wir bereits von historischem, sozialem und gesellschaftlichem Bewusstsein und meinen damit die Aufmerksamkeit für wichtige Aspekte des kollektiven Zusammenlebens und Überlebens. Auch für diese Art kollektiven Selbstbewusstseins werden komplexe Vernetzungen von neuronalen Systemen der Wahrnehmung, Analyse, Entscheidung, aber auch der emotionalen Bewertung und Motivierung für Handeln aktiviert.

Sollten also einmal die Gesetze, die zu komplexen Gehirnzuständen wie „Bewusstsein" führen, ebenso bekannt sein wie die komplexe Dynamik eines anderen Organs (z. B. Herz), dann wären komplexe Systeme mit entsprechenden Zuständen prinzipiell nicht auszuschließen. Für diese Systeme wäre die innere Selbstwahrnehmung ebenfalls nicht notwendig an sprachliche Repräsentationen gebunden.

Einfache Formen des Selbstmonitoring sind bereits in existierenden Computer- und Informationssystemen realisiert. In der biologischen Evolution haben sich bei Tieren und Menschen Bewusstseinsformen wachsender Komplexität ausgebildet. Wenn Bewusstsein nichts anderes ist als ein besonderer Zustand des Gehirns, dann ist jedenfalls „prinzipiell" nicht einzusehen, warum nur die vergangene biologische Evolution ein solches System hervorzubringen vermochte. Der Glaube an die Einmaligkeit der Biochemie des Gehirns ist durch unsere bisherige technische Erfahrung wenig gestützt.

Schließlich gelang uns Menschen das Fliegen auch ohne Federkleid und Flügelschlag, nachdem die hydrodynamischen Gesetze des Fliegens bekannt waren. Ob wir bei entsprechenden komplexen Systemen von „künstlichem Bewusstsein" sprechen, das unter geeigneten Laborbedingungen entstehen würde, wäre dann ebenso nur noch eine Frage der Definition wie im Fall von „künstlichem Leben". Im Rahmen der KI-Forschung könnten z. B. sensorische, kognitive oder motorische Systeme in einer Hybridverschaltung mit Modulen des Selbstmonitoring verbunden werden [29]. Bis zu welchem Grad allerdings solche Systeme mit Fähigkeiten der Aufmerksamkeit, Wachheit und Bewusstsein ausgestattet werden sollten, ist nicht nur eine Frage technischer Machbarkeit, sondern auch, wenn es soweit ist, eine Frage der Ethik.

Literatur

1. Mainzer K (1997) Gehirn, Computer, Komplexität. Springer, Berlin
2. Roth G (1994) Das Gehirn und seine Wirklichkeit. Kognitive Neuropsychologie und ihre philosophischen Konsequenzen. Suhrkamp, Frankfurt
3. Markowitsch HJ (1992) Neuropsychologie des Gedächtnisses. Verlag für Psychologie, Göttingen
4. Hebb DO (1949) The Organisation of Behavior. A Neurophysiological Theory. John Wiley & Sons Inc, New York

5. McCulloch WS, Pitts WH (1943) A logical calculus of the ideas immanent in nervous activity. Bull Math Biophysics 5:115–133

6. Rosenblatt F (1958) The Perceptron: A probabilistic model for information storage and organization in the brain. Psychological Review 65:386–408

7. Minsky M, Papert S (1969) Perceptrons, Expanded Edition. An Introduction to Computational Geometry by Marvin Minsky and Seymour A. Papert. MIT Press, Cambridge (Mass.)

8. Möller K, Paaß G (1994) Künstliche neuronale Netze: eine Bestandsaufnahme. KI – Künstliche Intelligenz 4:37–61

9. Rummelhart DE, Hinton GE, Williams RJ (1986) Learning representation by back-propagating errors. Nature 323:533–536

10. Hornik K, Stinchcombe M, White H (1989) Multilayer feedforward networks are universal approximators neural networks. Neural Networks 2:359–366

11. Dean J (2014) Big Data, Data Mining, and Machine Learning. Value Creation for Business Leaders and Practitioneers. Wiley, Hoboken

12. Jones N (2014) The learning machines. Nature 502:146–148

13. Hopfield JJ (1982) Neural networks and physical systems with emergent collective computational abilities. Proceedings of the National Academy of Sciences 79:2554–2558

14. Tank DW, Hopfield JJ (1991) Kollektives Rechnen mit neuronenähnliche Schaltkreisen. Spektrum der Wissenschaft Sonderheft 11:65

15. Serra R, Zanarini G (1990) Complex Systems and Cognitive Processes. Springer, Berlin S 78

16. Hinton GE, Anderson JA (1981) Parallel Models of Associative Memory. Psychology Press, Hillsdale N.J.

17. Ritter H, Martinetz T, Schulten K (1991) Neuronale Netze. Addison-Wesley Publishing Company, Bonn

18. von der Malsburg C (1973) Self-organization of orientation. Sensitive cells in the striate cortex. Kybernetik 14:85–100

19. Kohonen T (1991) Self-Organizing Maps. Springer, Berlin

20. Sutton R, Barto A (1998) Reinforcement-Learning: An Introduction. A Bradford Book, Cambridge (Mass.)

21. Russell S, Norvig P (2004) Künstliche Intelligenz: Ein moderner Ansatz. Pearson Studium, München

22. Pearl J (1988) Probabilistic Reasoning in Intelligent Systems: Networks of Plausible Inference, 2. Aufl. Morgan Kaufmann, San Francisco

23. Tversky A, Kahneman D (2000) Advances in prospect theory: cumulative representation of uncertainty. In: Kahneman D, Tversky A (Hrsg) Choices, Values and Frames. Cambridge University Press, Cambridge, S 44–66

24. Damasio AR (1995) Descartes' Irrtum. Fühlen, Denken und das menschliche Gehirn. List, München, Leipzig

25. Picard RW (1997) Affective Computing. MIT Press, Cambridge (Mass.)

26. Onisawa T (2000) Soft computing technology in Kansei (emotional) information processing. In: Liu Z-Q, Miyamoto S (Hrsg) Soft Computing and Human-Centered Machines. Springer, Berlin
27. Velasquez JD (1997) Modeling emotions and other motivations in synthetic agents. Amer Assoc Art Int, 10–15
28. Flohr H (1991) Brain processes and phenomenal consciousness. A new and specific hypothesis. Theory and Psychology 1:245–262
29. Mainzer K (2008) Organic computing and complex dynamical systems. Conceptual foundations and interdisciplinary perspectives. In: Würtz RP (Hrsg) Organic Computing. Springer, Berlin, S 105–122

Roboter werden sozial

8.1 Humanoide Roboter

Mit zunehmender Komplexität und Automatisierung der Technik werden Roboter zu Dienstleistern der Industriegesellschaft. Die Evolution lebender Organismen inspiriert heute die Konstruktion von Robotiksystemen für unterschiedliche Zwecke [1]. Mit wachsenden Komplexitäts- und Schwierigkeitsgraden der Dienstleistungsaufgabe wird die Anwendung von KI-Technik unvermeidlich. Dabei müssen Roboter nicht wie Menschen aussehen. Genauso wie Flugzeuge nicht wie Vögel aussehen, gibt es je nach Funktion auch andere angepasste Formen. Es stellt sich also die Frage, zu welchem Zweck humanoide Roboter welche Eigenschaften und Fähigkeiten besitzen sollten.

Humanoide Roboter sollten direkt in der menschlichen Umgebung wirken können. In der menschlichen Umwelt ist die Umgebung auf menschliche Proportionen abgestimmt. Die Gestaltung reicht von der Breite der Gänge über die Höhe einer Treppenstufe bis zu Positionen von Türklinken. Für nicht menschenähnliche Roboter (z. B. auf Rädern und mit anderen Greifern statt Händen) müssten also große Investitionen für Veränderungen der Umwelt ausgeführt werden. Zudem sind alle Werkzeuge, die Mensch und Roboter gemeinsam benutzen sollten, auf menschliche Bedürfnisse abgestimmt. Nicht zu unterschätzen ist

© Springer-Verlag GmbH Deutschland, ein Teil von Springer Nature 2019
K. Mainzer, *Künstliche Intelligenz – Wann übernehmen die Maschinen?*,
Technik im Fokus, https://doi.org/10.1007/978-3-662-58046-2_8

die Erfahrung, dass humanoide Formen den emotionalen Umgang mit Robotern psychologisch erleichtern.

Humanoide Roboter können im Unterschied zu fest verankerten Industrierobotern beim Laufen umfallen, wenn der Fuß frei schwebt [2, 3]. Wenn immer ein Fuß mit der gesamten Sohle auf dem Boden aufgesetzt wäre, könnte ein humanoider Roboter sicher laufen, ohne umzufallen.

▶ Um zu entscheiden, ob der Kontakt der Sohle mit dem Boden bestehen bleibt, wird der ZMP (zero moment point) Punkt bestimmt, d. h. der Punkt auf dem Boden, an dem alle Horizontalkräfte, die der Fuß vom Boden erfährt, gleich Null sind.

Darauf kann sich der Roboter stützen, damit seine aktuelle Neigung unverändert bleibt. Der ZMP befindet sich immer auf der Fläche zwischen Sohle und Boden (Abb. 8.1).

Wenn ein Mensch aufrecht steht, so behält seine Sohle den Bodenkontakt, solange der auf den Boden projizierte Schwerpunkt sich innerhalb

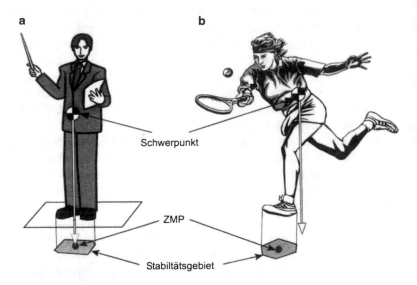

Abb. 8.1 Stabilitätspunkt (ZMP) und Stabilitätsgebiet eines stehenden (**a**) und sich bewegenden (**b**) Menschen [2]

des Stabilitätsgebiets der Sohle mit dem ZMP befindet (Abb. 8.1). Das ist allerdings nur eine hinreichende Bedingung, um den Fall zu verhindern, aber keine notwendige.

Fortgeschrittene Probleme wie Gehen auf unebenem Boden, Treppensteigen, Gehen mit schweren Gegenständen oder Rennen erfordern komplexe Laufmuster mit dem ZMP. Mathematisch ist das Verhältnis zwischen der Trajektorie der Gelenkgeschwindigkeit und ZMP durch ein nichtlineares Differentialgleichungssystem gegeben. Die Berechnung einer Gelenkgeschwindigkeitstrajektorie aus einer gegeben Trajektorie eines ZMP ist schwierig [4]. Seit ASIMO (2000) benutzt Honda ein Verfahren, mit dem ein stabiles Laufmuster in Echtzeit produziert wird.

Hier wird der Unterschied von Technik und Natur deutlich. Um stabile Fortbewegung des Menschen zu realisieren, bedurfte es in der Evolution keineswegs eines Hochleistungsrechners, der nichtlineare Bewegungsgleichungen in Echtzeit lösen kann, um die Bewegungen nach den Lösungsmustern zu realisieren. Es bedurfte also keines „intelligent design" eines Ingenieurs. Mathematische Modelle und entsprechende Computerprogramme sind Erfindungen des Menschen, die das Bewegungsproblem auf ihre Art lösen.

▶ Das dynamische Modell der Vorwärtskinematik zeigt, wie der nächste Bewegungszustand eines humanoiden Roboters bei gegebenem aktuellen Zustand, Kräften und Momenten, die auf die Glieder wirken, Kontakten mit der Umwelt und sonstigen Bedingungen zu berechnen ist.

Die Rückwärtsberechnung der auf die Gelenke wirkenden Kräfte und Momente bei gegebener Sollpositionierung ist im dynamischen Modell der inversen Kinematik geregelt.

Die zugrunde liegenden mathematischen Gleichungen wie die Newton-Euler Formel sind lange bekannt. Ihre technische Umsetzung in Echtzeit wurde erst seit den Hochleistungsrechnern mit effizienten Lösungsalgorithmen möglich.

Humanoide Roboter haben aber nicht nur zwei Beine und zwei Arme. Sie verfügen über optische und akustische Sensoren. In Bezug auf Platz und Batterielaufzeiten gibt es bisher bei den verwendbaren Prozessoren und Sensoren Einschränkungen. Miniaturisierungen von optischen und akustischen Funktionen sind ebenso erforderlich wie die Entwicklung von verteilten Mikroprozessoren zur lokalen Signalverarbeitung.

In der humanoiden Robotik ist Japan bisher führend. Das japanische Wirtschafts- und Industrieministerium verfolgt seit 1998 das HRP (Humanoid Robotics Project) [5]. Danach sollte sich ein humanoider Roboter frei in normaler Umgebung bewegen, Treppen und Hindernisse überwinden, selbständig Wege suchen, nach einem Fall beweglich bleiben, Türen selbständig betätigen und auf einem Arm stützend Arbeit erledigen können. Ein humanoider Roboter könnte dann im Prinzip so gehen wie ein Mensch.

Schließlich soll ein Roboter motorische Aufgaben selbstständig ausfüllen können, die jeder Mensch erledigen kann. Dafür benötigt er dreidimensionale optische Sensoren, die die Beschaffenheit, Position und die Richtung eines Objekts wahrnehmen, eine Hand, die diese Aufgabe ausführen kann, sowie Kraftsensoren, um den Zustand der Manipulatorhand beim Greifen eines Objekts zu erkennen und die Arbeitsschritte zu planen.

Das Ziel für 2020 wäre ein humanoider Roboter, der sich den Wohnraum mit dem Menschen teilt und mit ihm zusammenarbeitet. Mit der Realisierung dieses Ziels wäre das endgültige Ziel des HRP erreicht. In diesem Fall dürfte der humanoide Roboter keine Menschen verletzen oder die Umgebung beschädigen. Sicherheit und Kraft, die für Bewegung und Arbeit benötigt werden, müssten gleichermaßen gewährleistet sein. Erst dann steht ein Serviceroboter für den Menschen zur Verfügung, der im Prinzip in jedem Haushalt einsetzbar ist.

8.2   Kognitive und soziale Roboter

Für die Erreichung der letzten Stufe von HRP, des Zusammenlebens mit Menschen, müssen sich Roboter ein Bild vom Menschen machen können, um hinreichend sensibel zu werden. Dazu sind kognitive Fähigkeiten notwendig. Dabei lassen sich die drei Stufen des funktionalistischen, konnektionistischen und handlungsorientierten Ansatzes unterscheiden, die nun untersucht werden sollen.

▶ Die Grundannahme des Funktionalismus besteht darin, dass es in Lebewesen wie in entsprechenden Robotern eine interne kognitive Struktur gibt, die Objekte der externen Außenwelt mit ihren Eigenschaften, Relationen und Funktionen untereinander über Symbole repräsentiert.

Man spricht auch deshalb vom Funktionalismus, da die Abläufe der Außenwelt als isomorph in Funktionen eines symbolischen Modells abgebildet angenommen werden. Ähnlich wie ein geometrischer Vektor- oder Zustandsraum die Bewegungsabläufe der Physik abbildet, würden solche Modelle die Umgebung eines Roboters repräsentieren.

Hintergrundinformationen
Der funktionalistische Ansatz geht auf die frühe kognitivistische Psychologie der 1950er Jahre von z. B. A. Newell und H. Simon zurück [6]. Die Verarbeitung der Symbole in einer formalen Sprache (z. B. Computerprogramm) erfolgt nach Regeln, die logische Beziehungen zwischen den Außenweltrepräsentationen herstellen, Schlüsse ermöglichen und so Wissen entstehen lassen [7].

Die Regelverarbeitung ist nach dem kognitivistischen Ansatz unabhängig von einem biologischen Organismus oder Roboterkörper. Danach könnten im Prinzip alle höheren kognitiven Fähigkeiten wie Objekterkennung, Bildinterpretation, Problemlösung, Sprachverstehen und Bewusstsein auf Rechenprozesse mit Symbolen reduziert werden. Konsequenterweise müssten dann auch biologische Fähigkeiten wie z. B. Bewusstsein auf technische Systeme übertragbar sein.

Der kognitivistisch-funktionalistische Ansatz hat sich für beschränkte Anwendungen durchaus bewährt, stößt jedoch in Praxis und Theorie auf grundlegende Grenzen. Ein Roboter dieser Art benötigt nämlich eine vollständige symbolische Repräsentation der Außenwelt, die ständig angepasst werden muss, wenn die Position des Roboters sich ändert. Relationen wie ON(TABLE,BALL), ON(TABLE,CUP), BEHIND(CUP,BALL) etc., mit denen die Relation eines Balls und einer Tasse auf einem Tisch relativ zu einem Roboter repräsentiert wird, ändern sich, wenn sich der Roboter um den Tisch herum bewegt.

Menschen benötigen demgegenüber keine symbolische Darstellung und kein symbolisches Updating von sich ändernden Situationen. Sie interagieren sensorisch-körperlich mit ihrer Umwelt. Rationale Gedanken mit interner symbolischer Repräsentation garantieren kein rationales Handeln, wie bereits einfache Alltagssituationen zeigen. So weichen wir einem plötzlich auftretenden Verkehrshindernis aufgrund von blitzschnellen körperlichen Signalen und Interaktionen aus, ohne auf symbolische Repräsentationen und logische Ableitungen zurückzugreifen. In der Kognitionswissenschaft unterscheiden wir daher zwischen formalem und körperlichem Handeln [8]. Schach ist ein formales Spiel mit vollständiger symbolischer Darstellung, präzisen Spielstellungen und formalen Operationen. Fußball ist ein nicht-formales Spiel mit Fähigkeiten, die von körperlichen Interaktionen ohne vollständige Repräsentation von Situationen und Operationen abhängen. Es gibt zwar auch Spielregeln. Aber Situationen sind wegen der körperlichen Aktion nie exakt identisch und daher auch nicht (im Unterschied zum Schach) beliebig reproduzierbar.

▶ Der konnektionistische Ansatz betont deshalb, dass Bedeutung nicht von Symbolen getragen wird, sondern sich in der Wechselwirkung zwischen verschiedenen kommunizierenden Einheiten eines komplexen Netzwerks ergibt. Diese Herausbildung bzw. Emergenz von Bedeutungen und Handlungsmustern wird durch die sich selbst organisierende Dynamik von neuronalen Netzwerken (vgl. Abschn. 7.2) möglich [9].

Sowohl der kognitivistische als auch der konnektionistische Ansatz können allerdings im Prinzip von der Umgebung der Systeme absehen und nur die symbolische Repräsentation bzw. neuronale Dynamik beschreiben.

▶ Im handlungsorientierten Ansatz steht demgegenüber die Einbettung des Roboterkörpers in seine Umwelt im Vordergrund. Insbesondere einfache Organismen der Natur wie z. B. Bakterien legen es nahe, verhaltensgesteuerte Artefakte zu bauen, die sich an veränderte Umwelten anzupassen vermögen.

Aber auch hier wäre die Forderung einseitig, nur verhaltensbasierte Robotik zu favorisieren und symbolische Repräsentationen und Modelle der Welt auszuschließen.

▶   Richtig ist die Erkenntnis, dass kognitive Leistungen des Menschen sowohl funktionalistische, konnektionistische und verhaltensorientierte Aspekte berücksichtigen.

Richtig ist es daher, wie beim Menschen von einer eigenen Leiblichkeit (embodiment) der humanoide Roboter auszugehen. Danach agieren diese Maschinen mit ihrem Roboterkörper in einer physischen Umwelt und bauen dazu einen kausalen Bezug auf. Sie machen ihre je eigenen Erfahrungen mit ihrem Körper in dieser Umwelt und sollten ihre eigenen internen symbolischen Repräsentationen und Bedeutungssysteme aufbauen können [10, 11].

Wie können solche Roboter selbstständig sich ändernde Situationen einschätzen? Körperliche Erfahrungen des Roboters beginnen mit Wahrnehmungen über Sensordaten der Umgebung. Sie werden in einer relationalen Datenbank des Roboters als seinem Gedächtnis gespeichert. Die Relationen der Außenweltobjekte bilden untereinander kausale Netzwerke, an denen sich der Roboter bei seinen Handlungen orientiert. Dabei werden z. B. Ereignisse, Personen, Orte, Situationen und Gebrauchsgegenstände unterschieden. Mögliche Szenarien und Situationen werden mit Sätzen einer formalen Logik 1. Stufe repräsentiert (Abb. 8.2).

Beispiel
Wenn z. B. ein Ereignis vom Typ „Frühstück" ist, dann sind Küchenutensilien wie Tassen in bestimmter Weise auf einem Tisch angeordnet und mit Tee oder Kaffee gefüllt:

$$\text{eventType(e,Breakfast)} \;\rightarrow\; \bigvee s, c(\text{partOf}(s, e) \wedge \text{location}(c,\text{Table},s)$$
$$\wedge \; \text{utensilType}(c,\text{Cup}) \wedge (\text{filledWith}(c,\text{Tea},s)$$
$$\vee \; \text{filledWith }(c,\text{Coffee},s) \,))$$

Mögliche Ereignisse hängen von Bedingungen ab, die in konkreten Situationen mit bedingten Wahrscheinlichkeiten verbunden sind. Wenn es sich z. B. um das Frühstück von Steve handelt, benutzt er mit einer bestimmten Wahrscheinlichkeit eine blaue Tasse für den Kaffee:

$$P(\text{eventType(E1,Breakfast)} \mid \text{partOf(S1,E1)}$$
$$\wedge \; \text{location(BlueCup,Table,S1)}$$
$$\wedge \; \text{filledWith(BlueCup,Tea,S1)} \wedge \; \text{location(Steve,Table,S1)}$$
$$\wedge \; \text{usedBy(BlueCup,Steve,S1))}$$

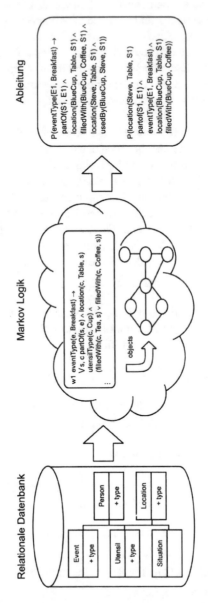

Abb. 8.2 Markov Logik eines Haushaltsroboters.

Die Wahrscheinlichkeitsverteilung solcher Situationen wird in einer Markov Logik beschrieben [12]. Hieraus lassen sich Wahrscheinlichkeitseinschätzungen von Situationen ableiten [13, 14], an denen sich ein Roboter orientieren kann, wenn er z. B. für jemanden das Frühstück bereiten und dazu Geschirr in der Küche zusammensuchen soll.

Das komplexe Kausalnetz möglicher Roboterhandlungen lässt sich aus einem Bayesschen Netzwerk bedingter Wahrscheinlichkeiten erschließen (vgl. Abschn. 7.2; [15, 16]). Damit wird keineswegs behauptet, dass menschliche Haushaltsgehilfen sich bei ihren Handlungen an Bayesschen Netzen halten. Aber mit dieser Kombination aus Logik, Wahrscheinlichkeit und sensorisch-körperlicher Interaktion werden ähnliche Ziele realisiert wie bei Menschen.

Als Architektur der Robotersteuerung wird die Anordnung von Modulen mit ihren Verbindungen bezeichnet, durch die Reaktionen und Aktionen des Roboters umgesetzt werden. In einer symbolisch orientierten Architektur wird von den Details der Hardware abstrahiert und Kognition als Symbolverarbeitung im Modell dargestellt. Demgegenüber sind verhaltensbasierte Architekturen an einem handlungszentrierten Verständnis von Kognition angelehnt. Leiblichkeit mit allen körperlichen Details, Situiertheit durch die Umgebung und hohe Anpassungsfähigkeit spielen eine große Rolle. Verhaltensbasierte Steuerungen sorgen für schnelle Reaktionen des Roboters auf Umweltänderungen, indem durch Sensoren wahrgenommene Stimuli verarbeitet werden [17].

Bei symbolischer Verarbeitung werden Sensorinputs zunächst in einem Umweltmodell interpretiert. Danach wird ein Plan für die durch Aktoren (z. B. Räder, Füße, Beine, Arme, Hände, Greifer) auszuführende Handlung festgelegt. Dieser Plan gleicht unterschiedliche Ziele möglichst optimal ab. Beim verhaltensbasierten Ansatz wird auf eine sequentielle Programmierung verzichtet. Stattdessen sind wie in einem lebenden Organismus parallel laufende Prozesse zu koordinieren.

Verhaltensbasierte Architekturen [18] finden sich eher in einfachen mobilen Robotern, während symbolisch orientierte Architekturen in kognitiven Systemen mit symbolischer Wissensrepräsentation zu finden sind. Wie Menschen sollen auch humanoide Roboter über beide Eigenschaften verfügen.

► Humanoide Roboter sind Hybridsysteme mit symbolischer Wissensrepräsentation und verhaltensbasiertem Agieren, das die sensorisch-mo-
torische Leiblichkeit und Veränderung von Umweltsituationen berücksichtigt.

Gesteuert werden Hybridsysteme in einem hierarchisch geschichteten
Ansatz:

Komplexe Verhaltensweisen auf einer höheren Ebene steuern ein oder
mehrere Verhalten auf darunterliegender Ebene. Ein komplexes Verhalten setzt sich also aus einem Ensemble einfacherer Verhaltensweisen
zusammen.

In der Natur entspricht diese Hierarchie häufig der stammesgeschichtlichen Entwicklung eines Lebewesens.

In Abb. 8.3 ist die Hybridarchitektur eines humanoiden Roboters
mit einzelnen Modulen für Perzeption (Wahrnehmung), Kognition und

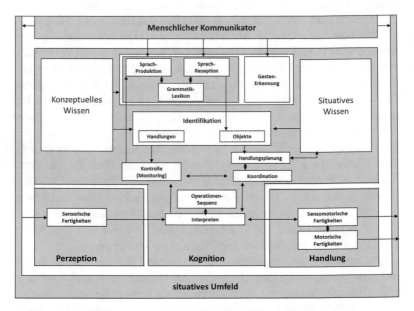

Abb. 8.3 Architektur eines humanoiden Roboters mit verhaltensbasierten und sym-
bolisch-kognitiven Modulen [19]

Handlung zusammengestellt [19]. Kognition ist in viele Teilmodule unterschieden. Sensorische Daten werden damit interpretiert, für sprachliche Repräsentation, konzeptionelles und situatives Wissen ausgewertet, um Handlungen mit sensor-motorischen Fertigkeiten zu verwirklichen. Hier ist symbolische und sequentielle Handlungsplanung möglich, aber auch schnelle Reaktion weitgehend ohne Einschaltung symbolisch-kognitiver Instanzen.

Menschenähnliche Intelligenz und Adaption wird sich allerdings nur dann ausprägen können, wenn die Artefakte nicht nur über einen an ihre Aufgaben angepassten und anpassungsfähigen Körper verfügen, sondern auch situationsgerecht und weitgehend autonom reagieren können. Da sich Intelligenz bei lebenden Organismen wie z. B. Menschen im Lebenslauf körperabhängig entwickelt und verändert, wird auch ein mitwachsender Körper mit hochflexibler Aktuatorik notwendig werden. Dazu bedarf es der Kooperation mit Disziplinen, die bis vor kurzem für die Ingenieurwissenschaften völlig bedeutungslos schienen: Kognitionswissenschaft und Gehirnforschung, Systembiologie und synthetische Biologie, Nano- und Materialwissenschaften.

8.3 Schwarmintelligenz von Robotern

In der Evolution beschränkt sich intelligentes Verhalten keineswegs auf einzelne Organismen. Die Soziobiologie betrachtet Populationen als Superorganismen, die zu kollektiven Leistungen fähig sind [20]. Die entsprechenden Fähigkeiten sind häufig in den einzelnen Organismen nicht vollständig programmiert und von ihnen allein nicht realisierbar. Ein Beispiel ist die Schwarmintelligenz von Insekten, die sich in Termitenbauten und Ameisenstraßen zeigt [21]. Auch menschliche Gesellschaften mit extrasomatischer Informationsspeicherung und Kommunikationssystemen entwickeln kollektive Intelligenz, die sich erst in ihren Institutionen zeigt.

Kollektive Muster- und Clusterbildungen lassen auch bei Populationen einfacher Roboter beobachten, ohne dass sie dazu vorher programmiert wurden [22]:

Beispiel

Ein Beispiel sind einfache Roboter, die nur darauf programmiert sind, kleine Hindernisse vor sich her zu schieben [23]. Wenn die Reibung beim Anschieben einen Schwellenwert übersteigt, dreht das Roboterfahrzeug in eine andere Richtung ab.

Ein Beispiel sind kleine insektenartige Roboter, die Teelichter auf einer glatten Fläche zusammenschieben. Wenn eine Gruppe solcher Roboter auf eine zufällig verteilte Anzahl von gleichen Hindernissen stößt, haben sie nach einer gewissen Zeit Cluster von Hindernissen zusammengeschoben.

Dazu hat keinerlei Kommunikation zwischen den Robotern stattgefunden. Die Selbstorganisation der Muster beruht allein auf physikalischen Nebenbedingungen der kollektiven Wechselwirkungen: Die Wachstumswahrscheinlichkeit eines Clusters wächst deshalb mit zunehmender Größe, da die Roboter beim Anstoßen abdrehen und ihre mitgeschobenen Hindernisse am Hindernishaufen liegen lassen. In diesem Fall liegt noch keine prärationale Intelligenz des Kollektivs vor.

Wenn aber ein Kollektiv von Robotern dieses Verhalten als zweckmäßig erlernt haben sollte (Learning by doing), um es in zukünftigen Situationen zu wiederholen, würde kollektive Intelligenz verwirklicht.

Roboterpopulationen als Dienstleister könnten konkrete Anwendung im Straßenverkehr z. B. bei fahrerlosen Transportsystemen oder Gabelstaplern finden, die sich selbständig über ihr Verhalten in bestimmten Verkehrs- und Auftragssituationen verständigen. Zunehmend werden auch unterschiedliche Roboterarten wie Fahr- und Flugroboter (z. B. bei militärischen Einsätzen oder bei der Weltraumerkundung) miteinander interagieren [24].

▶   R. A. Brooks vom MIT fordert allgemein eine verhaltensbasierte KI, die auf künstliche soziale Intelligenz in Roboterpopulationen ausgerichtet ist [25]. Soziale Interaktion und Abstimmung gemeinsamer Aktionen bei sich verändernden Situationen ist eine äußerst erfolgreiche Form von Intelligenz, die sich in der Evolution herausgebildet hat.

Bereits einfache Roboter könnten ähnlich wie einfache Organismen der Evolution kollektive Leistungen erzeugen. Im Management spricht man von der sozialen Intelligenz als einem Soft Skill, das nun auch von Roboterpopulationen berücksichtigt werden sollte.

Ein erstes Experimentierfeld für solche Roboterpopulationen sind die verschiedenen Spielarten von Roboterfußball [26]. Derzeit werden vier Spielkategorien unterschieden. Nur in der vorgesehenen Huro-Sot(Humanoid Robot World Cup Soccer Tournament)-Klasse spielen humanoide Fußballroboter auf zwei Beinen mit einer Größe von ca. 40 Zentimetern. Beim MiroSot (Micro Robot World Cup Soccer Tournament) handelt es sich um radgetriebene Roboter mit einer Kantenlänge von ca. 7,5 cm, deren Teams über zentrale Steuercomputer gelenkt werden. Etwas kleiner sind die Roboter des NaroSot (Nano Robot Cup Soccer Tournament)-Systems. Ebenfalls mit einem zentralen Steuercomputer arbeitet das KheperaSot (Khepera Robot Soccer Tournament)-System.

Beispiel

Die heutige Ausstattung einer Robotermannschaft besteht aus drei mobilen Robotersystemen:

- einem zentralen Steuercomputer,
- einem (drahtlosen) Telekommunikationssystem als Verbindung zu den Robotern,
- einem Bildverarbeitungssystem.

Der zentrale Steuercomputer berechnet eine Spielstrategie mit den nächsten Aktionen der Roboter auf der Grundlage der übermittelten Bilddaten des Spielfeldes. Ein Spielroboter verfügt neben einem Antriebsmechanismus, Schaltkreisen für die Lenkung des Antriebsmechanismus und Sensoren über einen kleinen Rechner, der die Sensordaten und Fahrbefehle des Steuercomputers verarbeitet.

Der Zustand eines Roboters hängt von den Informationen ab, wo er sich auf dem Spielfeld befindet, ob er im Ballbesitz ist und ob ein Hindernis zur Ausführung einer Spielaktion vorliegt.

Typische einprogrammierte Verhaltensmuster eines Roboters lauten „Fahre" zu einer bestimmten Position und „Torschuss", falls die Verbindung zwischen der Standposition und dem Tor hindernisfrei ist. Zum „Abfangen eines Balls" muss die Bahn eines Balls aus einer vorherigen und derzeitigen Position berechnet und der Abfangpunkt bestimmt werden.

Kein menschlicher Fußballspieler stellt natürlich schwierige geometrisch-mechanische Rechnungen an. Die wenigsten dieser Medienstars wären vermutlich dazu überhaupt in der Lage. Jedenfalls könnte es kein Mensch in der Geschwindigkeit, um anschließend auch noch blitzschnell reagieren zu können.

Hier zeigt sich, dass dieselben Leistungen von Robotern mit mathematischen Modellen und hoher Rechenintensität anders gelöst werden als durch ihre biologischen Kollegen. Bedeutende Fußballspieler nutzen ähnlich wie Schachspieler Mustererkennung für Spielsituationen, die sie aufgrund ihrer Erfahrung fehlertolerant und flexibel abgleichen. Jedenfalls ist dieses Fußballwissen nicht regelbasiert gespeichert, sondern steht prozedural zur Verfügung. Im Unterschied zum Schachspieler kommen beim Fußballspieler noch motorische Verhaltensmuster hinzu, die prototypisch eintrainiert wurden. Das Kommunikationssystem arbeitet mit allen nicht-technischen Formen der menschlichen Nachrichtenübertragung, wobei der Körpersprache mit Gestik und Mimik eine überragende Rolle zukommt.

Roboterfußball ist ein Beispiel für kombinierte Anwendungen von maschinellem Lernen (vgl. Abschn. 7.2). P. Stone spricht in dem Zusammenhang von „layered learning" [27, 28]. Eine zu lösenden Aufgabe wird dazu in mehreren Schichten (layer) aufgeteilt, um die jeweiligen Teilprobleme auf diesen Schichten durch entsprechende Lernalgorithmen zu lösen (Abb. 8.4). Dabei ist die Reihenfolge der Anwendungen dieser Algorithmen nicht starr (z. B. von „oben" nach „unten") vorgegeben, sondern ergibt sich aus der Situation.

Hinzu kommen bei menschlichen Spielern psychologische Faktoren wie Motivation, mentale Stärke und Spielmoral. Wiederum wird also emotionale Intelligenz vorausgesetzt. So können selbst hervorragende Mannschaften durch einen unverhofften Spielverlauf vollständig demoralisiert werden und physisch zusammenbrechen, während andere über

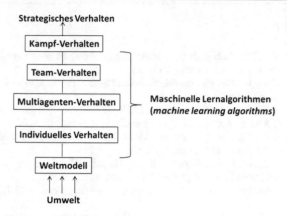

Abb. 8.4 Hierarchische Verhaltensschichten im Roboterfußball [27, 28]

die Nervenstärke verfügen, in bedrohlichen Situationen mit dem Blick in den Abgrund über sich selber hinauszuwachsen. Team- und Sozialverhalten ist von überragender Bedeutung, um menschliche Intelligenz und Leistungsfähigkeit zu verstehen. Spielverhalten im Sport ist nur ein weniger komplexes und überschaubares Experimentierfeld als in Wirtschaft und Gesellschaft.

Hintergrundinformationen

So sind auch Unternehmen Systeme von Menschen mit Gefühlen und Bewusstsein. In sozialen Gruppen entstehen globale Meinungstrends einerseits durch kollektive Wechselwirkung ihrer Mitglieder (z. B. Kommunikation). Andererseits wirken globale Trends auf die Gruppenmitglieder zurück, beeinflussen ihr Mikroverhalten und verstärken oder bremsen dadurch die globale Systemdynamik. Solche Rückkopplungsschleifen zwischen Mikro- und Makrodynamik eines Systems ermöglichen erst Lerneffekte im Unternehmen wie z. B. antizyklisches Verhalten, um bewusst schädlichen Trends entgegenzuwirken. Dazu dienen auch digitale Modelle von Produktions- und Organisationsabläufen.

Literatur

1. Mainzer K (2010) Leben als Maschine? Von der Systembiologie zur Robotik und künstlichen Intelligenz. Mentis, Paderborn
2. Kajita S (Hrsg) (2007) Humanoide Roboter. Theorie und Technik des Künstlichen Menschen. Aka, Berlin
3. Ulbrich H, Buschmann T, Lohmeier S (2006) Development of the humanoid robot LOLA. Journal of Applied Mechanics and Materials 5(6):529–539
4. Murray RM, Li Z, Sastry SS (1994) A Mathematical Introduction to Robot Manipulation. CRC Press, Boca Raton, Florida
5. Isozumi, Akaike, Hirata, Kaneko, Kajita, Hiruka (2004) Development of humanoid Robot HRP-2. Journal of RSJ 22(8):1004–1012
6. Newell A, Simon HA (1972) Human Problem Solving. Prentice Hall, Englewood Cliffs NJ
7. Siegert H, Norvig P (1996) Robotik: Programmierung intelligenter Roboter. Springer, Berlin
8. Valera F, Thompson E, Rosch E (1991) The Embodied Mind. Cognitive Science and Human Experience. MIT Press, Cambridge (Mass.)
9. Marcus G (2003) The Algebraic Mind: Integrating Connectionism and Cognitive Science. Cambridge (Mass.)
10. Pfeifer R, Scheier C (2001) Understanding Intelligence. A Bradford Book, Cambridge (Mass.)
11. Mainzer K (2009) From embodied mind to embodied robotics: Humanities and system theoretical aspects. Journal of Physiology (Paris) 103:296–304
12. Domingos P, Richardson M (2004) Markov logic: A unifying framework for statistical relational learning. In: Proceedings of the ICML Workshop on Statistical Relational Learning and Its Connections to Other Fields, S 49–54
13. Koerding KP, Wolpert D (2006) Bayesian decision theory in sensomotor control. Trends in Cognitive Sciences 10:319–329
14. Thurn S, Burgard W, Fox D (2005) Probabilistic Robotics. MIT Press, Cambridge (Mass.)
15. Pearl J (2000) Causality, Models, Reasoning, and Inference. Cambridge University Press, Cambridge (Mass.)
16. Glymour C, Scheines R, Spirtes P, Kelley K (1987) Discovering Causal Structures. Artificial Intelligence, Philosophy of Science, and Statistical Modeling. Academic Press, Orlando
17. Braitenberg V (1986) Künstliche Wesen. Verhalten kybernetischer Vehikel. Vieweg+Teubner, Braunschweig
18. Arkin R (1998) Behavior-Based Robotics. A Bradford Book, Cambridge (Mass.)
19. Knoll A, Christaller T (2003) Robotik. Fischer Taschenbuch Verlag, Frankfurt, S 82 (nach Abb. 17)
20. Wilson EO (2000) Sociobiology: The New Synthesis. 25th Anniversary Edition. Belknap Press, Cambridge (Mass.)
21. Wilson EO (1971) The Insect Societies. Belknap Press, Cambridge

22. Balch T, Parker L (Hrsg) (2002) Robot Teams: From Diversity to Polymorphism. A K Peters/CRC Press, Wellesley (Mass.)
23. Mataric M (1993) Designing emergent behavior: From local interaction to collective intelligence. In: From Animals to Animates 2 2nd Intern. Conference on Simulation of Adaptive Behavior, S 432–441
24. Mataric M, Sukhatme G, Ostergaard E (2003) Multi-robot task allocation in uncertain environments. Autonomous Robots 14(2–3):253–261
25. Brooks RA (2005) Menschmaschinen. Campus Sachbuch, Frankfurt
26. Dautenhahn K (1995) Getting to know each other – Articial social intelligence for autonomous robots. Robotics and Autonomous Systems 16:333–356
27. Stone P (2000) Layered Learning in Multiagent Systems. A Winning Approach to Robotic Soccer. A Bradford Book, Cambridge (Mass.)
28. Leottau DL, Ruiz-del-Solar J, MacAlpine P, Stone P (2016) A study of layered learning strategies applied to individual behaviors in robot soccer. In: Almeida L, Ji J, Steinbauer G, Luke S (Hrsg) RoboCup-2015: Robot Soccer World Cup XIX, Lecture Notes in Artificial Intelligence. Springer, Berlin

Infrastrukturen werden intelligent

9.1 Internet der Dinge und Big Data

Das Nervensystem der menschlichen Zivilisation ist mittlerweile das Internet. Das Internet war bisher nur eine („dumme") Datenbank mit Zeichen und Bildern, deren Bedeutung im Kopf des Nutzers entsteht. Um die Komplexität der Daten zu bewältigen, muss das Netz lernen, selbstständig Bedeutungen zu erkennen und zu verstehen. Das leisten bereits semantische Netze, die mit erweiterbaren Hintergrundinformationen (Ontologien, Begriffe, Relation, Fakten) und logischen Schlussregeln ausgestattet sind, um selbstständig unvollständiges Wissen zu ergänzen und Schlüsse zu ziehen. So lassen sich z. B. Personen identifizieren, obwohl die direkt eingegebenen Daten die Person nur teilweise beschreiben. Hier zeigt sich wieder, dass Semantik und Verstehen von Bedeutungen nicht vom menschlichen Bewusstsein abhängt.

Mit Facebook und Twitter betreten wir eine neue Dimension der Datencluster. Ihre Informations- und Kommunikationsinfrastrukturen erzeugen soziale Netzwerke unter Millionen von Nutzern, beeinflussen und verändern damit die Gesellschaft weltweit [1]. Facebook entstand als soziales Netzwerk einer Universität (Harvard 2004). Soziale und persönliche Daten sind ständig online. Daten sind dabei keineswegs nur Texte, sondern vor allem auch Bilder und Tondokumente.

© Springer-Verlag GmbH Deutschland, ein Teil von Springer Nature 2019
K. Mainzer, *Künstliche Intelligenz – Wann übernehmen die Maschinen?*,
Technik im Fokus, https://doi.org/10.1007/978-3-662-58046-2_9

Hintergrundinformationen
Komplexe Muster und Cluster entstehen in Netzwerken durch lokal aktive Knoten.
Wenn Menschen durch die Aktivität ihrer Netznachbarn beeinflusst werden, kann
sich die Anpassung an ein neues Produkt oder an eine Innovation kaskadenhaft
im Netz ausbreiten (Abb. 9.1; [2]). Die Ausbreitung einer epidemischen Krankheit
(z. B. Tuberkulose) ist ebenfalls eine Form kaskadenhafter Musterbildung im Netz
(Abb. 9.2; [3]). Die Ähnlichkeit zwischen biologischen und sozialen Mustern führen zu interdisziplinären Forschungsfragen. Die lokale Aktivität und gegenseitige
Beeinflussung der Netzknoten (seien es nun Kunden oder Patienten) lassen sich im
Prinzip durch Diffusions- Reaktionsgleichungen beschreiben. Ihre Lösungen entsprechen Muster- und Clusterbildungen. Wenn die Parameterräume dieser Gleichungen
bekannt sind, lassen sich die möglichen Clusterbildungen systematisch berechnen.

Im Rahmen sich selbst organisierender Fach-, Anwendungs- und In-
teressengruppen entstehen Anforderungen und Nachfragen nach neuen
Diensten und integrierten Lösungen. Während aber das klassische Internet nur die Kommunikation von Menschen in globalen Computernet-
zen unterstützt, eröffnet die Sensortechnologie eine neue Dimension der
Kommunikation: Gebrauchsgegenstände, Produkte, Waren und Objekte aller Art können mit Sensoren versehen werden, um untereinander
Nachrichten und Signale auszutauschen. Das Internet der Personen trans-
formiert sich in das Internet der Dinge:

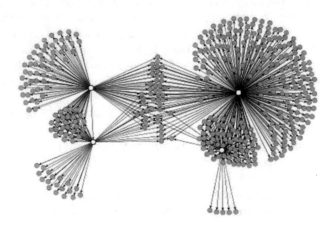

Abb. 9.1 Selbstorganisation in einem Produktnetz [2]

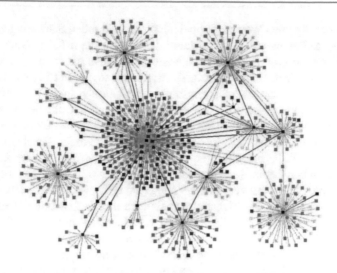

Abb. 9.2 Selbstorganisation einer Epidemie [3]

► Im Internet der Dinge werden physische Objekte aller Art mit Sensoren (z. B. RFID-Chips) versehen, um miteinander zu kommunizieren. So wird Automatisierung und Selbstorganisation von technischen und sozialen Systemen (z. B. Fabriken, Unternehmen, Organisationen) möglich.

Verborgene RFID- und Sensortechnologie erschafft das Internet der Dinge, die untereinander und mit Menschen kommunizieren können. Für das Internet der Dienste werden Angebote und Technologien im Bereich Online-Handel bzw. Online-Dienstleistungen und Medienwirtschaft umfassend ausgebaut [4].

► Big Data bezieht sich auf den Umfang der Daten, die im Internet der Dinge generiert und verarbeitet werden. Dabei werden nicht nur strukturierte Daten (z. B. digitalisierte Dokumente, E-mails) erfasst, sondern unstrukturierte Daten von Sensoren, die durch Signale im Internet der Dinge erzeugt werden. Die wachsende Vielfalt und Komplexität der Dienste und Möglichkeiten im Netz führt zu einer exponentiellen Datenexplosion. Ab Petabytes (Peta = 10^{15}) spricht man von Big Data.

In der digitalen Welt verdoppelt sich nach aktuellen Schätzungen das weltweite Datenmeer alle zwei Jahre. Unter dem Begriff „Big Data" fassen Experten zwei Aspekte zusammen: zum einen die immer schneller wachsenden Datenberge, zum anderen IT-Lösungen und Management-Systeme, mit denen wissenschaftliche Institutionen und Unternehmen Daten auswerten, analysieren und daraus Erkenntnisse ableiten können. Rund um die Gewinnung, Aufbereitung und Nutzung von Daten hat sich eine Industrie entwickelt, in der Konzerne wie Google, Facebook und Amazon bloß die bekanntesten Vertreter sind. Tausende andere Unternehmen leben davon, Informationen zu generieren, miteinander zu verknüpfen und weiterzuverkaufen – ein gigantischer Markt. Mit Big Data Technologie erhält das Management eine deutlich verbesserte Grundlage für zeitkritische Entscheidungen unter wachsender Komplexität [5].

Big Data bezeichnet Datensets, deren Größe und Komplexität (Petabyte Bereich) durch klassische Datenbanken und Algorithmen zum Erfassen, Verwalten und Verarbeiten von Daten zu überschaubaren Kosten und in absehbarer Zeiten nicht möglich ist. Dabei sind drei Trends zu integrieren:

- massives Wachstum von Transaktionsdatenmengen (Big Transaction Data),
- explosionsartiger Anstieg von Interaktionsdaten (Big Interaktion Data): z. B. soziale Medien, Sensortechnologie, GPS, Anrufprotokolle,
- neue hochskalierbare und verteilt arbeitende Software (Big Data Processing): z. B. Hadoop (Java) und MapReduce (Google).

Beispiel

Ein Beispiel ist der MapReduce-Algorithmus, der auf die Funktionen „map" und „reduce" aus dem funktionalen Programmieren zurückgreift und große Datenmengen durch Parallelrechnung bewältigt [6]. Um das Prinzip zu erläutern, betrachten wir ein vereinfachtes Beispiel: Es soll in einem umfangreichen Datensatz festgestellt werden, wie oft welche Worte vorkommen. Dazu wird zunächst der Gesamttext in Datenpakete unterteilt, für die mit der map-Funktion parallel die Häufigkeit von Worten in den einzelnen Teilpaketen berechnet wird. Diese Teilresultate werden in Zwischenergebnislisten gesammelt. Durch Anwendung der reduce-Funktion werden die Zwischenergebnislisten zusammengefügt und die Häufigkeiten für den gesamten Text berechnet.

Hadoop ist ein in Java geschriebenes Framework für verteilt arbeitende Software, die auf den MapReduce-Algorithmus zurückgreift. Sie wird von z. B. Facebook, AOL, IBM und Yahoo benutzt. Die Kreditkartengesellschaft Visa reduzierte damit die Verarbeitungszeit für Auswertungen von 73 Milliarden Transaktionen von einem Monat auf ca. 13 Minuten.

Big Data bedeutet zunächst gewaltige Datenmassen [7]: Google bewältigt 24 Petabytes pro Tag, YouTube hat 800 Millionen monatliche Nutzer, Twitter registriert 400 Millionen Tweets pro Tag. Daten sind analog und digital. Sie betreffen Bücher, Bilder, e-mails, Photographien, Fernsehen, Radio, aber auch Daten von Sensoren und Navigationssystemen. Sie sind strukturiert und unstrukturiert, häufig nicht exakt, aber in Massen vorhanden. Durch Anwendung schneller Algorithmen sollen sie in nützliche Information verwandelt werden. Gemeint sind die Entdeckung neuer Zusammenhänge, Korrelationen und die Ableitung von Zukunftsprognosen.

Prognosen werden allerdings nicht notwendig aufgrund von repräsentativen Stichproben mit den konventionellen Methoden der Statistik hochgerechnet. Big Data-Algorithmen werten alle Daten eines Datensatzes aus, so groß, divers und unstrukturiert sie auch sein mögen. Neu an dieser Auswertung ist, dass die Inhalte und Bedeutungen der Datensätze nicht bekannt sein müssen, um dennoch Informationen ableiten zu können.

Das wird durch sogenannte Metadaten möglich [8]. Gemeint ist damit, dass wir nicht wissen müssen, was jemand telefoniert, sondern das Bewegungsmuster seines Handys entscheidend ist. Aus einem Vorratsdatenspeicher lässt sich über einen bestimmten Zeitraum ein genaues Bewegungsmuster des Handybenutzers ermitteln, da sich bei jeder automatischen e-mail Abfrage und einer anderen Benutzung die lokalen Funkzellen einschalten. In Deutschland gibt es ca. 113 Millionen Mobilfunkanschlüsse, deren Sensoren und Signale wie bei einem Messgerät funktionieren.

Die Daten einer E-Mail beziehen sich auf den Text des Inhalts. Metadaten der E-Mail sind z. B. Sender, Empfänger und der Zeitpunkt der

Sendung. Im Immersion-Projekt des Media Lab des MIT (Massachusetts Institute of Technology) werden aus solchen Metadaten automatisch Graphen gezeichnet. In einem früheren Experiment am MIT hatte man Bewegungsmuster von 100 Personen in einem Aufzeichnungszeitraum von 450.000 Stunden ermittelt. Damit konnte bestimmt werden, wer mit wem sich wie häufig an bestimmten Orten traf. Orte waren gruppiert als Arbeitsplatz, Zuhause und sonstige. Auf der Grundlage entsprechender Muster von Metadaten konnten Freundschaften mit einer Wahrscheinlichkeit von 90 % vorausgesagt werden.

Hintergrundinformationen

Häufig lassen sich aber Voraussagen aus Metadaten nur ableiten, wenn die richtigen Kontexte bekannt sind. Dazu gibt es aber heute Datenbanken und Hintergrundinformationen im Internet, mit denen die Bedeutungen erschlossen werden können. Im Prinzip funktioniert diese Erschließung von Bedeutungen wie bei einem Semantic Web. Spektakulär war die Entdeckung einer amerikanischen Bioinformatikerin, die alleine aufgrund von Metadaten den Namen eines anonymen Spenders menschlichen Erbguts ermittelte. Metadaten bezogen sich z. B. auf das Alter des Spenders und den Namen des amerikanischen Bundesstaates, in dem die Spende abgegeben wurde. Die Bioinformatikerin grenzte die Suche durch Kombination von Ort und Alter ein, setzte eine Online-Suchmaschine ein, in denen Familien zur Ahnenforschung den genetischen Kode eingaben. Dabei ergaben sich Familienangehörigen der Gesuchten, deren Daten sie mit demographischen Tabellen kombinierte, um so schließlich fündig zu werden.

Selbst in der Medizin führt die massenhafte Auswertung von Signalen zu erstaunlich schnellen Voraussagen. So konnte der Ausbruch einer Grippeepidemie Wochen früher vorausgesagt werden, als üblicherweise mit Datenerhebungen und statistischen Auswertungen von Gesundheitsämtern möglich war [9, 10]. Man hatte einfach das Verhalten der Menschen aufgrund von Milliarden von Daten in z. B. sozialen Netzwerken ausgewertet und signifikante Korrelationen entdeckt, die auf den Ausbruch der Epidemie aufgrund von früheren Erfahrungswerten mit großer Wahrscheinlichkeit hinweisen.

Mit Blick auf solche Beispiele spricht P. Norvig (Google) von der „unbegreiflichen Effektivität der Daten" (The Unreasonable Effectiveness of Data) mit Anspielung auf den Physik-Nobelpreisträger E. P. Wigner, der die „unbegreifliche Effektivität der Mathematik in den Naturwissenschaften" (The Unreasonable Effectiveness of Data) herausgestellt hatte

[11]. Die derzeitige Medizin liefert aber auch Gegenbeispiele für die Effektivität von Big Data, wenn man die Gründe und Ursachen nicht kennt. Kein geringerer als S. Jobs, der zur Symbolfigur effektiver und smarter Computertechnik wurde, starb an Krebs, obwohl er mit seinem vielen Geld alle damals zur Verfügung stehende Rechenkapazität und Big Data Auswertung einsetzen konnte. DNA Sequenzierung kostete damals noch große Rechenpower und viel Geld. Jobs ließ seine Krebszellen in kurzen Abständen sequenzieren, um die passende medikamentöse Behandlung kontinuierlich anpassen zu können.

►   Solange aber die kausalen Ursachen einer Datenkorrelation (z. B.
     biochemische Grundgesetze und zellulärer Mechanismus bei einer Krebserkrankung) nicht bekannt und nicht verstanden sind,
     hilft die massenhafte Auswertung von Daten und Berechnung
     von Korrelationen nur begrenzt:
     „Correlation is no causation!"

Voraussagemodelle (predicative modeling) sind also das zentrale Ziel von Big Data Mining als Teil der Datenwissenschaft. Dazu werden Algorithmen des Machine Learning nach dem Vorbild des menschlichen Gehirns aus den Neurowissenschaften und der KI-Forschung mit z. B. Musterbildung und Clustering ebenso angewendet wie Methoden der Statistik und Datenbanken (Abb. 9.3; [12]). Mit Big Data zeichnet sich eine kollektive Intelligenz ab, die nicht an einzelnen Organismen, Gehirnen oder Computern festgemacht ist. Sie steckt vielmehr im globalen Informations- und Kommunikationsnetz des Internets der Dinge.

Boltzmann-Maschinen (BM) sind neuronale Netze mit stochastischen Lernalgorithmen (G. Hinton 1980), die wir bereits Abschn. 7.2 kennengelernt haben. Im Internet der Dinge realisieren sie heute Deep Learning z. B. durch Empfehlungssysteme für Millionen von Produkten und Kunden in sozialen Netzwerken.

Beispiel

Eine beschränkte Boltzmann Maschine (BBM) besteht aus zwei neuronalen Schichten mit stochastischen Einheiten (Abb. 9.4; [13]). Die sichtbaren (visible) Neuronen v_i repräsentieren Empfehlungen mit diskreten Werten zwischen 1 und Q. Der q-te Wert v_i^q wird mit einer

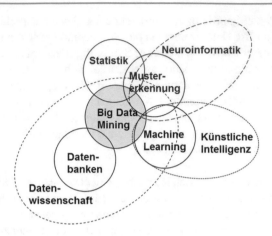

Abb. 9.3 Big Data und Künstliche Intelligenz [12]

Wahrscheinlichkeit in Abhängigkeit vom Input aktiviert. Die Verbindung zwischen dem k-ten versteckten Neuron und dem q-ten Wert des i-ten sichtbaren Neurons ist mit w_{ki}^q gewichtet.

Die Gewichte einer BBM werden durch Maximierung der Wahrscheinlichkeit $p(V)$ der sichtbaren Einheiten („Empfehlungen") V gelernt. Sie hängt ab von der Verteilung der „Rechenenergie" $E(V, h)$ im gesamten Netz. Anschaulich wird das Netz wie eine molekulare Flüssigkeit auf einen Gleichgewichtszustand „abgekühlt", der mit den Empfehlungen verbunden ist. Der Gradientenabstieg dieser Abkühlung entspricht einer stochastischen Lernregel.

In Abschn. 7.2 wurden mehrschichtige Neuronennetze vorgestellt, die Gesichter erkennen. In den 1980er Jahren war das nur mathematische

Abb. 9.4 Deep Learning im
Internet der Dinge [12]

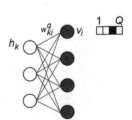

Theorie. Die Computer- und Speicherkapazitäten waren damals zu gering, um diese Lernalgorithmen technisch zu realisieren. Mittlerweile belegt die Gehirnforschung empirisch, dass diese Modelle wenigstens annähernd die Realität treffen. Im Zeitalter von Big Data werden diese Modelle aber auch technisch realisierbar. Die Rede ist von „Deep Learning": Maschinen lernen zu lernen.

Dabei ist das Modell mathematisch nicht neu. Wie in den Modellen aus den 1980er Jahren werden neuronale Netze beim Deep Learning zu Ebenen angeordnet, die immer komplexere Merkmale verwenden, um z. B. den Inhalt eines Bildes zu erkennen. So lassen sich auch große Datenmassen in Kategorien einteilen. Im „Google Brain" (Mount View CA 2014) werden ca. 1 Million Neuronen und 1 Milliarde Verbindungen (Synapsen) simuliert. Big Data Technologie macht neuronale Netze mit mehrfachen Zwischenschritten möglich, die in den 1980er Jahren nur theoretisch denkbar waren.

9.2 Vom autonomen Fahrzeug zum intelligenten Verkehrssystem

Vor ca. 50 Jahren waren Menschen auf dem Mond und benötigten dazu weniger Computerleistung als ein heutiger Laptop. Demnächst soll es wieder losgehen, allerdings mit einem intelligenten und autonomen Roboterfahrzeug. Ziel ist der Landeplatz der Apollo 17 Mission. Das Projekt heißt „Part-Time-Scientists" und der Wettbewerb ist von Google ausgeschrieben: Google Lunar XPRIZE [14]. Mit dabei ist der deutsche Automobilhersteller Audi. Dieses autonome Fahrzeug soll durch bewährte Technologie von Audi möglich werden – durch seinen Allradantrieb und Leichtbau, einen Elektromotor und die künstliche Intelligenz des autonomen Fahrens [15].

Das Preisgeld beträgt 30 Millionen US-Dollar. Allerdings muss das Robotermobil selbstfinanziert zum Mond gebracht werden und dort 500 Meter fahren. Schon in zwei Jahren soll eine Rakete den Audi lunar quattro (Abb. 9.5) in den Weltraum befördern. Weitere Kooperationspartner sind NVIDIA, die TU Berlin, das Austrian Space Forum (OeWF) und das Deutschen Zentrum für Luft- und Raumfahrt (DLR).

Abb. 9.5   Autonomes Robotermobil Audi lunar quattro [15]

Das autonome Fahrzeug hat eine Höchstgeschwindigkeit von 3,6 km/h. Sein Fahrwerk ist mit Doppelquerlenker für alle vier Räder ausgestattet, die sich jeweils um 360 Grad drehen lassen. Die Energie wird durch Solarzellen geliefert, die vier Radnabenmotoren antreiben. Ein schwenkbares Solarpanel von ca. 30 cm^2 Größe fängt das Licht der Sonne ein und wandelt es in Strom um. Hinzu kommt eine Lithium-Ionen-Batterie, die im Fahrgestell untergebracht ist. Ihre Energie soll die im Wettbewerb geforderte Fahrstrecke ermöglichen. Bei Sonneneinstrahlung steigt die Temperatur auf der Mondoberfläche auf bis zu 120 Grad Celsius.

Für solche extremen Bedingungen ist der Mond-Rover weitgehend aus hochfestem Aluminium aufgebaut. Sein bisheriges Gewicht von 35 Kilogramm ist für den Mondflug aber noch zu hoch. Durch Anwendung von Magnesium und Konstruktionsänderungen soll das Gewicht weiter vermindert werden. Durch weniger Gewicht lassen sich Treibstoff der Landefähre und Kosten für die Trägerrakete sparen.

Entscheidend sind jedoch die Fähigkeiten der sicheren Orientierung, um selbstständig Hindernisse zu umgehen. Ein beweglicher Kopf an der Front des Fahrzeugs trägt zwei Kameras, die detaillierte 3D-Bilder aufzeichnen. Eine dritte Kamera dient zur Untersuchung von Materialien und sorgt für extrem hochaufgelöste Panoramen.

In dem kleinen Projektteam von zehn Mitarbeitern wird die Kompetenz hochqualifizierter Automobilindustrie mit IuK-Technologie verbunden. So wie vor 50 Jahren wird der Mondflug zum Labor für Zukunftstechnologie auf der Erde – in diesem Fall die Produktion autonomer und intelligenter Fahrzeuge.

Auch der Automobilhersteller Ford kooperiert mit dem Silicon Valley und will die Produktion autonomer Fahrzeuge mit 3D Drucken und Wearables verbinden. In den nächsten fünf Jahren von 2015 an sollen Fahrassistenzsysteme [16] zu autonomen Fahrzeugen weiterentwickelt werden. Bereits in den 1990er Jahren sprach man im Eureka-Prometheus-Projekt (z. B. Münchner Universität der Bundeswehr) von „intelligenten Automobilen" und „intelligenten Straßen" der Zukunft [17]. Alle Automobilmodelle sollen bis 2019 mit dem Pre-Collision Assistenten, samt Fußgängererkennungstechnologie, ausgestattet sein. Mit 3D Druckverfahren sollen schließlich Fahrzeuge aus leichten Verbundstoffen produziert werden und die Vernetzung auch auf die Smartwatches und andere Wearables ausgeweitet werden.

Die autonome Fahrzeuglenkung hat ihren Ursprung in der Militärforschung. Die DARPA (Defence Advanced Research Projects Agengy) arbeitete seit den 1970er Jahren an der Entwicklung autonomer militärischer Fahrzeuge. 2015 sollte nach einem US-Kongressbeschluss ein Drittel aller US-Militärfahrzeuge ohne Fahrer fahren können. Die zivile Nutzung autonomer Fahrzeuge wurde frühzeitig von Google vorangetrieben. Auch Projekte deutscher Universitäten wie z. B. der TU Braunschweig, der FU Berlin und der TU München sind zu nennen.

Google hat bereits ein Patent für seine Technik erhalten und mit seinem Prototyp mehrere hunderttausend Kilometer unfallfrei bewältigt. Zentrale Komponente des Google-Fahrzeugs ist die Sensoreinheit Velodyne HDL-64E LiDAR auf dem Dach [18]. Durch Rotation erzeugt dieser Sensor ein 3D-Modell des Umfeldes. Mit Laserpulsen werden Entfernung und Geschwindigkeit gemessen. Hochauflösende Aufnahmen bieten ein Echtzeitbild des umgebenden Verkehrs. Die Datenerfassung beläuft sich dabei auf ein Gigabyte pro Sekunde. Sie ermöglicht eine Umgebungskarte, die gespeichert und immer wieder neu mit weiteren Beobachtungsdaten des autonomen Fahrzeugs erweitert werden kann (Abb. 9.6).

Der fließende Verkehr wird durch Radiosensoren in der vorderen und hinteren Stoßstange erfasst. Verkehrsschilder und Lichtsignalanlagen werden durch eine Kamera registriert. Diese Bilder verarbeitet eine

Abb. 9.6 Umgebungsbild des autonomen Google-Fahrzeugs [18]

Software zu Umgebungsinformation für die Steuerungseinheit. Fahr-
zeugbewegungen werden durch Sensoren in den Reifen, ein GPS-Modul
und Trägheitssensoren bestimmt, um in Echtzeit Fahrweg und Geschwindigkeit zu berechnen. Zusammen mit der Steuerungseinheit können so
kritische Situationen vermieden werden. Um Erfahrungen zu sammeln
und die Karten des Straßennetzes zu verbessern, fahren die Ingenieure
von Google die Strecken mehrfach ab, bevor das Fahrzeug autonom
fahren darf. Die Herausforderungen an Situationsanalyse, Entscheiden
und Verhalten steigen mit höherer Fahrgeschwindigkeit.

Autonome Reaktionen in unterschiedlichen Situationen ohne Ein-
greifen des Menschen sind eine große Herausforderung für die KI-
Forschung. Entscheidungsalgorithmen lassen sich am besten im realen
Straßenverkehr verbessern. Analog verbessert ein menschlicher Fah-
rer seine Fähigkeiten durch Fahrpraxis. Das Roboterauto von Google
bestand bereits den Turingtest insofern, als Journalisten bei seiner
Vorführung keinen Unterschied mit einem von Menschen gelenkten
Fahrzeug feststellen können. Menschen werden auf Dauer der größte
Fehlerfaktor sein. Ob sie deshalb auch auf den Fahrspaß verzichten
wollen, wird sich zeigen.

Fehlerfaktoren können aber auch Firmen sein, die ihre Möglichkeiten maßlos überschätzen. So hätte die Firma Tesla wissen müssen, dass vor einigen Jahren ihre KI-Software noch nicht in der Lage war, fahrende Fahrzeuge eindeutig von ihrem Hintergrund zu unterscheiden. So kam es, dass ein teilweise autonomes Fahrzeug dieser Firma auf einer Kreuzung in einen Lastwagen fuhr, weil die Software die große helle Fläche des Laderaums mit dem Hintergrund des Himmels verwechselte – mit tödlichem Ausgang für den menschlichen Insassen. Risikoeinschätzung mit valider Grundlagenforschung gehört zu den technischen, rechtlichen und ethischen Sicherheitsstandards der Ingenieurwissenschaft (vgl. Abschn. 11.1, 12.2).

Zusammenfassung

Als selbstfahrendes Kraftfahrzeug bzw. Roboterauto werden Automobile bezeichnet, die ohne menschlichen Fahrer fahren, steuern und einparken können.

Hochautomatisiertes Fahren liegt zwischen assistiertem Fahren, bei dem der Fahrer durch Fahrerassistenzsysteme unterstützt wird, und dem autonomen Fahren, bei dem das Fahrzeug selbsttätig und ohne Einwirkung des Fahrers fährt.

Beim hochautomatisierten Fahren hat das Fahrzeug nur teilweise eine eigene Intelligenz, die vorausplant und die Fahraufgabe zumindest in den meisten Situationen übernehmen könnte. Mensch und Maschine arbeiten zusammen.

9.3 Von Cyberphysical Systems zu intelligenten Infrastrukturen

Klassische Computersysteme zeichneten sich durch eine strikte Trennung von physischer und virtueller Welt aus. Steuerungssysteme der Mechatronik, die z. B. in modernen Fahrzeugen und Flugzeugen eingebaut sind und aus einer Vielzahl von Sensoren und Aktoren bestehen, entsprechen diesem Bild nicht mehr. Diese Systeme erkennen ihre physische Umgebung, verarbeiten diese Informationen und können die physische Umwelt auch koordiniert beeinflussen [19]. Der nächste Entwicklungsschritt der mechatronischen Systeme sind die „Cyberphysical Systems"

(CPS), die sich nicht nur durch eine starke Kopplung von physischem Anwendungsmodell und dem Computer-Steuerungsmodell auszeichnen, sondern auch in die Arbeits- und Alltagsumgebung eingebettet sind (z. B. integrierte intelligente Energieversorgungssysteme) [20]. Durch die vernetzte Einbettung in Systemumgebungen gehen CPS-Systeme über isolierte mechatronische Systeme hinaus.

► Cyberphysical Systems (CPS) bestehen aus vielen vernetzten Komponenten, die sich selbständig untereinander für eine gemeinsame Aufgabe koordinieren. Sie sind damit mehr als die Summe der vielen unterschiedlichen smarten Kleingeräte im Ubiquitous Computing, da sie Gesamtsysteme aus vielen intelligenten Teilsystemen mit integrierenden Funktionen für bestimmte Ziele und Aufgaben (z. B. effiziente Energieversorgung) realisieren [21]. Dadurch werden intelligente Funktionen von den einzelnen Teilsystemen auf die externe Umgebung des Gesamtsystems ausgeweitet. Wie das Internet werden CBS zu kollektiven sozialen Systemen, die aber neben den Informationsflüssen zusätzlich (wie mechatronische Systeme und Organismen) noch Energie-, Material- und Stoffwechselflüsse integrieren.

Historisch entstand die CPS-Forschung aus dem Arbeitsgebiet der „Eingebetteten Systeme" und Mechatronik [22]. Die Einbettung von Informations- und Kommunikationssystemen in Arbeits- und Alltagsumgebungen führte zu neuen Leistungsforderungen wie Fehlertoleranz, Verlässlichkeit, Ausfall- und Zugriffsicherheit bei gleichzeitiger Realisierung in Echtzeit. Allerdings machten sich bei der Einbettung entsprechender Kontrollprozesse zunehmend Schwachpunkte bemerkbar. Beispiele sind automatische Verkehrssysteme für Stauvermeidungen und die Harmonisierung individueller Fahrtzeiten mit wirtschaftlich und ökologisch effizienten Lösungen [23]. Ebenso schwierig erwies sich die Versorgung von durch Batterien angetriebenen Elektroautos über regenerative Energieumwandlungsanlagen wie Solarzellen oder Windräder. Dazu gehören auch erneuerbare Energien, die als hinreichend verlässliche und kostengünstige Alternative oder Reserveenergie für Versorgungsnetze zur Verfügung gestellt werden.

In diesen immer komplexeren Anwendungen werden hohe Anpassungsfähigkeit von Systemsteuerung und Systemarchitektur, dynamisches Prozessverhalten, schnelle Überwindung bzw. Reparatur von Ausfällen, Erweiterung und Vergrößerung des Systems verlangt. Das Haupthindernis zur Realisierung dieser Forderungen war früher der Versuch, das gesamte System zentral steuern zu wollen. Die Auswertung der globalen Informationen dauerte einfach zu lange, um entsprechende Steuerungsmaßnahmen einleiten zu können. So sind beispielsweise große Transportsysteme hochdynamisch. Selbst wenn Staumeldungen alle zwei Minuten verbreitet würden, könnten sie nicht schnell genug ausgewertet werden, um sich den entstehenden Verkehrssituationen anzupassen. Als Konsequenz berechnen in LKWs die Navigationsinstrumente individuell ihre Ausweichrouten. Da jedoch alle Geräte den gleichen statistischen Algorithmus benutzen, geraten bei hohen Verkehrsaufkommen alle Fahrzeuge zur Stauumgehung auf dieselbe Umleitung und vergrößern damit das Chaos.

CPS zielen daher darauf ab, Steuerungsprozesse und Informationsflüsse auf die physischen Prozesse ihrer Anwendungen abzustimmen [24], wie es die Evolution bei der Entwicklung ihrer Organismen und Populationen geschafft hat. Top-down-Strukturen der Software, die den physischen Prozessen quasi „von oben" aufgestülpt werden, sind keine Lösung. Verteilte Kontrolle, Bottom-up Management für geschichtete Kontrollstrukturen, hoch-autonome Software-Prozesse und verteilte Lernstrategien für Agenten lauten die Benchmarks.

Beispiel

Ein Beispiel sind intelligente Stromnetze (smart grids), die neben dem herkömmlichen Stromtransport auch Datenkommunikation erlauben, um den Anforderungen für einen hochkomplexen Netzbetrieb zu genügen. Der Trend geht zu globalen und länderübergreifenden Netzstrukturen wie dem Internet, in dem Blockheizkraftwerke zur Erzeugung von Strom aus fossiler Primärenergie ebenso vertreten sind wie erneuerbare Quellen mit Photovoltaikanlagen, Windkraftanlagen, Biogasanlagen. Verbraucher wie z. B. Wohnhäuser oder Büroanlagen können mit Voltaikanlagen, Biogas oder Brennstoffzellen zugleich lokale Stromerzeuger sein, die sich selbst oder ihre Umgebung mit Energie versorgen [25]. Diese Wohnanlagen realisieren das Prinzip der lokalen Aktivität, wonach der Input aus einer häuslichen Energiequelle in die Netzumgebung geleitet wird und zu globalen Verteilungsmustern beiträgt.

Smart Grids mit integrierten Kommunikationssystemen realisieren also eine dynamisch geregelte Energieversorgung [26]. Sie sind ein Beispiel für die Entwicklung großer und komplexer Realzeitsysteme nach den Prinzipien von Cyberphysical Systems. Die Reserveenergie zum Ausgleich von kurzfristigen Lastenspitzen oder Spannungseinbrüchen wird traditionell zentral von Großkraftwerken vorgehalten. Es kommt darauf an, die Gesamtenergie im Netz intelligent, flexibel und bedarfsgerecht umzuschichten. Das Hauptproblem bei Umstellung auf erneuerbare Energien liegt in der großen Zahl von Rand- und Nebenbedingungen, die mit dem funktionalen Betrieb ebenso zu tun haben wie mit Fragen der Sicherheit, Verlässlichkeit, zeitlicher Verfügbarkeit, Fehlertoleranz und Anpassungsfähigkeit.

Cyberphysical Systems mit dezentralen und Bottom-up Strukturen sind daher die Antwort auf die zunehmende Komplexität unserer Versorgungs- und Kommunikationssysteme. Zentral ist dabei die Organisation von Datenströmen, die wie im Nervensystem eines Organismus die Energieversorgung lenken. In der IT-Welt spricht man von der „Cloud" (engl. Wolke), wenn Daten nicht mehr im häuslichen Computer sondern im Netz gespeichert sind. Die Cloud ist dann ein virtueller Netzspeicher für Big Data. Das Netz selber ist letztlich eine universelle Turingmaschine, in der die Datenverarbeitung vieler Computer erfasst ist.

Nach der Churchschen These kann effektive Datenverarbeitung in verschiedener Weise realisiert werden, wenn sie mathematisch mit einer Turingmaschine äquivalent ist. Von zellulären Automaten über neuronale Netze bis zum Internet entstehen in Natur und Technik Netzstrukturen, in denen die Elemente komplexer Systeme nach lokalen Regeln wechselwirken. Lokal aktive Zellen, Neuronen, Transistoren und Netzknoten erzeugen komplexe Muster und Strukturen, die mit kollektiven Leistungen des Systems verbunden sind – von Lebensfunktionen in Organismen über kognitive Leistungen des Gehirns und Schwarmintelligenz von Populationen bis zur Organisation technischer Infrastrukturen wie das Energiesystem. Um die Berechenbarkeit dieser Systeme zu beherrschen, müssen wir die Mathematik der Netze kennen.

Praktische Herausforderung der Vernetzung ist zunächst die Digitalisierung der bestehenden Infrastrukturen. Historisch sind die heute

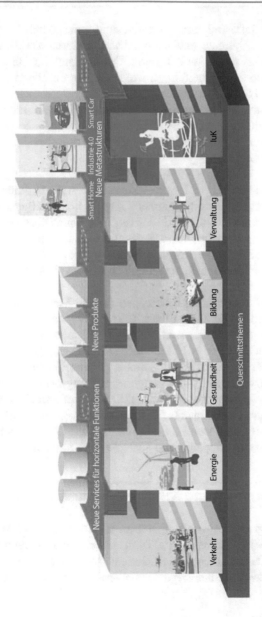

Abb. 9.7 Digitalisierung der Versorgungsinfrastrukturen in intelligenten Netzwerken [27]

existierenden Infrastrukturen getrennt und unkoordiniert als jeweils abgeschlossene Systeme entstanden. Dazu gehören Verkehr, Energie, Gesundheit, Verwaltung und Bildung. Das Internet der Dinge führt zu sich überlappenden Einsatzfeldern wie Smart Home, Smart Produktion, Smart City und Smart Region. Durch die intelligente Vernetzung vormals getrennter Domänen werden neue Effizienz- und Wachstumspotentiale möglich. Allerdings entstehen auch neue Aufgaben der technischen, wirtschaftlichen, rechtlichen, regulatorischen, politischen und gesellschaftlichen Integration.

► Intelligente Netze und Dienste entstehen durch die Verknüpfung klassischer Infrastrukturen und Ergänzung künstlicher Intelligenz (d. h. hier autonom operierende und steuernde Funktionen und Komponenten). Intelligenz von Infrastrukturen und Netzen ist demnach eine Fähigkeit, die „vertikal" innerhalb einer Domäne (wie z. B. Gesundheit und Verkehr) und „horizontal" domänenübergreifend entsteht (vgl. Abb. 9.7; [27]).

In Abb. 9.7 werden sechs Domänen für die Versorgungsinfrastrukturen Verkehr, Energie, Gesundheit, Bildung, Verwaltung und Informations- und Kommunikationstechnologie (IuK) unterschieden. In ihrer verknüpfenden Funktion erfüllt die IuK-Domäne eine grundlegende Voraussetzung für die Entstehung domänenübergreifender Dienste (z. B. Verbindung von Verkehr und Energieversorgung oder Gesundheit mit Bildungs- und Informationssystemen). Da Cyberphysical Systems digitale mit analogen Funktionen (z. B. Programme mit Sensoren) verbinden (z. B. bei Smart Cars), werden sie in intelligenten Netzen als Knoten an der Schnittstelle von digitaler und analoger Welt agieren.

9.4   Industrie 4.0 und Arbeitswelt der Zukunft

Big Data hängt eng mit sozialen Netzen im Alltag und Industrie 4.0 als Trend der Arbeitswelt zusammen. Big Data verwendet nicht nur strukturierte Geschäftsdaten eines Unternehmens, sondern auch unstrukturierte Daten aus sozialen Medien, Signale von Sensoren und Audio- und Videodaten.

► Industrie 4.0 spielt auf die vorausgehenden Phasen der Industrialisierung an. Industrie 1.0 war das Zeitalter der Dampfmaschine. Industrie 2.0 war Henry Fords Fließband. Das Fließband ist nichts anderes als eine Algorithmisierung des Arbeitsprozesses, der Schritt für Schritt nach einem festen Programm durch arbeitsteiligen Einsatz von Menschen ein Produkt realisiert. In Industrie 3.0 greifen Industrieroboter in den Produktionsprozess ein. Sie sind allerdings örtlich fixiert und arbeiten immer wieder dasselbe Programm für eine bestimmte Teilaufgabe ab. In Industrie 4.0 wird der Arbeitsprozess in das Internet der Dinge integriert. Werkstücke kommunizieren untereinander, mit Transporteinrichtungen und beteiligten Menschen, um den Arbeitsprozess flexibel zu organisieren.

In Industrie 4.0 können Produkte individuell zur gewünschten Zeit nach Kundenwünschen erstellt werden. Technik, Produktion und Markt verschmelzen zu einem soziotechnischen System, das sich selber flexibel organisiert und sich verändernden Bedingungen automatisch anpasst. Das ist die Vision eines Cyberphysical System der Industrie [28]. Dazu müssen Maschinen- und Sensordaten mit Textdokumenten verbunden, erfasst, transportiert, analysiert und kommuniziert werden. Die dazu verwendete Big Data Technologie zielt auf schnellere Geschäftsprozesse ab und damit auch, so die Hoffnung, auf schnellere und bessere Entscheidungen.

Industrie 4.0 ist allerdings kein völlig neuer Technologieschub, sondern wurde durch verschiedene Schritte intelligenter Problemlösung vorbereitet:

Beispiel

Ein erstes Beispiel ist das rechnerunterstützte Konstruieren oder CAD (computer-aided design). CAD-Anwendungen werden durch KI in Form von Expertensystemen unterstützt. Statt einer 2-dimensionalen Zeichnung kann zur Konstruktion auch ein 3-dimensionales virtuelles Modell eines Produktionsobjekts eingelesen werden. Zusammen mit den jeweiligen Materialeigenschaften unterstützen CAD-Computermodelle Konstruktion und Produktion in allen Technikanwendungen vom Maschinenbau und Elektrotechnik bis zum Bauingenieurwesen und Architektur.

Ein anderes Beispiel sind CNC-Maschinen (computerized numerical control). Diese Werkzeugmaschinen werden nicht länger mechanisch, sondern durch Programme elektronisch gesteuert. Aus dem CAD-Programm des Produktionsdesigns werden die Daten in ein CNC-Programm eingelesen, um die materielle Produktion zu steuern. Mittlerweile kann sowohl die Qualitätskontrolle als auch die Überwachung von Werkzeugverschleiß vollautomatisch im Fertigungsprozess berücksichtigt werden.

Ein anschauliches Beispiel soll die Entwicklung der Industrialisierungsstufen bis zu Industrie 4.0 erläutern: Die Drehbank entstand historisch bereits in vorindustrieller Zeit bei Holzdrechslern und Schreinern, um Werkstücke (z. B. Tisch- oder Stuhlbeine) zu drehen. Im Zeitalter der Industrialisierung wurden daraus metallverarbeitende Drehbänke, bei denen die Herstellung der Werkstücke (z. B. Zahnräder, Wellen) vom Geschick des Drehers abhing. Eine CNC-Drehmaschine besitzt eine computer-numerische Steuerung (computerized numerical control) (Abb. 9.8). Computergestützt werden Informationen zur Bearbeitung in den Speicher der Steuerung eingelesen, um für die Bearbeitung immer wieder anwendbar zu sein. Die Daten der Steuerung werden numerisch, also in Zahlenkodes, eingegeben und während des Produktionsprozesses immer wieder rückgekoppelt abgeglichen.

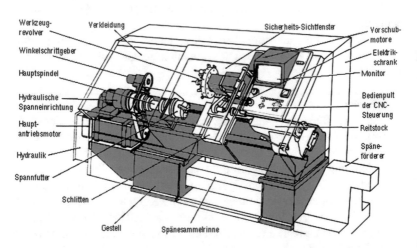

Abb. 9.8 Funktionseinheiten einer CNC-Drehmaschine [29]

Grundlegend für CNC-Maschinen ist das CNC-Programmieren [29]. Man unterscheidet zwischen Programmierung direkt an der Maschine, mit Laptop oder durch entsprechende Netze:

► Die wichtigsten Adressen (Buchstaben) in einem CNC Programm lauten:

T … Ruft das entsprechende Werkzeug auf (z. B. T0101 oder T01, T = Tool)

S … Auswahl der Spindeldrehzahl (zwei bis sechsstellig, z. B. S800 S = Speed)

M … sogenannte Modalfunktionen (ein- bis dreistellig, je nach Hersteller, z. B. M08 Kühlmittelversorgung *EIN* M = Modal)

G … Wegbefehle (ein- bis dreistellig, Herstellerabhängig, z. B. G00 Gerade Bewegung des Werkzeugs im Eilgang G = Go)

X, Y, Z, U, V, W, I, J, K, C sind Koordinaten, auf die das Werkzeug fährt

Hinzu kommen Parameter für Längen-, Winkel- und andere Zusatzfunktionen.

CNC-Sätze bestehen aus den Ziffern 0–9 mit unterschiedlichen Bedeutungen. Vor Sätzen müssen immer Adressen stehen, da die Steuerung einen Satz alleine nicht erkennt.

Beispiel einer CNC Programmzeile:

```
G01 X135.5 Z7.2 F0.05 A150.;
```

Die Sätze haben folgende Bedeutung:

G01   Arbeitsgang, gerader Fahrweg des Werkzeugträgers,
X135.5 Fahre auf Absolut-Koordinaten Z7.2,
F0.05   mit einer Vorschubgeschwindigkeit von 0,05 mm/Umdrehung,
A150   in einem 30°-Winkel.

Adressen und Sätze werden zu Zeilen zusammengefasst, in denen alle Befehle an die Steuerung von der Maschine selbständig abgearbeitet

werden. Die Zeilen müssen am Ende mit einem Befehlszeichen (z. B. ;)
abgeschlossen werden, da die Steuerung sonst das Zeilenende nicht erkennt.

Im Rahmen von Industrie 4.0 sind CNC-Maschinen miteinander vernetzt, kommunizieren über RFID-Chips mit den Werkstücken und führen
selbstständig Messungen durch. Auch Zubringer- und Entnahmesysteme
werden automatisiert. Denkbar ist nun auch der Einsatz von sozialen und
kognitiven Robotern am Arbeitsplatz. Dadurch wird das Bedienungsper-
sonal weiter entlastet und die Produktivität weiter verbessert. Qualifizier-
tes Personal wird allerdings für Einstellen und Rüsten der Maschinen
benötigt.

Mit Industrie 4.0 wird eine neue kundenorientierte Produktion möglich: On Demand Production oder Tailored („maßgeschneiderte") Production. Früher konnten sich nur wenige Reiche maßgeschneiderte An-
züge, individuell für den eigenen Bedarf, leisten. In Industrie 4.0 wird on-
demand produziert, nach dem individuellen und personalisierten Kun-
dendesign. Der individuelle und personalisierte Produktionsprozess kann
sich selber organisieren. Auch in den Energiesystemen beobachten wir
den Trend zu dezentraler und individueller Versorgung. Auf der ganzen
Linie erleben wir also eine Abkehr von der Massen- und Standardpro-
duktion à la Henry Ford – von der Industrie über die Ernährung bis zur
personalisierten Medizin.

Wir reden derzeit von einem Markt von ca. 14 Milliarden weltweit
vernetzter Geräte, davon ein Drittel in den USA. 2020 wird sich die
Anzahl vernetzter Geräte verdoppelt haben. Ein Grund ist die sich exponentiell entwickelnde Sensortechnologie und Rechenkapazität.

▶ Nach dem Mooresche Gesetz verdoppelt sich alle ca. 18 Monate die
Rechenleistung von Computern – bei gleichzeitiger Miniaturisierung und
Verbilligung der Geräte.

▶   Die IKT-Welt wird also von exponentiellen Wachstumsgesetzen
      angetrieben:
      Exponentiell wachsende Rechenkapazität (Mooresches Gesetz)
      Exponentiell wachsende Sensorzahlen
      Exponentiell wachsende Datenmassen etc. etc.

Firmen müssen sich mit ihren Unternehmensstrukturen anpassen und zu intelligenten Problemlösern werden: IKT-Technologie reduziert die traditionelle materielle Produktion zunehmend auf Apps und Softwaremodule: Kameras werden zu Apps in Smartphones. Google, Paradebeispiel einer exponentiell wachsenden IT-Firma, baut bereits autonome Elektroautos. Die Firma Kodak als Massenproduzent für Kameraausrüstung ist weitgehend vom Markt verschwunden, da jeder diese Kamerafunktionen in winzigen Apps und Sensoren im Smartphone besitzt. Was passiert, wenn diese Strategie auf die Automobilindustrie angewendet wird und demnächst billige 3D-Drucker die materiellen Bausteine eines Automobils herstellen? Dann kommt es nur noch auf die Daten an, die in diese 3D-Drucker gesteckt werden müssen – und diejenigen, die diese Daten beherrschen.

Die IT-Firmen brechen überall in andere Domänen ein. Umgekehrt werden sich aber auch IT-Firmen umstellen müssen. Ein IT-Gigant wie Microsoft hat bislang Software im Stil von Industrie 2.0 als Massen- und Standardfabrikation produziert. In der Welt von Industrie 4.0 werden Software-Häuser auf individuelle Wünsche und den Bedarf einzelner Firmenkunden zugehen müssen. Konzerne werden nicht länger Massenstandards vorgeben können, sondern sich in Consultingfirmen verwandeln, die individuelle Tools und passgenaue IT-Infrastrukturen mit dem Kunden entwickeln müssen. Das gilt auch für Energiekonzerne. Sie richten sich zunehmend auf einen dezentralen Markt ein und setzen auf individuelle Beratung, um die passgenaue Lösung zu finden. Das führt zu neuen Geschäftsmodellen wie „Buy and Build". Nur durch Individualisierung und Personalisierung kann Vertrauen aufgebaut werden. Das ist die notwendige flankierende Maßnahme, damit intelligente Firmen Wirklichkeit werden.

Hintergrundinformationen
Wo bleibt der Mensch? Sein Vertrauen ist entscheidend für den Erfolg des industriellen Internets und intelligenter Automatisierung. Es meldet sich nämlich auch Skepsis. Der Grund ist die Cloud-Technologie: Wenn ein mittelständischer Unternehmer gutes Geld mit seinem Geschäftsmodell verdient, dann wird er sich hüten, die entsprechenden Daten in die Cloud zu stellen – wegen der Industriespionage, aber auch wegen der hohen Investitionen, die sich rechnen müssen. Die bisherige Sicherheitstechnik ist die Achillesferse von Industrie 4.0. Daher werden auch in diesem Fall individuelle Lösungen gefunden werden müssen. Man wird genau überlegen müssen, welche Daten

in die Cloud gesetzt werden sollen, um einen effektiven Zugriff auf Daten durch Mitarbeiter und Kunden zu ermöglichen. Besonders sensible Firmendaten gehören eben
nicht in die Cloud. Im gegebenen Fällen sind auch Industrie 3.1 oder 3.3 individuell
gute Lösungen, die vom jeweiligen Firmenprofil abhängen.

Aus Arbeitnehmersicht stellt sich ebenfalls die Frage der Datensicher-
heit: Die Automatisierung ist nur möglich, weil viele Sensoren, Kameras,
Lichtschranken etc. dauernd massenhaft Daten aufnehmen. Wer hat Zugriff auf diese Daten, wo werden sie wie lange für wen gespeichert?

Schließlich geht es um den Arbeitsmarkt selber. Wird die Automatisierung der Industrie nicht zu Arbeitslosigkeit führen? Tritt hier künstliche Intelligenz als Bedrohung des Menschen auf? Die Entwicklung
intelligenter Fabriken wird in erster Linie die Effektivität der Industrie
stärken. Sie wird zum Abbau routinierter und mechanischer Arbeit führen – manuell und intellektuell. Das ist aber nicht neu und begleitet
den Industrialisierungsprozess seit dem 19. Jahrhundert. Dafür werden
neue Arbeitsplätze entstehen. Hier ist vor allem der Kundenservice zu
nennen, da die Kommunikation mit dem Kunden und die Entwicklung
von Geschäftsmodellen nicht nur vielfältiges Wissen in Wirtschaft und
Management erfordert, sondern auch Flexibilität, Erfahrung und Psychologie im Umgang mit Kunden. Hinzu kommen Berufe im Bereich von
Mechatronik und Robotik.

KI-gestützte Automatisierung produziert also keine Arbeitslosigkeit,
sondern senkt die Produktionskosten und fördert damit den Arbeitsmarkt
für eine breite Palette qualifizierter Mitarbeiterinnen und Mitarbeiter. Damit wird ein Land mit entsprechender Qualifizierung auch die Produktion
in Billiglohnländern wieder zurückgewinnen können. Deutschland mit
bereits hoher Automatisierung hat deutlich geringere Arbeitslosigkeit
als andere europäische Länder. Arbeitslosigkeit hat in diesen Ländern
andere Gründe und hängt z. B. mit versäumten Reformen des Arbeits-
markts zusammen. Wir werden nicht nur hochqualifizierte Ingenieure
mit Hochschulabschlüssen benötigen und den Rest machen Maschinen.
Wir werden das Know-how der Menschen weiterhin auf allen Gebieten
benötigen.

Im Motor- und Anlagebau werden Ingenieure im Maschinenbau, in
der Elektronik und in Informatik ausgebildet sein müssen. In der Tradition waren das fachfremde Disziplinen. Ingenieure werden in Teams mit

unterschiedlichen Spezialisierungen zusammenarbeiten, um komplex vernetzte Probleme von Industrie 4.0 lösen zu können. Interdisziplinäre Kooperationsfähigkeiten werden zur unverzichtbaren Ausbildungsanforderung. In den metallverarbeitenden Berufen wird es weiterhin z. B. den „Dreher" geben, allerdings als Fachkraft für vernetzte CNC-Drehmaschinen. Dabei werden sich die Anforderungen ändern. Die Innovationszyklen sind schon jetzt in vielen Bereichen schneller als unsere Ausbildungszyklen. Wir müssen uns also künftig überlegen, wozu wir die Menschen eigentlich ausbilden. Wenn wir jemandem heute in der Lehre ein bestimmtes Computerprogramm beibringen, ist das schon überholt, wenn er in den Betrieb kommt. Deswegen müssen wir die Fähigkeit des Menschen ausbilden, sich in neue Arbeitsprozesse einzuarbeiten und sich auf neue Situationen einzustellen. Es wird in Zukunft absolut zur Normalität gehören, dass ein Teil der Mitarbeiter immer in Lehrgängen und Fortbildungen sein wird, um sich auf neue Abläufe vorzubereiten:

► Automatisierung und intelligente Unternehmen erfordern lebenslanges Lernen!

Literatur

1. Easley D, Kleinberg J (2010) Networks, Crowds, and Markets. Reasoning about a Highly Connected World. Cambridge University Press, Cambridge
2. Leskovec J, Adamic L, Huberman B (2007) The dynamics of viral marketing. ACM Transactions of the Web 1(1):5
3. McKenzie A, Kashef I, Tillinghast JD, Krebs VE, Diem LA, Metchock B, Crisp T, McElroy PD (2007) Transmission network analysis to complement routine tuberculosis contact investigations. American Journal of Public Health 97(3):470–477
4. Mainzer K (2014) Die Berechnung der Welt. Von der Weltformel zu Big Data. C.H. Beck Verlag, München
5. BITKOM (Hrsg) (2012) Big Data im Praxiseinsatz – Szenarien, Beispiele, Effekte. Berlin
6. Dean J, Ghemawat S (Google Labs) MapReduce: Simplified Data Processing on Large Clusters. http://research.google.com/archive/mapreduce.html
7. Mayer-Schönberger V, Cukier K (2013) Big Data – A Revolution That will Transform How We Live, Work and Think. Eamon Dolan/Mariner Books, London

8. Hambuch U (2008) Erfolgsfaktor Metadatenmanagement: Die Relevanz des Metadatenmanagements für die Datenqualität bei Business Intelligence. VDM Verlag Dr. Müller, Saarbrücken

9. Ginsburg J (2009) Detecting influenza epidemics using search engine query data. Nature 457:1012–1014

10. Dugas AF (2012) Google flu trends: correlations with emergency department influenza rates and crowding metrics. CID Advanced Access 8. doi:10.1093/cid/cir883

11. Halevy A, Novik P, Pereira F (2009) The unreasonable effectiveness of data. IEEE Intelligent Systems March/April:8–12

12. Dean J (2014) Big Data, Data mining, and Machine Learning. Value Creation for Business Leaders and Practioners. Wiley, Hoboken, S 56 (nach Fig. 4.1)

13. Salakhutdinov R, Hinton G (2007) Restricted Boltzmann Machines for collaborative filtering. In: Mnih, Mnih A (Hrsg) Proceedings of the ICML, S 791–798

14. http://lunar.xprize.org/. Zugegriffen: 30.7.2015

15. http://www.audi.de/de/brand/de/vorsprung_durch_technik/content/2015/06/mission-to-the-moon.html. Zugegriffen: 30.7.2015

16. Stiller C (2007) Fahrerassistenzsysteme. Schwerpunktthemenheft der Zeitschrift it – Information Technology 49:1

17. Braess HH, Reichart G (1995) Prometheus: Vision des „intelligenten Automobils" auf „intelligenter Straße"? Versuch einer kritischen Würdigung. ATZ Automobiltechnische Zeitschrift 4:200–205

18. http://www.velodynelidar.com/lidar/products/manual/HDL-64E%20Manual.pdf. Zugegriffen: 30.7.2015

19. Hawkins W, Abdelzaher T (2005) Towards feasible region calculus: An end-to-end schedulability analysis of real-time multistage execution. IEEE Real-Time Systems Symposium. 12–88, Miami Florida

20. Lee E (2008) Cyber-physical systems: Design challenges. In: Technical Report No. UCB/EECS-2008-8. University of California, Berkeley

21. Cyber-Physical Systems (2008) Program Announcements & Information. The National Science Foundation, 4201 Wilson Boulevard, Arlington, Virginia 22230, USA, 2008-09-30

22. Wayne W (2008) Computers as Components: Principles of Embedded Computing Systems Design. Morgan Kaufmann, Amsterdam

23. Wedde HE, Lehnhoff S, van Bonn B (2007) Highly dynamic and adaptive traffic congestion avoidance in real-time inspired by honey bee behavior. In: PEARL Workshop 2007, Informatik aktuell. Springer

24. Broy M (1993) Functional specification of time-sensitive communication systems. ACM Transactions on Software Enginering and Methodology 2(1):1462–1473

25. European Technology Platform Smart Grids. http://ec.europa.eu/research/energy/pdf/smartgrids_en.pdf. Zugegriffen: 30.7.2015

26. Wedde HF, Lehnhoff S (2007) Dezentrale vernetzte Energiebewirtschaftung im Netz der Zukunft. Wirtschaftsinformatik 6

27. Informations- und Kommunikationstechnologien als Treiber für die Konvergenz Intelligenter Infrastrukturen und Netze (2014). Studie im Auftrag des Bundesministeriums für Wirtschaft und energie (Projekt-Nr. 39/13). LMU-Forschungsverbund: Intelligente Infrastrukturen und Netze, Abb. 2, S. 20
28. acatech (2011) Cyber-Physical Systems. Innovationsmotor für Mobilität, Gesundheit, Energie und Produktion. Springer, Berlin
29. Falk D (2010) CNC-Kompendium PAL Drehen und Fräsen, Braunschweig. https://de.wikipedia.org/wiki/CNC-Drehmaschine. Zugegriffen: 30.7.2015

10.1 Neuromorphe Computer und künstliche Intelligenz

Die klassische KI-Forschung orientiert sich an den Leistungsmöglichkeiten eines programmgesteuerten Computers, der nach der Churchschen These im Prinzip mit einer Turingmaschine äquivalent ist. Nach dem Mooreschen Gesetz wurden damit bis heute gigantische Rechen- und Speicherkapazitäten erreicht, die erst die KI-Leistungen z. B. des Supercomputers WATSON ermöglichten (vgl. Abschn. 5.2). Aber die Leistungen von Supercomputern haben einen Preis, dem die Energie einer Kleinstadt entsprechen kann. Umso beeindruckender sind menschliche Gehirne, die Leistungen von WATSON (z. B. eine natürliche Sprache sprechen und verstehen) mit dem Energieverbrauch einer Glühlampe realisieren. Spätestens dann ist man von der Effizienz neuromorpher Systeme beeindruckt, die in der Evolution entstanden sind. Gibt es ein gemeinsames Prinzip, das diesen evolutionären Systemen zugrunde liegt und das wir uns in der KI zu nutzen machen können?

Biomoleküle, Zellen, Organe, Organismen und Populationen sind hochkomplexe dynamische Systeme, in denen viele Elemente wechselwirken. Komplexitätsforschung beschäftigt sich fachübergreifend in Physik, Chemie, Biologie und Ökologie mit der Frage, wie durch die Wechselwirkungen vieler Elemente eines komplexen dynamischen Sys-

© Springer-Verlag GmbH Deutschland, ein Teil von Springer Nature 2019
K. Mainzer, *Künstliche Intelligenz – Wann übernehmen die Maschinen?*,
Technik im Fokus, https://doi.org/10.1007/978-3-662-58046-2_10

tems (z. B. Atome in Materialien, Biomoleküle in Zellen, Zellen in Organismen, Organismen in Populationen) Ordnungen und Strukturen entstehen können, aber auch Chaos und Zerfall.

Allgemein wird in dynamischen Systemen die zeitliche Veränderung ihrer Zustände durch Gleichungen beschrieben. Der Bewegungszustand eines einzelnen Himmelskörpers lässt sich noch nach den Gesetzen der klassischen Physik genau berechnen und voraussagen. Bei Millionen und Milliarden von Molekülen, von denen der Zustand einer Zelle abhängt, muss auf Hochleistungscomputer zurückgegriffen werden, die Annäherungen in Simulationsmodellen liefern. Komplexe dynamische Systeme gehorchen aber fachübergreifend in Physik, Chemie, Biologie und Ökologie denselben oder ähnlichen mathematischen Gesetzen.

Hintergrundinformationen

Die Grundidee komplexer dynamischer Systeme ist immer dieselbe [1, 2]: Erst die komplexen Wechselwirkungen von vielen Elementen erzeugen neue Eigenschaften des Gesamtsystems, die nicht auf einzelne Elemente zurückführbar sind. So ist ein einzelnes Wassermolekül nicht „feucht", aber eine Flüssigkeit durch die Wechselwirkungen vieler solcher Elemente. Einzelne Moleküle „leben" nicht, aber eine Zelle aufgrund ihrer Wechselwirkungen. In der Systembiologie ermöglichen die komplexen chemischen Reaktionen von vielen einzelnen Molekülen die Stoffwechselfunktionen und Regulationsaufgaben von ganzen Proteinsystemen und Zellen im menschlichen Körper. Wir unterscheiden daher bei komplexen dynamischen Systemen die Mikroebene der einzelnen Elemente von der Makroebene ihrer Systemeigenschaften. Diese Emergenz oder Selbstorganisation von neuen Systemeigenschaften wird in der Systembiologie berechenbar und in Computermodellen simulierbar. In diesem Sinn ist die Systembiologie ein Schlüssel zur Komplexität des Lebens.

Allgemein stellen wir uns ein räumliches System aus identischen Elementen („Zellen") vor, die miteinander in unterschiedlicher Weise (z. B. physikalisch, chemisch oder biologisch) wechselwirken können (Abb. 10.1 [3]). Ein solches System heißt komplex, wenn es aus homogenen Anfangsbedingungen nicht-homogene („komplexe") Muster und Strukturen erzeugen kann. Diese Muster- und Strukturbildung wird durch lokale Aktivität ihrer Elemente ausgelöst. Das gilt nicht nur für Stammzellen beim Wachstum eines Embryos, sondern auch z. B. für Transistoren in elektronischen Netzen.

Abb. 10.1 Komplexes zelluläres System mit lokal
aktiven Zellen und lokaler
Einflusssphäre [3]

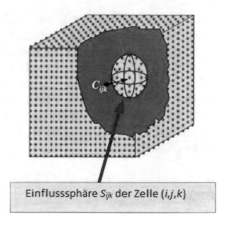

Einflusssphäre S_{ijk} der Zelle (i,j,k)

▶ Wir nennen einen Transistor lokal aktiv, wenn er einen kleinen Si-
gnalinput aus der Energiequelle einer Batterie zu einem größeren Signal-
output verstärken kann, um damit nicht-homogene („komplexe") Span-
nungsmuster in Schaltnetzen zu erzeugen.

Keine Radios, Fernseher oder Computer wären ohne die lokale Aktivität solcher Einheiten funktionstüchtig. Bedeutende Forscher wie die
Nobelpreisträger I. Prigogine (Chemie) und E. Schrödinger (Physik) waren noch der Auffassung, dass für Struktur- und Musterbildung ein nichtlineares System und eine Energiequelle ausreichen. Bereits das Beispiel
der Transistoren zeigt aber, dass Batterien und nichtlineare Schaltelemente alleine keine komplexen Muster erzeugen können, wenn die Elemente nicht lokal aktiv im Sinne der beschriebenen Verstärkerfunktion
sind.

Das Prinzip der lokalen Aktivität hat grundlegende Bedeutung für
Musterbildung komplexer Systeme und wurde bisher weitgehend nicht
erkannt. Es kann allgemein mathematisch definiert werden, ohne auf spezielle Beispiele aus Physik, Chemie, Biologie oder Technik Bezug zu
nehmen. Dabei beziehen wir uns auf nichtlineare Differentialgleichungen, wie sie von Reaktions-Diffusionsprozessen bekannt sind (aber keineswegs auf flüssige Medien wie bei chemischen Diffusionen beschränkt
sind). Anschaulich stellen wir uns ein räumliches Gitter vor, dessen Git-

terpunkte mit Zellen besetzt sind, die lokal wechselwirken (Abb. 10.1).
Jede Zelle (z. B. Protein in einer Zelle, Neuron im Gehirn, Transistor
im Computer) ist mathematisch betrachtet ein dynamisches System mit
Input und Output. Ein Zellzustand entwickelt sich lokal nach dynamischen Gesetzen in Abhängigkeit von der Verteilung benachbarter Zellzustände. Zusammengefasst werden die dynamischen Gesetze durch die
Zustandsgleichungen isolierter Zellen und ihrer Kopplungsgesetze definiert. Zusätzlich sind bei der Dynamik Anfangs- und Nebenbedingungen
zu berücksichtigen.

▶ Allgemein heißt eine Zelle lokal aktiv, wenn an einem zellulären
Gleichgewichtspunkt ein kleiner lokaler Input existiert, der mit einer externen Energiequelle zu einem großen Output verstärkt werden kann. Die
Existenz eines Inputs, der lokale Aktivität auslöst, kann mathematisch
durch bestimmte Testkriterien systematisch geprüft werden. Eine Zelle
heißt lokal passiv, wenn es keinen Gleichgewichtspunkt mit lokaler Aktivität gibt. Das fundamental Neue an diesem Ansatz ist der Beweis, dass
Systeme ohne lokal aktive Elemente prinzipiell keine komplexen Strukturen und Muster erzeugen können.

Strukturbildung in Natur und Technik lässt sich systematisch klassifizieren, indem Anwendungsgebiete durch Reaktions-Diffusionsgleichungen nach dem eben beschriebenen Muster modelliert werden. So lassen
sich z. B. die entsprechenden Differentialgleichungen für Musterbildung
in der Chemie (z. B. Musterbildung in homogenen chemischen Medien),
in der Morphogenese (z. B. Musterbildung von Muschelschalen, Fellen
und Gefieder in der Zoologie), in der Gehirnforschung (Verschaltungsmuster im Gehirn) und in der elektronischen Netztechnik (z. B. Verschaltungsmuster in Computern) untersuchen.

In der statistischen Thermodynamik werden das Verhalten und die
Wechselwirkung von vielen Elementen (z. B. Molekülen) in einem komplexen System beschrieben. L. Boltzmanns 2. Hauptsatz der Thermodynamik besagt aber nur, dass alle Strukturen, Muster und Ordnungen in
einem isolierten System zerfallen, wenn man sie sich selber überlässt. So
lösen sich alle molekularen Anordnungen in einem Gas auf und verteilt
sich Wärme bei Dissipation gleichmäßig-homogen in einem abgeschlos-
senen Raum. Organismen zerfallen und sterben, wenn sie nicht in Stoff-

und Energieaustausch mit ihrer Umgebung stehen. Wie können aber Ordnung, Struktur und Muster entstehen?

► Das Prinzip der lokalen Aktivität erklärt, wie Ordnung und Struktur in einem offenen System durch dissipative Wechselwirkung bzw. Stoff- und Energieaustausch mit der Systemumgebung entstehen. Es ergänzt damit den 2. Hauptsatz als 3. Hauptsatz der Thermodynamik.

Strukturbildungen entsprechen mathematisch nicht-homogenen Lösungen der betrachteten Differentialgleichungen, die von unterschiedlichen Kontrollparametern (z. B. chemischen Stoffkonzentrationen, ATP-Energie in Zellen, neurochemischen Botenstoffen von Neuronen) abhängen. Für die betrachteten Beispiele von Differentialgleichungen konnten wir systematisch die Parameterräume definieren, deren Punkte alle möglichen Kontrollparameterwerte des jeweiligen Systems repräsentieren. In diesen Parameterräumen lassen sich dann die Regionen lokaler Aktivität und lokaler Passivität genau bestimmen, die entweder Strukturbildung ermöglichen oder mathematisch „tot" sind. Mit Computersimulationen lassen sich im Prinzip für jeden Punkt im Parameterraum die möglichen Struktur- und Musterbildungen erzeugen (Abb. 10.2). In diesem mathematischen Modellrahmen lässt sich also Struktur- und Musterbildung vollständig bestimmen und voraussagen.

Hintergrundinformationen

Eine vollständig neue Anwendung der lokalen Aktivität ist der „Rand des Chaos" (edge of chaos), an dem die meisten komplexen Strukturen entstehen. Ursprünglich stabile („tote") und isolierte Zellen können durch dissipative Kopplung „zum Leben erweckt" werden und Muster- und Strukturbildung auslösen. Anschaulich gesprochen „ruhen" sie isoliert am Rand einer Stabilitätszone, bis sie durch dissipative Kopplung aktiv werden. Man könnte sich isolierte chemische Substanzen vorstellen, die in der lebensfeindlichen dunklen Tiefsee am Rand eines heißen Vulkanschlots ruhen. Durch dissipative Wechselwirkung der ursprünglich „toten" Elemente kommt es zur Ausbildung neuer Lebensformen. Als chemische Substanzen müssen sie jedoch das Potential lokaler Aktivität in sich tragen, das durch die dissipative Kopplung ausgelöst wird.

Das ist insofern ungewöhnlich, da es dem intuitiven Verständnis von „Diffusion" zu widersprechen scheint: Danach bedeutet „Dissipation", dass sich z. B. ein Gas gleichmäßig-homogen in einem Raum verteilt. Nicht nur instabile, sondern auch stabile Elemente können jedoch durch dissipative Kopplung komplexe (inhomogene)

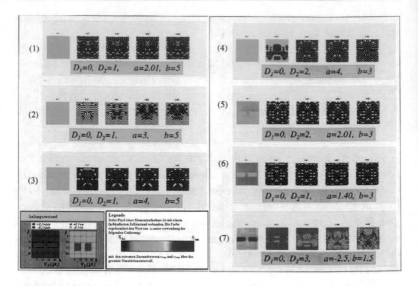

Abb. 10.2 Struktur- und Musterbildungen einer nichtlinearen Diffusions- und Reaktionsgleichung [3]

Struktur- und Musterbildungen auslösen. Das lässt sich exakt für nichtlineare Reaktions- und Diffusionsgleichungen beweisen. In den Parameterräumen dieser Gleichungen kann der „Rand des Chaos" als Teilgebiet der Region lokaler Aktivität markiert werden.

Auch das menschliche Gehirn ist ein Beispiel für ein komplexes dynamisches System, in dem Milliarden von Neuronen neurochemisch wechselwirken. Durch vielfach versendete elektrische Impulse entstehen komplexe Schaltmuster, die mit kognitiven Zuständen wie Denken, Fühlen, Wahrnehmen oder Handeln verbunden sind. Die Entstehung (Emergenz) dieser mentalen Zustände ist wieder ein typisches Beispiel für die Selbstorganisation eines komplexen Systems: Das einzelne Neuron ist quasi „dumm" und kann weder denken oder fühlen noch wahrnehmen. Erst ihre kollektiven Wechselwirkungen und Verschaltungen unter geeigneten Bedingungen erzeugen kognitive Zustände.

Hintergrundinformationen

In den neuronalen Netzen von Gehirnen findet die neurochemische Dynamik zwischen den Neuronen statt. Chemische Botenstoffe bewirken neuronale Zustandsänderungen durch direkte und indirekte Übertragungsmechanismen großer Plastizität. Unterschiedliche Netzzustände werden in den synaptischen Verbindungen zellulärer Schaltmuster (cell assemblies) gespeichert. Wie in einem komplexen dynamischen System üblich, unterscheiden wir auch im Gehirn zwischen den Mikrozuständen der Elemente (d. h. den digitalen Zuständen des „Feuerns" und „Nicht-Feuerns" bei Entladung und Ruhezustand eines Neurons) und den Makrozuständen von Musterbildungen (d. h. Schaltmustern von gemeinsam aktivierten Neuronen in einem neuronalen Netz). Computervisualisierungen (z. B. PET-Aufnahmen) zeigen, dass unterschiedliche makroskopische Verschaltungsmuster mit unterschiedlichen mentalen und kognitiven Zuständen wie Wahrnehmung, Denken, Fühlen und Bewusstsein korreliert sind. In diesem Sinn können kognitive und mentale Zustände als emergente Eigenschaften neuraler Gehirnaktivität bezeichnet werden: Einzelne Neuronen können weder sehen, fühlen noch denken, aber Gehirne verbunden mit den Sensoren des Organismus.

Die derzeitigen Computersimulationen beobachten also Musterbildungen (pattern formation) im Gehirn, die wir auf eine nichtlineare Systemdynamik, die lokale Aktivität der Neuronen und den von ihnen ausgelösten Aktionspotentialen zurückführen. Ihre Korrelationen mit mentalen und kognitiven Zuständen werden aufgrund von psychologischen Beobachtungen und Messungen erschlossen: Immer wenn Personen z. B. sehen oder sprechen, sind diese oder jene Musterbildungen im Gehirn zu beobachten. Im Brain Reading können einzelne Musterbildungen mittlerweile auch soweit bestimmt werden, dass aus diesen Verschaltungsmustern die entsprechenden Seh- und Hörwahrnehmungen mit geeigneten Algorithmen entschlüsselt werden können. Allerdings ist diese Technik erst in ihren Anfängen.

▶ In einer Top-down Strategie untersuchen Neuropsychologie und Kognitionsforschung mentale und kognitive Fähigkeiten wie Wahrnehmen, Denken, Fühlen und Bewusstsein und versuchen, sie mit entsprechenden Gehirnarealen und ihren Verschaltungsmustern zu verbinden. In einer Bottom-up Strategie untersuchen Neurochemie und Gehirnforschung die molekularen und zellulären Vorgänge der Gehirndynamik und erklären daraus neuronale Verschaltungsmuster des Gehirns, die wiederum mit mentalen und kognitiven Zuständen korreliert sind [4].

Beide Methoden legen einen Vergleich mit dem Computer nahe, bei dem in einer Bottom-up Strategie von der „Maschinensprache" der Bitzustände in z. B. Transistoren auf die Bedeutungen höherer Nutzersprachen des Menschen geschlossen wird, während in einer Top-down-Strategie umgekehrt die höheren Nutzersprachen über verschiedene Zwischenstufen (z. B. Compiler und Interpreter) auf die Maschinensprache übersetzt werden. Während aber in der Informatik die einzelnen technischen und sprachlichen Schichten von der Verschaltungsebene über Maschinensprache, Compiler, Interpreter etc. bis zur Nutzerebene genau identifiziert und in ihren Wechselwirkungen beschrieben werden können, handelt es sich in Gehirn- und Kognitionsforschung bisher nur um ein Forschungsprogramm.

In der Gehirnforschung sind bisher nur die Neurochemie der Neuronen und Synapsen und die Musterbildung ihrer Verschaltungen gut verstanden, also die „Maschinensprache" des Gehirns. Die Brücke (middleware) zwischen Kognition und „Maschinensprache" muss erst noch geschlossen werden. Dazu wird es noch vieler detaillierter empirischer Untersuchungen bedürfen. Dabei ist keineswegs bereits klar, ob einzelne Hierarchieebenen wie im Computerdesign genau unterschieden werden können. Offenbar erweist sich die Architektur der Gehirndynamik als wesentlich komplexer. Zudem lag bei der Entwicklung des Gehirns kein geplantes Design zugrunde, sondern eine Vielzahl evolutionärer Algorithmen, die über Jahrmillionen unter unterschiedlichen Bedingungen mehr oder weniger zufällig entstanden und in verwickelter Weise miteinander verbunden sind.

In der Komplexitätsforschung kann die synaptische Wechselwirkung der Neuronen im Gehirn durch gekoppelte Differentialgleichungen beschrieben werden. Die Hodgkin-Huxley Gleichungen sind ein Beispiel für nichtlineare Reaktions-Diffusionsgleichungen, mit denen die Übertragung von Nervenimpulsen modelliert werden kann. Sie wurden von den Medizin-Nobelpreisträgern A. L. Hodgkin und A. F. Huxley durch empirische Messungen gefunden und liefern ein empirisch bestätigtes mathematisches Modell der neuronalen Gehirndynamik.

Beispiel

In Abb. 10.3 wird der Informationskanal (Axon) einer Nervenzelle (Neuron) (a) durch eine Kette von identischen Hodgkin-Huxley-(HH) Zellen dargestellt, die durch Diffusionsverbindungen gekoppelt sind (b). Diese Kopplungen werden technisch durch passive Widerstände dargestellt. Die HH-Zellen entsprechen einem elektrotechnischen Verschaltungsmodell (c): In einer biologischen Nervenzelle verändern Ionenströme von Kalium und Natrium die Spannungen auf der Zellmembran. Im elektrotechnischen Modell werden Natrium- und Kaliumionenströme zusammen mit einem Stromabfluss durch einen externen Axon Membranstrom ausgelöst. Die Ionenkanäle werden technisch durch transistorartige Verstärker realisiert. Sie sind mit einer Natriumionen- und Kaliumionen Batteriespannung, einer Membrankondensatorspannung und einem Spannungsabfluss verbunden. Damit können die Inputströme nach dem Prinzip der lokalen Aktivität verstärkt werden, um bei Überschreitung eines Schwellenwerts ein Aktionspotential auszulösen („Feuern"). Diese Aktionspotentiale lösen Kettenreaktionen aus, die zu Verschaltungsmustern von Neuronen führen.

Wie bereits erläutert, lassen sich durch solche Differentialgleichungen die entsprechenden Parameterräume eines dynamischen Systems mit lokal aktiven und lokal passiven Regionen genau bestimmen. Im Fall der Hodgkin-Huxley-Gleichungen erhalten wir den Parameterraum des Gehirns mit den genau vermessenen Regionen lokaler Aktivität und lokaler Passivität. Nur im Bereich lokaler Aktivität können Aktionspotentiale von Neuronen entstehen, die Verschaltungsmuster im Gehirn auslösen. Mit Computersimulationen lassen sich diese Verschaltungsmuster für die verschiedenen Parameterpunkte systematisch untersuchen und voraussagen.

So kann auch die Region am „Rand des Chaos" (edge of chaos) exakt bestimmt werden. Sie ist winzig klein und beträgt weniger als 1 mV und 2 µA. Diese Region ist mit großer lokaler Aktivität und Musterbildung verbunden, die in den entsprechenden Parameterräumen visualisiert werden kann. Hier wird daher eine „Insel der Kreativität" vermutet.

Für eine elektrotechnische Realisation haben sich jedoch die ursprünglichen Gleichungen von Hodgkin und Huxley als fehlerhaft

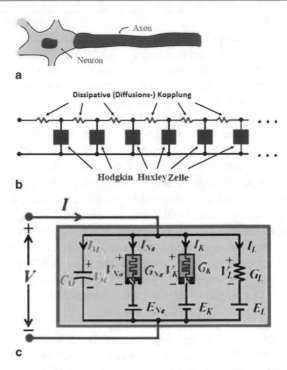

Abb. 10.3   a Axon eines Neurons, **b** Elektrotechnisches Modell eines Axons, **c** Elektrotechnisches Modell der Hodgkin-Huxley Gleichungen. I externer Axon Membranstrom, E Membran Kondensatorspannung, I_{Na} Natriumionenstrom, E_{Na} Natriumionen Batteriespannung, I_K Kaliumionenstrom, E_K Kaliumionen Bat, I_L Stromabfluss, E_L Spannungsabfluss [3]

erwiesen. Die Mediziner Hodgkin und Huxley deuteten einige Schaltelemente in einer Weise, die zu elektrotechnischen Anomalien führte. So nahmen sie z. B. eine zeitabhängige Leitfähigkeit (Konduktanz) an, um das Verhalten der Kalium- und Natriumionenkanäle zu erklären. Tatsächlich konnten diese zeitlichen Veränderungen aber nur numerisch aus empirisch abgeleiteten Gleichungen berechnet werden. Schalttheoretisch war es nicht möglich, entsprechende Zeitfunktionen für zeitlich sich verändernde Schaltelemente explizit zu definieren.

Die Anomalien lösen sich auf, wenn die Ionenkanäle durch ein neues Schaltelement erklärt werden, das Leon Chua bereits 1971 mathematisch vorausgesagt hatte [5]. Gemeint ist der Memristor (aus den englischen Wort „memory" für Speicher und „resistor" für Widerstand zusammengesetzt). Bei diesem Schaltelement ist der elektrische Widerstand nicht konstant, sondern von seiner Vergangenheit abhängig. Der jeweils aktuelle Widerstand des Memristors ist davon abhängig, wieviel Ladung in welcher Richtung geflossen ist. Der Widerstand bleibt auch ohne Energiezufuhr erhalten. Diese Erkenntnis hat enorme praktische Konsequenzen, könnte aber auch ein Durchbruch für neuromorphe Computer bedeuten, die am menschlichen Gehirn orientiert sind. Dazu erklären wir zunächst das Konzept eines Memristors.

Praktisch würden Rechner mit Memristoren nach dem Einschalten ohne Booten sofort betriebsbereit sein. Ein Memristor behält seinen Speicherinhalt, wenn er mit Wechselstrom ausgelesen wird. Ein Computer könnte also wie ein Lichtschalter ein- und ausgeschaltet werden, ohne dass Information verloren geht.

Hintergrundinformationen

Traditionell wurden in der Elektrotechnik nur Widerstand, Kondensator und Spule als Schaltelemente unterschieden. Sie verbinden die vier Schaltgrößen Ladung, Strom, Spannung und magnetischer Fluss: Widerstände verbinden Ladung und Strom, Spulen verbinden magnetischen Fluss und Strom, Kondensatoren verbinden Spannung und Ladung. Was verbindet aber Ladung und magnetischen Fluss? Dazu postulierte L. Chua 1971 den Memristor. Mathematisch wird dazu eine Funktion $R(q)$ („Memristanz-Funktion") definiert, in der die Änderung des magnetischen Flusses Φ mit der Ladung q festgehalten wird, d. h.

$$R(q) = \frac{d\Phi(q)}{dq}.$$

Die zeitliche Veränderung der Ladung q definiert den Strom $i(t)$, d. h.

$$i(t) = \frac{dq}{dt}.$$

Die zeitliche Veränderung des magnetischen Flusses Φ definiert die Spannung $v(t)$, d. h.

$$v(t) = \frac{d\Phi}{dt}.$$

Daraus ergibt sich, dass die Spannung v an einem Memristor über den Strom i direkt von der Memristanz abhängt:

$$v = R(q)\, i.$$

Das erinnert an das ohmsche Gesetz $v = R\, i$, wonach die Spannung v proportional zum Strom i mit dem Widerstand R als Proportionalitätskonstante ist. Allerdings ist die Memristanz nicht konstant, sondern vom Zustand der Ladung q abhängig. Umgekehrt gilt für Strom

$$i = G(q)\, v,$$

wobei die Funktion $G(q) = R(q)^{-1}$ als „Memduktanz" (aus dem englischen Wort „memory" für Speicher und „conductance" für Leitfähigkeit zusammengesetzt) bezeichnet wird.

Ein Memristor lässt sich als memristives System verallgemeinern. Ein memristives System ist nicht mehr nur auf eine einzige Zustandsvariable und eine lineare ladungs- oder flussgetriebene Gleichung reduziert.

▶ Ein memristives System bezeichnet ein beliebiges physikalisches System, das durch eine Menge von internen Zustandsvariablen $\vec{s}$ (als Vektor) bestimmt ist. So erhält man eine allgemeine Input-Output Gleichung

$$\vec{y}(t) = g(\vec{s}, \vec{u}, t)\vec{u}(t)$$

mit dem Input $\vec{u}(t)$ (z. B. Spannung) und dem Output $\vec{y}(t)$ (z. B. Strom). Die Zustandsentwicklung ist allgemein durch eine Differentialgleichung bestimmt:

$$\frac{d\vec{s}}{dt} = f(\vec{s}, \vec{u}, t).$$

Memristive Systeme zeigen ein außergewöhnlich komplexes und nichtlineares Verhalten. Typisch ist die Hysteresekurve im v/i-Diagramm von Abb. 10.4. Sie verläuft in geschlossenen Schleifen durch den Koordinatennullpunkt (pinched hysteresis loop) [6].

▶ Allgemein bezeichnet Hysterese das Verhalten der Ausgangsgröße eines Systems, das auf eine Eingangsgröße mit einem verzögerten (griech. hysteros) Signal und variierend reagiert. Das Verhalten hängt also nicht nur direkt von der Eingangsgröße, sondern auch vom vorherigen Zustand

Abb. 10.4 Hysteresekurve eines Memristors (in Abhängigkeit von der Kreisfrequenz ω mit $\omega_1 < \omega_2$)

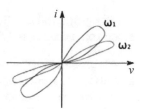

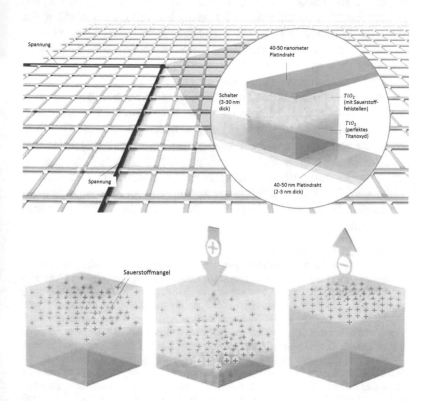

Abb. 10.5 Memristives System mit Schaltern aus Titandioxyd [9]

der Ausgangsgröße ab. Bei gleicher Eingangsgröße kann das System also einen von mehreren möglichen Zuständen einnehmen.

Als „Neuristoren" simulieren memristive Systeme das Verhalten von Synapsen und werden daher für neuromorphe Computer interessant. Dazu werden die Ionenkanäle im Schaltmodell von Abb. 10.3 als memristive Systeme aufgefasst. An die Stelle von Hodgkin-Huxley's zeitabhängiger Leitfähigkeit G_K des Kaliumionenkanals tritt ein durch Ladung kontrollierter Memristor, der von einer Zustandsvariablen abhängt. An die Stelle von Hodgkin-Huxley's zeitabhängiger Leitfähigkeit G_{Na} des Natriumionenkanals tritt ein durch Ladung kontrollierter Memristor, der von zwei Zustandsvariablen abhängt. Diese schalttheoretisch wohldefinierten Größen erklären präzise die empirischen Mess- und Beobachtungsdaten von Synapsen und Neuronen [7].

Wie lassen sich aber solche Neuristoren technisch realisieren? R. Stanley Williams von der Firma Hewlett-Packard (Silicon Valley) hat dazu 2007 erstmals eine Version konstruiert, die mittlerweile ständig vereinfacht und verbessert wurde [8]. Dazu stelle man sich ein Crossbar-Netzwerk aus sich kreuzenden senkrechten und waagerechten Drähten vor, das an einen Maschendraht erinnert (Abb. 10.5 [9]). Die Kreuzungen eines senkrechten und waagerechten Drahts sind mit einem Schalter verbunden. Um den Schalter zu schließen, wird an beiden Drähten eine positive Spannung angelegt. Um ihn zu öffnen, wird die Ladung umgekehrt.

Hintergrundinformationen

Um memrestives Verhalten zu erreichen, werden die Schalter nach einer bestimmten Architektur konstruiert. Sie erinnert an ein Sandwich, bei dem eine wenige Nanometer dicke Titandioxyd-Schicht zwischen zwei Platinelektroden (als „Brotscheiben") liegt. In Abb. 10.5 dient die untere Titandioxydschicht als Isolator. Die obere Titandioxydschicht ist mit Sauerstofffehlstellen versehen. Anschaulich kann man sie sich wie kleine Blasen in einem Bier vorstellen – mit dem Unterschied, dass sie nicht austreten können. Diese Titanoxydschicht besitzt eine hohe Leitfähigkeit. Wenn eine positive Spannung angelegt wird, verschieben sich die Sauerstofffehlstellen. Damit verringert sich die Dicke der unteren Isolationsschicht, und die Leitfähigkeit des Schalters wird insgesamt erhöht. Eine negative Ladung zieht demgegenüber die positiv geladenen Sauerstofffehlstellen an. Dadurch wächst die Isolationsschicht und die Leitfähigkeit des Schalters wird insgesamt verringert.

Das memristive Verhalten zeigt sich, wenn die Spannung positiv oder negativ umgeschaltet wird: Dann verändern sich die kleinen Blasen der Sauerstofffehlstellen nicht, sondern bleiben, wo sie sind. Die Grenze zwischen den beiden Titandioxyd-schichten ist quasi „gefroren" Daher kann sich der Schalter „erinnern", wieviel Spannung zuletzt angewendet wurde. Er funktioniert wie ein Memristor. Andere Memristoren verwenden wenige Nanometer große Siliziumdioxydschichten, die nur geringe Kosten erfordern. Bereits die von Hewlett-Packard hergestellten Crossbar-Speicher haben eine enorme Packungsdichte von ca. 100 Gbit/cm². Sie könnten zudem mit anderen Halbleiterstrukturen verbunden werden. Daher ist nicht ausgeschlossen, dass sie die Entwicklung neuromorpher Strukturen zur Simulation des menschlichen Gehirns einleiten.

Ausgang dieses Forschungsprogramms war das mathematische Hodgkin-Huxley Modell des Gehirns. Im Human Brain Project der EU wird eine genaue empirische Modellierung des menschlichen Gehirns mit allen neurologischen Details angestrebt. Mit der technischen Entwicklung neuromorpher Netzwerke stünde ein empirisches Testbett für dieses mathematische Modell zur Verfügung, in dem Voraussagen über Musterbildungen im Gehirn und ihre kognitive Bedeutungen überprüft werden können.

Aus der Psychologie wissen wir, dass mentale und kognitive Zustände in äußerst komplexer Weise aufeinander einwirken. So können Wahrnehmungen Gedanken und Vorstellungen auslösen, die zu Handlungen und Bewegungen führen. Eine Wahrnehmung ist in der Regel aber auch mit einer Selbstwahrnehmung verbunden: Ich bin es, der wahrnimmt. Selbstwahrnehmungen führen verbunden mit der Speicherung der eigenen Biographie im Gedächtnis zum Ich-Bewusstsein. Wenn alle diese unterschiedlichen mentalen Zustände mit Schaltungsmustern im Gehirn verbunden sind, dann müssen nicht nur die Wechselwirkungen von einzelnen Neuronen, sondern von Zellverbänden (cell assemblies) mit Zellverbänden von Zellverbänden etc. erfasst werden.

Dazu lassen sich im Prinzip ebenfalls Differentialgleichungen einführen, die nicht von den lokalen Aktivitäten einzelner Neuronen, sondern ganzer Cell Assemblies abhängen, die wiederum von Cell Assemblies von Cell Assemblies etc. abhängen können. So erhält man ein System von nichtlinearen Differentialgleichungen, die auf unterschiedlichen Ebenen ineinander verschachtelt sind und so eine äußerst komplexe Dynamik modellieren. Verbunden mit den Sensoren und Aktoren unseres Organismus erfassen sie die Vorgänge, die unsere komplexen motorischen, kognitiven und mentalen Zustände erzeugen. Wie schon betont, kennen wir diese Abläufe noch nicht alle im Detail. Aber es ist deutlich, wie sie im Prinzip mathematisch zu modellieren sind und in neuromorphen Computern empirisch getestet werden könnten.

10.2   Natürliche und künstliche Intelligenz

In der Evolution entstanden Netzwerke zunächst als subzelluläre Versorgungs-, Kontroll- und Informationssysteme in komplexen Gen- und Proteinnetzwerken. Mit Nervenzellen entwickelten sich schließlich zelluläre Informations-, Kontroll- und Versorgungssysteme auf der Grundlage neurochemischer Signalverarbeitung. Ameisenpopulationen sind dafür ebenso Beispiele wie menschliche Gehirne und Cyberphysical Systems der menschlichen Gesellschaft.

► Nach der Arbeitsdefinition in Kap. 1 heißt ein System intelligent, wenn es selbstständig und effizient Probleme lösen kann. Traditionell wird dabei zwischen natürlichen Systemen unterschieden, die in der Evolution entstanden sind, und technischen („künstlichen") Systemen, die in der Technikgeschichte eingeführt wurden. Der jeweilige Grad der Intelligenz hängt von der Komplexität der Probleme ab, die sich in der mathematischen Komplexitätstheorie messen lassen.

In der Evolution entwickelten sich effektive Problemlösungsverfahren ohne symbolische Repräsentation in Computermodellen. Subzelluläre, zelluläre und neuronale Selbstorganisation erzeugten die dazu passenden komplexen Netzwerke. Sie können im Prinzip durch Computermodelle simuliert werden. Diese Simulationen beruhen auf einer grundlegenden mathematischen Äquivalenz von neuronalen Netzen, Automaten und Maschinen.

So lässt sich beweisen, dass ein McCulloch-Pitts Netzwerk (vgl. Abschn. 7.2) durch einen endlichen Automaten (vgl. Abschn. 5.2) simuliert werden kann. Umgekehrt können die Leistungen eines endlichen Automaten auch von einem McCulloch-Pitts Netzwerk erreicht werden. Anders ausgedrückt: Ein Organismus, der mit einem neuronalen Nervensystem von der Art eines McCulloch-Pitts Netzwerks ausgestattet ist, kann nur Probleme von der Komplexität lösen, die ein endlicher

Automat bewältigen kann. In diesem Sinn wäre ein solcher Organismus so intelligent wie ein endlicher Automat.

Welche neuronalen Netzwerke entsprechen aber Turingmaschinen, die nach der Churchschen These als Prototypen programmkontrollierter Computer gelten?

▶ Es lässt sich beweisen, dass Turingmaschinen genau solche neuronalen Netzwerke simulieren, deren synaptischen Gewichte rationale Zahlen („Brüche") sind und über Rückkopplungsschleifen verfügen (d. h. „rekurrent" sind). Umgekehrt lassen sich Turingmaschinen genau durch rekurrente neuronale Netze mit rationalen synaptischen Gewichten simulieren [10].

Im biologischen Modell entsprechen die Zahlenwerte der Gewichte den chemischen Stärken synaptischer Verbindungen, die durch Lernalgorithmen neuronaler Netze verändert werden. Intensive synaptische Kopplungen erzeugen neuronale Verschaltungsmuster, die mentalen, emotionalen oder motorischen Zuständen eines Organismus entsprechen. Fassen wir eine Turingmaschine als Prototyp eines programmgesteuerten Computers auf, dann kann nach diesem Beweis ein Gehirn mit endlichen synaptischen Stärken von einem Computer simuliert werden. Umgekehrt können die Abläufe in einer Turingmaschine (also einem Computer) von einem Gehirn mit endlichen synaptischen Intensitätsgrößen nachvollzogen werden. Anders ausgedrückt: Der Intelligenzgrad solcher Gehirne entspricht dem Intelligenzgrad einer Turingmaschine.

Praktisch folgt daraus, dass neuronale Netze dieser Art auf einem geeigneten Computer im Prinzip simulierbar sind. Tatsächlich werden neuronale Netze für praktische Anwendungen (wie z. B. Mustererkennung) bis heute weitgehend auf Computern simuliert. Erst neuromorphe Computer würden neuronale Netze direkt nachbauen.

Was leisten aber neuronale Netze mit synaptischen Gewichten, die nicht nur rationale Zahlen (also endliche Größen wie z. B. 2,3715 mit endlich vielen Stellen der Dezimalbruchentwicklung) zulassen, sondern auch beliebige reelle Zahlen (also Dezimalbruchentwicklungen mit unendlich vielen Stellen hinter dem Komma wie z. B. 2,3715 . . . , die zudem nicht berechenbar sind)? Technisch gesprochen, würden solche Netze nicht nur digitale, sondern analoge Berechnungen durchführen.

▶ In der Signaltheorie versteht man unter einem Analogsignal ein Signal mit stufenlosem und unterbrechungsfreiem Verlauf. Mathematisch wird ein Analogsignal als glatte Funktion definiert, die unendlich differenzierbar, also insbesondere stetig ist. Anschaulich hat der Graph einer solchen Funktion keine Ecken und Unterbrechungen, die nicht differenzierbar sind. Damit lässt sich der zeitlich kontinuierliche Verlauf einer physikalischen Größe in Form eines analogen Signals beschreiben.

Ein Analog-Digital Umsetzer diskretisiert ein zeit-kontinuierliches Eingangssignal in einzelne diskrete Abtastwerte.

Tatsächlich lassen sich in einem natürlichen Organismus viele Abläufe als analog auffassen. So wird die Signalverarbeitung beim Sehen durch stetige elektromagnetische Felder beschrieben, die auf Sensoren treffen. Auch die Akustik des Hörens geht von stetigen Wellen aus. Auch bei Druck vermitteln die Hautsensoren eine stetige und keine digitale Empfindung. Nun wird man einwenden, dass Messwerte in einer endlichen physikalischen Welt endlich und daher im Prinzip digitalisierbar sind.

Von grundlegender Bedeutung für die Künstliche Intelligenz sind aber die theoretischen Konsequenzen analoger neuronaler Netze. Mathematisch lassen sich jedenfalls analoge neuronale Netze mit beliebigen reellen Zahlen als synaptischen Gewichten eindeutig definieren, wenn die mathematische Theorie der reellen Zahlen vorausgesetzt wird. Die zentrale Frage ist, ob analoge neuronale Netze „mehr" können als neuronale Netze mit rationalen Zahlen und damit „mehr" als Turingmaschinen bzw. digitale Computer. Das wäre ein zentrales Argument in der KI-Debatte, wonach Mathematik „mehr" ist als Informatik und nicht auf digitale Computer reduzierbar sei.

Eine zentrale Leistung von Automaten und Maschinen ist das Erkennen und Verstehen von formalen Sprachen (vgl. Kap. 5). Ein Automat erkennt ein eingelesenes Wort als formale Sequenz von Symbolen, wenn er nach endlichen vielen Schritten in einen akzeptierenden Zustand übergeht und stoppt. Eine von einem Automaten akzeptierte Sprache besteht nur aus Worten, die vom Automaten erkannt werden können. So lässt sich beweisen, dass endliche Automaten genau die regulären Sprachen (vgl. Abschn. 5.2) erkennen. Kontextfreie Sprachen benutzen Regeln, deren Wortableitung nicht von umgebenden Symbolen abhängen. Sie werden von leistungsfähigeren Keller-Automaten erkannt. Rekursiv aufzählbare Sprachen sind schließlich so komplex, dass sie nur von Turing-maschinen erkannt werden können.

Also können neuronale Netze mit rationalen synaptischen Gewichten (ebenso wie Turingmaschinen) ebenfalls rekursiv aufzählbare Sprachen erkennen. Dabei kann es sich sowohl um natürliche neuronale Systeme von Organismen handeln als auch um künstliche neuromorphe Computer, die den Gesetzen rekurrenter neuronaler Netze mit rationalen synaptischen Gewichten entsprechen. Es lässt sich nun beweisen:

▶ Analoge neuronale Netze (mit reellen synaptischen Gewichten) können im Prinzip auch nicht berechenbare Sprachen in exponentieller Zeit erkennen [11].

Entsprechende Beweise sind mathematisch möglich, wenn man das Konzept der Berechenbarkeit von natürlichen (und rationalen) Zahlen auf reelle Zahlen erweitert [12]. Statt digitaler Prozesse mit Differenzengleichungen lassen sich damit auch stetige reelle Prozesse mit Differentialgleichungen beschreiben. Anders ausgedrückt: Alle Arten von dynamischen Systemen wie z. B. Strömungen in der Physik, Reaktionen in der Chemie und Organismen in der Biologie lassen sich im Prinzip durch entsprechende erweiterte Analogsysteme mit reellen Zahlen darstellen.

Hintergrundinformationen
Es ist allerdings nicht zu erwarten, dass analoge neuronale Netze NP-harte Probleme in polynomialer Zeit lösen (vgl. Abschn. 3.4). So lässt sich beweisen, dass z. B. das Problem des Handlungsreisenden auch über den reellen Zahlen NP ist.
Andererseits ist nach einem Beweis des Logikers A. Tarski (1951) jede über den reellen Zahlen definierbare Menge auch entscheidbar. Demgegenüber gibt es über den ganzen Zahlen definierbare Mengen, die nicht entscheidbar sind.
Das ist eine Konsequenz des Gödelschen Unvollständigkeitssatzes der Arithmetik (vgl. Abschn. 3.4). Die reelle Berechenbarkeit ist offenbar teilweise „einfacher" als die digitale Berechenbarkeit über den ganzen Zahlen.

Der Vorteil einer auf reelle Zahlen verallgemeinerten Berechenbarkeit (analoge Berechenbarkeit) besteht auf jeden Fall darin, dass sie analoge Abläufe in Organismen, Gehirnen und neuromorphen Computern realistischer erfasst. Hier wird eine sehr tiefliegende Äquivalenz evolutionärer, mathematischer und technischer Verfahren deutlich, die eine Erweiterung der Churchschen These nahelegt:

►   Nicht nur digitale effektive Verfahren sind durch Computermodelle im Sinne einer (universellen) Turingmaschine repräsentierbar, sondern auch analoge effektive Verfahren der Natur. Wenn diese erweiterte These von Church zutrifft, dann eröffnet uns die Erfindung des Computers eine grundlegende Einsicht, die in ihrer Tragweite zunächst nicht absehbar war:
Alle effektiven dynamischen Prozesse (sowohl natürliche als auch technische bzw. „künstliche") sind auf einem (universellen digitalen oder analogen) Computer modellierbar.
Das wäre der Kern einer vereinigten Theorie komplexer dynamischer Systeme. Die symbolischen Kodes mit Zahlen im Computer wären nur unsere Art der Informationsverarbeitung, die atomare, molekulare, zelluläre und evolutionäre Prozesse repräsentieren.

Dabei lassen sich Grade der Berechenbarkeit unterscheiden: So benutzt eine nichtdeterministische Turingmaschine bei einer Berechnung neben den üblichen effektiv berechenbaren Elementaroperationen auch Zufallsentscheidungen. Dazu erweitern wir das Konzept der Turingmaschine durch den (auf Turing zurückgehenden) Begriff der Ψ-Orakelmaschine [13–15]:

►   Bei einer Ψ-Orakelmaschine wird neben den Befehlen einer (deterministischen) Turingmaschine eine Operation Ψ zugelassen (z. B. „Ersetze den Zahlenwert x durch $\Psi(x)$"), von der wir nicht wissen, ob sie berechenbar ist. Die Berechnung ist dann von dem „Orakel" Ψ abhängig.

Ein Beispiel in der Natur wäre eine Mutation als Zufallsveränderung in der effektiven Verarbeitung einer DNA-Information. Man spricht dann von relativer Berechenbarkeit:

Eine Funktion ist berechenbar relativ zu Ψ, wenn sie durch eine Ψ-Orakelmaschine berechenbar ist.

Entsprechend lässt sich eine relativierte Version der Churchschen These formulieren: Alle relativ zu Ψ effektiven Prozesse sind durch eine (universelle) Ψ-Orakel-Turingmaschine simulierbar.

Entsprechend lässt sich auch eine (für reelle Zahlen) erweiterte analoge Version der Churchschen These formulieren.

Man kann beweisen: Ein analoges neuronales Netz erkennt in polynomialer Zeit dieselbe Klasse von Sprachen, die eine geeignete Ψ-Orakel-Turingmaschine in polynomialer Zeit erkennt.

Es folgt nach unserer Definition künstlicher Intelligenz: Ein natürlicher Organismus mit einem entsprechenden analogen neuronalen Nervensystem bzw. ein entsprechendes technisches neuromorphes System sind so intelligent wie diese Ψ-Orakel-Turingmaschine.

Einige mathematische und natürliche Objekte wie z. B. eine Folge von Nullen oder ein perfektes Kristall sind intuitiv einfach, andere Objekte wie der menschliche Organismus oder die Ziffernfolge einer zufälligen Dezimalbruchentwicklung wie z. B. 0,523976 ... haben offenbar eine komplexe Entwicklungsgeschichte. Die Komplexität dieser Objekte lässt sich durch ihre logische Tiefe präzisieren, d. h. die Rechenzeit, mit der eine universelle Turingmaschine ihren Entwicklungsprozess aus einem algorithmisch zufälligen Input erzeugen kann. Rechenzeit ist dabei kein physikalisches Zeitmaß, sondern ein logisch-mathematisches Komplexitätsmaß, das die Anzahl der elementaren Rechenoperationen einer Turingmaschine in Abhängigkeit vom Input bestimmt.

Bei natürlichen Objekten entspricht der algorithmisch zufällige Input den mehr oder weniger zufälligen Ausgangsdaten der Evolution. Diese Definition der Komplexität durch logische Tiefe des Entstehungsprozesses ist also unabhängig vom jeweiligen technischen Standard einer Rechenmaschine. Es lässt sich zeigen [16], dass (komplexe) Objekte mit logischer Tiefe aus einfachen Objekten nicht „schnell" erzeugt werden können – weder mit einem deterministischen noch mit einem probabilistischen Prozess. Dieser Beweis bestätigt theoretisch unsere empirischen Kenntnisse über die Evolution des Lebens, deren komplexe Organismen über viele verwickelte und mehr oder weniger zufälligen Phasenübergänge (Bifurkationen) entstanden sind.

Die Übertragung der logischen Tiefe auf physikalische und evolutionäre Komplexität des Lebens beruht auf der Annahme der erweiterten Churchschen These, wonach sich Entwicklungs- und Entstehungsprozesse in der Natur durch Computermodelle und damit (erweiterte) Turingmaschinen mit angemessener Effizienz simulieren lassen.

Hintergrundinformationen

Prozesse der Natur werden häufig durch stetige Differentialgleichungen modelliert. Digitale Maschinen können zwar keine stetigen Differentialgleichungen dynamischer Systeme exakt lösen. (Gelegentlich ist auch der Begriff der Berechenbarkeit für stetige Systemgesetze nicht hinreichend robust, da eine berechenbare differenzierbare Funktion eine nicht berechenbare Ableitung haben kann.) Aber digitale Rechenverfahren können dynamische Prozesse durchaus mit endlicher Präzision approximieren. Selbst für stochastische Phasenübergänge, wie sie typischerweise bei komplexen dynamischen Systemen auftreten und mathematisch durch stochastische Differentialgleichungen (z. B. Mastergleichungen) beschrieben werden, sind diskrete stochastische Modelle bekannt, die auf Computern simulierbar sind.

Da Computerprogramme von Menschen ersonnen sind und für Menschen verständlich sein müssen, werden sie mit Symbolen von Programmiersprachen dargestellt. Das ist aber nur eine spezielle Kodierung von Information in technischen Systemen. In biologischen intelligenten Systemen ist eine solche Zwischenrepräsentation mit Sprachsymbolen nicht notwendig, da Informationen durch molekulare und zelluläre Wechselwirkungen verschlüsselt und verstanden werden. Der neurochemische Signalaustausch der Organismen und Neurone organisiert sich nach den nichtlinearen Gesetzen komplexer dynamischer Systeme.

Aus den einzelnen Signalen der Organismen in Populationen oder der Neuronen in Gehirnen sind die intelligenten Leistungen des Gesamtsystems nicht erkennbar. So lässt sich auch aus den elektrischen Impulsen und Spannungszuständen eines Computers seine Verarbeitung von Information und Wissen nicht ablesen. Dazu sind Übersetzungsprogramme über mehrere Schichten von der Informations- und Wissensrepräsentation bis zur Maschinensprache notwendig, die den technisch-physikalischen Signalen entspricht.

Bei Menschen ist Wissen zusätzlich mit Bewusstsein verbunden. Entsprechende Daten und Regeln werden aus dem Langzeit- in das Kurzzeitgedächtnis geladen und können dort symbolisch repräsentiert werden: Ich weiß dann, dass ich es bin, der etwas weiß, kann oder tut. Es ist prinzipiell nicht ausgeschlossen, dass KI-Systeme in Zukunft mit bewusstseinsähnlichen Fähigkeiten ausgestattet werden. Solche Systeme würden ihre eigenen Erlebnisse, Erfahrungen und Identitäten erzeugen, die sich durchaus von unseren Selbsterfahrungen unterscheiden. Auch Menschen entwickeln in unterschiedlichen sozialen Kontexten verschiedene Mentalitäten, die sie individuell unterscheiden, obwohl sie über dasselbe Informationssystem des Gehirns verfügen. Daher macht die technische Modulierung von bewusstseinsähnlichen Funktionen nur begrenzt Sinn, sofern sie für Dienstleistungsaufgaben von KI-Systemen erforderlich ist.

Eine alleinige Fixierung der KI-Forschung auf ein KI-System mit menschenähnlichem Bewusstsein wäre aber eine Sackgasse. Intelligenz entsteht erst in der Interaktion mit einer entsprechenden Umwelt. Physiologisch hat sich der Mensch mit seinem Gehirn seit der Steinzeit kaum verändert. Wir werden erst zu Menschen des 21. Jahrhunderts durch unsere Interaktionsmöglichkeiten in dieser technischen Gesellschaft.

Dabei wird die globalisierte Wissensgesellschaft selber zu einem komplexen intelligenten System, in dem vielfältige mehr oder weniger intelligente Funktionen integriert sind und der einzelne Mensch mit seinem Bewusstsein ein agierender Teil ist. Cyberphysical Systems zielen daher auf die Implementierung von sozialem und situativem Wissen in KI-Systemen, um ihre Dienstleistungsaufgaben in dieser Welt im Umgang mit dem Menschen zu verbessern. Die Devise lautet daher: Cyberphysical Systems mit Verteilter Künstlicher Intelligenz statt isolierter Künstlicher Intelligenz einzelner hochgetrimmter Roboter oder Computer!

In der Praxis ist soziales und situatives Wissen nur begrenzt durch deklarative Wissensrepräsentation erfassbar, obwohl im Prinzip nach der erweiterten Churchschen These möglich. In diesem Fall machen wir es einfach wie die Natur: Wir orientieren uns an implizitem Wissen, das ohne regelbasierte Repräsentation zur Anwendung kommt. Wir nutzen einfach die Geräte in einer telematisch vernetzten Welt der Cyberphysical Systems, ohne uns ihrer Programmierung bewusst zu sein. Sie sind mit ihren selbsterklärenden Bedienungsoberflächen quasi ergonomisch in diese technische Welt ebenso eingebettet, wie in früheren Lebenswelten der Pflug auf dem Feld oder Hammer und Amboss in einer Schmiede.

Daher lässt sich ein einseitiges Forschungsprogramm der KI kritisieren, das sich auf den Bau eines Roboters mit menschenähnlichem Bewusstsein und möglichst vollständiger Wissensrepräsentation seiner Außenwelt einschränkt. Wir sollten vielmehr unsere menschliche Lebenswelt mit ubiquitär verteilten KI-Funktionen in Cyberphysical Systems ausstatten und damit lebenswerter machen.

Hintergrundinformationen
Für die Robotik hatte R. A. Brooks vom AI-Laboratory des MIT „Intelligenz ohne Repräsentation" propagiert, die sich während der Evolution für Insektenpopulationen als Schwarmintelligenz entwickelt hat. An die Stelle von Robotern, die motorische Wissensrepräsentation auf hohem Niveau von Programmiersprachen entschlüsseln müssen, treten einfache Maschinen, deren Prozessoren ohne starre Programmabläufe interagieren. Intelligente Problemlösungen dieser Roboterpopulationen sind kollektive Leistungen ohne Wissensrepräsentationen der einzelnen Maschinen [17].

In Zukunft wird sicher eine integrierte Strategie zu verfolgen sein, die KI-Hybridsysteme mit wissensbasierter Programmierung und situativem Lernen verbindet. Nur so wird es möglich sein, dass Roboter sich nicht nur geschickt untereinander in ihren Aktionen abstimmen, sondern auch wie höher entwickelte biologische Systeme planen und entscheiden können. In Kognitions- und KI-Forschung wächst die Einsicht, dass die Rolle von Bewusstsein beim menschlichen Problemlösen überschätzt und die Rolle von situativem und implizitem Lernen unterschätzt wurde. Intelligenz ist danach eine sich interaktiv entwickelnde Fähigkeit und keine statische und starr programmierte Eigenschaft eines isolierten Systems.

Hintergrundinformationen
Gesellschaften sind äußerst komplexe Systeme von interagierenden Individuen, Institutionen und Teilsystemen, deren nichtlineare Dynamik sich in Phasenschüben entwickelt. Wegen der vielfältigen Messgrößen und Variablen, von denen ihre Entwicklung abhängt, spricht man auch von hochdimensionalen Systemen. Ähnlich wie biologische Organismen mit ihren Milliarden von interagierenden Zellen, Organen und Nervensystemen lassen sich Gesellschaftssysteme als Superorganismen verstehen, die mit wirtschaftlichen Stoffwechselkreisläufen und extrasomatischen Informationssystemen ausgestattet sind. Diese Metapher der Soziobiologie kann mit der Theorie komplexer dynamischer Systeme präzisiert werden.

Beispiele sind dynamische Konjunkturmodelle von Wirtschaftssystemen, Modellierungen von Verkehrsnetzen, Energieversorgungssystemen oder dynamische Modelle des Internets. Gesellschaften wachsen daher mit Cyberphysical Systems in komplexen dynamischen Kommunikationssystemen zusammen. Komplexe dynamische Systeme organisieren sich unter geeigneten Rand- und Anfangsbedingungen weitgehend selber. Es kommt darauf an, die passenden Kontrollwerte zu beeinflussen, damit sich das komplexe System in der gewünschten Weise selber entwickelt.

Die Dynamik menschlicher Gesellschaften ist insofern noch weit komplexer als Gen- und Proteinnetze, zelluläre Organismen, Gehirne und Tierpopulationen, da in ihnen bewusstseinsbegabte Menschen mit eigenem Willen interagieren. Menschen werden also nicht nur wie Moleküle in einem Flüssigkeitsstrom von kollektiven Trends und Wirbeln erfasst und getrieben. In instabilen Situationen können wenige Menschen, wie die Geschichte zeigt, die globale Dynamik verändern, sei es durch politische Revolutionen oder technisch-wissenschaftliche Innovationen. Tagtäglich wirken Millionen von Menschen willentlich oder unwillentlich an der Erzeugung von Trends in der globalen sozialen und wirtschaftlichen Dynamik einer Gesellschaft mit. Dabei finden vielfältige Rückkopplungen zwischen Menschen und ihrer gesellschaftlichen Umwelt statt, die ihrerseits unbewusste Seiteneffekte auslösen können. Mit Verteilter Künstlicher Intelligenz entsteht so ein äußerst komplexes Kommunikations- und Versorgungssystem, dessen Dynamik durch technische, wirtschaftliche, soziale und kulturelle Netzwerke bestimmt wird.

▶ Als Grundlage einer vereinigten Theorie komplexer Netzwerke zeichnen sich die Gesetze komplexer dynamischer Systeme ab, die in Computermodellen modellierbar sind [18, 19]. System- und Evolutionsbiologie, Gehirn- und Kognitionsforschung ebenso wie die Soft- und Hardwareentwicklung von Computern, Robotern, Cyberphysical Systems mit Internet und telematisch vernetzter Gesellschaften liefern erste Einsichten.

Wegen des Gödelschen Unvollständigkeitssatzes wird es zwar keinen Supercomputer geben, der alles Wissen formal vollständig repräsentieren könnte. Unvollständige Systeme können aber schrittweise erweitert werden, um immer reichhaltigere Wissensrepräsentationen unbegrenzt zu erschließen. Die Gesetze komplexer dynamischer Systeme erlauben uns, Trends, kritische Phasen und Attraktoren der Entwicklung abzuschätzen. Die wissenschaftliche Herausforderung der Systemforschung besteht dann darin, die komplexe Netzdynamik der Cyberphysical Systems und Kommunikationssysteme menschlicher Gesellschaft immer besser zu verstehen.

In der Praxis handeln intelligente Systeme, wie schon H. Simon als einer der Gründungsväter der KI am Beispiel der Wirtschaft zeigte, unter den Bedingungen beschränkter Rationalität. Bei dieser kontext- und situationsabhängigen Beschränkung handelt es sich nicht um prinzipielle Grenzen des Wissens. Sie lassen sich nämlich im Sinne des Gödelschen Unvollständigkeitssatzes im Prinzip überwinden, um auf neue revidierbare Grenzen zu stoßen.

Wissen entsteht durch Konstruktionen von Modellen der Außenwelt, die mit Methoden und Programmen, Organisationen und Institutionen von komplexen dynamischen Systemen erzeugt werden. Auch biologische Systeme wie Menschen verfügen über Wissen als mentale Konstruktionen im Kopf und nicht als Spiegelbilder der Außenwelt. Kollektive Informationssysteme wie menschliche Gesellschaften erzeugen ihr kollektives Wissen als soziale Konstruktion. Eingeschränkte Wissensrepräsentationen sind also Systemkonstruktionen. Mit dieser selbst erzeugten Welt im Kopf operieren intelligente Systeme in offenen Informationsräumen unter den sich dynamisch verändernden Bedingungen beschränkter Rationalität.

10.3   Quantencomputer und Künstliche Intelligenz

Bisher betrachteten wir Künstliche Intelligenz auf Maschinen der klassischen Physik. Mit Quantencomputing gehen wir zurück auf die kleinsten Einheiten der Materie und die Grenzen von Naturkonstanten wie dem Planck'schen Wirkungsquantum und der Lichtgeschwindigkeit – die Ultima Ratio eines Computers. Als physikalische Maschine hängt die Leistungsfähigkeit eines Computers von der verwendeten Schaltkreistechnologie ab. Ihre wachsende Miniaturisierung hat zwar neue Computergenerationen mit wachsender Speicherkapazität und verkürzter Rechenzeit geliefert. Wachsende Verkleinerung führt uns aber in den Größenordnungsbereich von Atomen, Elementarteilchen und kleinsten Energiepaketen (Quanten), für die unsere gewohnten Gesetze der klassischen Physik nur noch eingeschränkt gelten. An die Stelle von klassischen Maschinen nach den Gesetzen der klassischen Physik müssten dann Quantencomputer treten, die nach den Gesetzen der Quantenmechanik funktionieren [20].

Quantencomputer würden mit enormer Steigerung der Rechenkapazität zu Durchbrüchen der Informations- und Kommunikationstechnologie führen. Probleme wie z. B. das Faktorisierungsproblem, die bisher exponentielle Komplexität besaßen und damit praktisch unlösbar waren, werden dann polynomial lösbar sein. Technisch würden also Quantencomputer zu einer immensen Steigerung unserer Problemlösungskapazitäten führen. Im Sinne der Komplexitätstheorie der Informatik könnten die bisher hohen Rechenzeiten einzelner Probleme erheblich verkürzt werden (z. B. mit polynominaler Rechenzeit, obwohl sie bei klassischen Computern nicht zur Komplexitätsklasse P gehören). Könnten Quantencomputer aber auch nicht-algorithmische Denkprozesse jenseits der Komplexitätsgrenze einer universellen Turing-Maschine realisieren? Würden sie damit neue Möglichkeiten der Künstlichen Intelligenz eröffnen?

Erinnern wir uns zunächst an einige Basiseigenschaften der Quantenphysik [21]:

Hintergrundinformationen

Ein Quantenobjekt (z. B. Photon) verhält sich wie ein Teilchen, solange wir eine Teilcheneigenschaft wie z. B. Ort oder Impuls messen. Misst man eine Welleneigenschaft wie z. B. die Frequenz von Licht, so verhält sich das Quantenobjekt (z. B. Photon) wie eine Welle. Ob das Quantenobjekt Welle oder Teilchen ist, liegt also nicht wie bei Fußbällen oder Wasserwellen in der klassischen Physik von vornherein fest, sondern wird erst durch die jeweilige experimentelle Messanordnung entschieden. Dieser Welle-Teilchen-Dualismus der Quantenphysik unterscheidet sich grundlegend von der Welt der klassischen Physik.

Im Bohr'schen Atommodell bedeutet die Überlagerung (Superposition) zweier Zustände eines Elektrons anschaulich, dass sich das Elektron auf zwei verschiedenen Umlaufbahnen gleichzeitig befindet. Diese Unbestimmtheit dauert so lange, bis das Elektron nach einer gewissen Zeit ein Photon emittiert oder absorbiert und sich damit auf einen seiner Zustände festlegt. Das geschieht bei einer Wechselwirkung z. B. mit einem Laserpuls. Zwei Wellen, die in einem Gleichtakt wie eine einzige Welle schwingen, heißen auch kohärent. Der Vorgang, durch den sie in ihren eigenen Zustand versetzt werden, heißt Dekohärenz.

▶ Wenn wir Wasserstoffatome zur Speicherung von Information benutzen, so wird neben dem Grundzustand mit Energie E_0 für 0 und dem angeregten Zustand mit Energie E_1 für 1 auch ein Zwischenzustand zu berücksichtigen sein, in dem die Welle des Grundzustandes und die des angeregten Zustands mit gleicher Amplitude überlagert sind. Ein solches

Quantenbit (Qubit) ist halb 0 und halb 1. Dagegen ist ein klassisches Bit immer entweder 1 oder 0.[1]

Beispiel

Erwin Schrödinger hat überlagerte Quantenzustände im Gedankenexperiment mit einer Katze illustriert, die zusammen mit einer Blausäureflasche in eine Kiste eingesperrt ist.[2] Ein Hammermechanismus ist mit einem Zufallsprozess wie z. B. dem Zerfall eines Atomkerns verbunden. Zerfällt der Atomkern, wird der Hammermechanismus ausgelöst, die Blausäureflasche zerstört und tödliches Gift freigesetzt. Niemand kann aber voraussagen, ob der Atomkern zerfällt und damit die Katze tot oder lebendig ist. Nach Schrödinger befindet sich die Katze in der Kiste in einem überlagerten Zustand von tot und lebendig, entsprechend den sich überlagernden Zustände der Quantenzustände „zerfallen" und „nicht-zerfallen" des Atomkerns. Erst durch Messung und Beobachtung, d. h. durch Öffnen der Kiste wird der Überlagerungszustand aufgehoben und die Katze ist entweder „tot" oder „lebendig". Man spricht dann auch vom „Kollaps" bzw. der „Reduktion" des überlagerten „Wellenpakets" beider Teilzustände „tot" und „lebendig". Das Wellenpaket der Überlagerung entspricht mathematisch einer Wahrscheinlichkeitsamplitude für beide Teilzustände.

Für den technischen Bau von Quantencomputern ergeben sich große Möglichkeiten, aber auch erhebliche Probleme der Realisation. Neben der winzigen Größe von atomaren Schaltern, ihrer enormen Schalt- und Signalgeschwindigkeit und ihres geringen Energiebedarfs könnten Quantencomputer zur gleichzeitigen (parallelen) Verarbeitung großer Datenmassen benutzt werden. Der Grund ist das Überlagerungsprinzip (Superpositionsprinzip) der Quantenphysik, das die Bildung von Quantenbits erlaubt. Bei serieller Datenverarbeitung muss eine Entscheidung für eine große Datenmasse nacheinander für jede einzelne Dateneinheit geprüft werden.

---

[1] Historisch wurde die Bezeichnung „Qubit" von W. Wooters, einem Schüler von J. Wheeler, und B. Schumacher 1992 eingeführt. Die Idee eines Quantencomputers beginnt mit [22].
[2] Für weitere Quellen: vgl. [21].

Hintergrundinformationen

Bei paralleler Datenverarbeitung kann der Entscheidungsalgorithmus für alle Daten gleichzeitig arbeiten. Für einen Quantencomputer werden dazu alle möglichen Eingabebits in einen Überlagerungszustand (Superposition) von 0 und 1 zu gleichen Anteilen versetzt. Nach Verarbeitung dieses Inputs in der atomaren Schaltkreistechnologie des Quantencomputers erhalten wir eine Überlagerung aller möglichen Ausgaben dieser Berechnung. Diese gleichzeitige Verarbeitung aller möglichen Eingaben heißt Quantenparallelität. Anschaulich haben einige Autoren den Quantenparallelismus mit der Überlagerung von Tonwellen verschiedener Musikinstrumente verglichen, die in einem Orchester gleichzeitig spielen. Wir erhalten nie die Melodie eines einzelnen Instruments, das eine Tonfolge seriell abspielt, sondern nur in Überlagerung mit anderen Tonfolgen.

Zwischen der Überlagerung von akustischen Wellen und Quantenwellen besteht aber ein grundlegender Unterschied. „Quantenwellen" sind Wahrscheinlichkeitsamplituden. Der Zwischenzustand überlagerter Quantenbits springt nämlich bei Wechselwirkung mit der Außenwelt (z. B. Laserpuls eines Ablesegeräts) zufällig in binäre Bitzustände (also 0 oder 1). Im Unterschied zu akustischen Wellen verändert sich also eine einzelne „Quantenmelodie", wenn wir sie aus der Überlagerung aller Quantenmelodien „herauslesen". In der Quantenphysik sagen wir dazu, dass die Kohärenz der Überlagerungszustände bei Wechselwirkung mit der Außenwelt (z. B. Beobachtungs- und Messvorgänge) verloren geht (Dekohärenz). Für Quantencomputer treten damit große technische Probleme auf, wie nämlich Quantenbits (als kohärente Quantenzustände) stabil gespeichert werden können, ohne sich unkontrolliert und zufällig durch Störung von außen (z. B. Wechselwirkung mit Materialien) zu verändern.

Die Gesetze der Quantenmechanik haben praktische Konsequenzen für das Rechnen von Computern. Wenn wir z. B. zwei Teilaufgaben eines Problems zu lösen haben, dann muss ein klassischer Computer nacheinander (seriell) zunächst die eine und danach die andere Teilaufgabe bearbeiten. Bei einem Quantencomputer könnten jedoch die beiden Teilaufgaben als Überlagerung von Zuständen zusammengefasst und gleichzeitig bearbeitet werden. Analog zu Parallelrechnern mit mehreren Prozessoren sprechen wir dann von Quantenparallelismus.

Beispiel

Als Beispiel betrachten wir eine Aufgabe, wonach ein Computer eine natürliche Zahl mit einer bestimmten Eigenschaft finden soll. Ein klassischer Computer zählt die Zahlen 1, 2, 3, ... auf und prüft nacheinander, ob die jeweilige Zahl die geforderte Eigenschaft hat. Wenn die gesuchte Zahl n sehr groß ist, dann muss das Kriterium n-mal geprüft und damit enorme Rechenzeit verbraucht werden. Ein Quantencomputer könnte das Kriterium für eine große Anzahl von Zahlen gleichzeitig und damit nur einmal prüfen.

Wie üblich werden dabei Dezimalzahlen durch Binärzahlen dargestellt, die Bitsequenzen entsprechen. Im Quantencomputer wird ein Bit durch einen alternativen Quantenzustand eines Quantensystems repräsentiert. Als Beispiel wählen wir den alternativen Spin eines Elementarteilchens, der anschaulich gesprochen links oder rechts herumdrehend sein kann. Dabei soll 0 der einen, 1 der anderen Spinrichtung entsprechen. Eine Bitsequenz repräsentiert dann eine Folge von sich drehenden Elementarteilchen. Je nach ihren Spins kann eine Kombination von binären Zuständen aus z. B. sieben Teilchen 2^7 Möglichkeiten wie 0000000 (für die Dezimalzahl 0), 0000001 (für die Dezimalzahl 1), 0000010 (für die Dezimalzahl 2) etc., also jede Zahl zwischen 0 und 127 darstellen.

In einem klassischen Computer müssten die Dualzahlen 0000000, 0000001, 0000010, . . . nacheinander eingegeben und dann auf das geforderte Kriterium geprüft werden. Die Spins können durch hinreichend starke Energie-Impulse in die gegensätzliche Spinrichtung befördert werden. Bei schwachen Energie-Impulsen ändert das Teilchen jedoch nur manchmal seinen Spin, manchmal auch nicht. In diesem Fall liegt also Zufall vor und wir können nur Wahrscheinlichkeitsaussagen über das Spinverhalten aufstellen.

Während Schrödingers Katze in einem geschlossenen Kasten gleichzeitig tot und lebendig war, ist das Teilchen dann entsprechend, solange es unbeobachtet und ungemessen ist, in einem überlagerten Zustand (Superposition) gegensätzlicher Spins. Werden alle sieben Teilchen mit jeweils schwachen Energie-Impulsen befeuert, dann sind alle sieben Teilchen in überlagerten Zuständen, solange sie nicht beobachtet und gemessen werden. In dieser Superposition können sie alle 128 verschiedenen Zustände und damit Zahlen zugleich darstellen.

Wenn also ein Quantencomputer mit diesen sieben Teilchen in dieser Superposition präpariert wird, dann kann er das geforderte Kriterium auf einmal für alle 128 Zahlen gleichzeitig prüfen. Man macht sich leicht klar, dass bereits wenige Hunderte von Teilchen gigantische Anzahlen gleichzeitig repräsentieren können und damit zu heute unvorstellbaren Rechengeschwindigkeiten führen. Werden aber einzelne Werte ausgelesen, bricht die Superposition (Wahrscheinlichkeitsamplitude) „zufällig" in ihre Teilzustände zusammen und wird auf die speziellen Werte ihrer Teilzustände reduziert.

Ein Quantencomputer arbeitet nach den Gesetzen der Quantenphysik, nach denen die Ausgabe von Quantenzuständen aufgrund der eingegebenen Quantenzustände eindeutig berechenbar ist, solange ihre Kohärenz nicht gestört wird. In der Quantenphysik entwickelt sich ein Quantenzustand in der Zeit eindeutig bestimmt nach der Schrödingergleichung, die eine deterministische Differentialgleichung ist. Soweit lässt sich der Rechenprozess eines Quantencomputers nach dem Vorbild einer deterministischen Turingmaschine verstehen so wie bereits früher andere Computergenerationen auf mechanischer, elektromechanischer oder elektronischer Grundlage [23]. Wegen des Quantenparallelismus können aber durch einen Quantencomputer gigantische Datenmengen blitzschnell gleichzeitig bearbeitet werden, die sich in Superposition eines einzigen Quantenzustands befinden. Beim Auslesen der einzelnen Daten tritt ein prinzipiell nicht voraussagbarer Zufallsprozess ein. Das macht Quantencomputer zu einer nicht-deterministischen Turingmaschine.

Im vorherigen Abschn. 10.2 wurde eine Hierarchie von Automaten und Maschinen vorgestellt, die neuronalen Netzen wachsender Leistungsfähigkeit entsprechen. Turingmaschinen sind danach mathematisch äquivalent zu neuronalen Netzen mit rationalen Zahlen als synaptischen Gewichten. Sie können rekursive Sprachen erkennen, die durch Chomsky-Grammatiken bestimmt sind. Analognetze mit reellen Zahlen als synaptischen Gewichten entsprechen speziellen Orakelmaschinen, also Turingmaschinen, die um (polynomial beschränkte) Orakel erweitert sind und sogar nicht-rekursive Sprachen erkennen können.

▶ Quantencomputer sind nicht-deterministische Orakelmaschinen, die auf Quantenorakel zurückgreifen. Unter Quantenorakel wird die zufällige Reduktion des Wellenpakets (Superposition von Daten) verstanden, die beim Auslesen der Daten des Maschinenoutputs eintritt.

Quantencomputer lassen sich ebenfalls durch Zelluläre Quantenautomaten bzw. Neuronale Quantennetze charakterisieren [24, 25]. Damit stellt sich die Frage, mit welchem Modell neuronaler Netze das menschliche Gehirn zu beschreiben ist.

Hintergrundinformationen

Roger Penrose, britischer Mathematiker mit bedeutenden Beiträgen zur mathematischen Physik und Kosmologie, versucht das menschliche Gehirn als eine besondere Art von Quantencomputer zu verstehen [26, 27]. In der Penrose-Hypothese sind Spekulationen und richtige Argumente miteinander verwoben. Daher verdient sie eine nähere Analyse. Penrose argumentiert zunächst als Mathematiker, wonach Mathematik nicht auf digitale Maschinen nach dem Vorbild der Turingmaschine zurückführbar sei. Tatsächlich sind bei mathematischen Beweisen Grade der Berechenbarkeit jenseits der Turingmaschine zu unterscheiden [28]. Die erwähnten Orakelmaschinen und Analognetze sind dafür Beispiele.

Penrose geht aber noch einen Schritt weiter und möchte mit der Quantenphysik das Phänomen des menschlichen Bewusstseins erklären. Die komplexe Koordination vieler Teilzustände im Gehirn, die beim bewussten Denken notwendig ist, beschreibt er durch eine quantenphysikalische Superposition. Das entspricht dem Quantenparallelismus in einem Quantencomputer. Das „Auslesen" von Ergebnissen findet beim Quantencomputer durch eine Reduktion der Superposition statt. Da diese Reduktion quantenphysikalisch prinzipiell unberechenbar bzw. nicht-algorithmisch („zufällig") ist, versucht Penrose damit auch die Kreativität und Überlegenheit des menschlichen Denkens über den deterministischen Computer zu begründen. Demgegenüber brauchen algorithmische Vorgänge wie in einem Computer kein Bewusstsein. Das entspricht auch unserer intuitiven Vorstellung, wonach routinemäßige Tätigkeiten unbewusst ablaufen.

Umstritten ist vor allem die neurobiologische Spekulation von Penrose, wonach sich der mit einer Superposition verbundene Bewusstseinszustand in den sogenannten Mikrotubuli des Gehirns erklären lässt. Mikrotubuli sind winzige Eiweißröhrchen im Zytoskelett von Zellen. Ein bewusstes Ereignis entsteht danach, wenn sich eine Superposition in vielen Microtubuli über das gesamte Gehirn verteilt einstellt. Das würde voraussetzen, dass es in den Mikrotubuli auch das geeignete Medium gibt, mit dem dieser Quanteneffekt aufrechterhalten bleiben könne.

Quantenphysikalische Superpositionen sind aber in der Natur von derart kurzer Dauer, dass sie zerfallen, bevor sie Einfluss auf neuronale Prozesse nehmen könnten. Dabei ist das Gehirn vermutlich viel zu warm für Superpositionen, die im Labor bei sehr niedrigen Temperaturen hergestellt werden. Dass Quanteneffekte sich auch auf molekularer und zellulärer Ebene auswirken können, ist unbestritten. Die Quantenchemie beschreibt z. B. Quantenprozesse beim Ausstoß von Transmittermolekülen, die beim Auftreten von Aktionspotentialen mitwirken. Die Aufrechterhaltung einer Superposition, die mit dem Auftreten eines Gedankens verbunden sein müsste, ist allerdings wesentlich größer als die gemessenen Quanteneffekte im Gehirn.

Die Quantenphysik ist Grundlage für die Evolution der Natur. Am Anfang stand ein Quantenvakuum, aus dem sich Elementarteilchen und Atome entwickelten. Diese Grundschicht der Natur lässt sich nur mit den Gesetzen der Quantenphysik beschreiben. Die daraus entstehenden Molekularstrukturen liegen je nach Größe an der Schnittstelle von Quantenchemie und klassischer Physik. Biologische Systeme bis einschließlich zum Stoffwechsel in Gehirnen lassen sich im Rahmen der Chemie und klassischen Physik erklären. Die klassische Physik lässt sich approximativ in die Quantenphysik einbetten, wenn wir z. B. „langsame" Geschwindigkeiten (relativ zur Lichtgeschwindigkeit), „große" Systeme (relativ zu Elementarteilchen) und „schwache" Gravitation (relativ zur Anziehung Schwarzer Löcher) betrachten.

Es scheint so zu sein, dass Mikrosysteme durch die Eigentümlichkeit ihrer (nichtlinearen) Wechselwirkung zur Bildung neuer makroskopischer Strukturen führen – von den Elementarteilchen, Atomen und Molekülen bis zu Organen und Gehirnen: In umgekehrter Richtung erklären sich Organzustände aus zellulären Wechselwirkungen, Zellzustände aus molekularen Wechselwirkungen, molekulare Zustände aus atomaren Wechselwirkungen etc. In Abschn. 10.1 wurde dazu das Prinzip lokaler Aktivität in komplexen dynamischen Systemen eingeführt, um die Entstehung komplexer Strukturen in der Natur mathematisch zu beschreiben. Dabei ist merkenswert, dass Makrozustände eines komplexen Systems sich nicht auf die einzelnen Mikrozustände reduzieren lassen – von der Superposition von Quantensystemen bis zum Leben von Zellen und Organismen.

Alle bisherigen Messungen und Beobachtung sprechen dafür, dass auch im Gehirn die Entstehung neuer Strukturen und Zustände „schichtweise" zu erklären ist: Quantenmechanische Wechselwirkungen von Elementarteilchen erzeugen quantenchemische Zustände in Synapsen, deren molekulare Wechselwirkung zu Verschaltungsmustern neuronaler Netze führt, die mit kognitiven Zuständen des Gehirns verbunden sind. Bewusstseinszustände sind deshalb, wie bereits in Abschn. 7.3 ausgeführt wurde, keine prinzipiell unlösbaren „Rätsel". Mediziner nutzen bereits ihr Wissen über die zugrundeliegenden neuronalen Verschaltungsmuster, um Patienten bei Operationen schrittweise zu sedieren oder in Narkose oder ins Koma zu versetzen.

Während aber im Machine Learning die Entstehung von Wahrnehmung aus neuronalen Verschaltungsmuster technisch erzeugt wird, reicht das bisherige Wissen über Bewusstseinszustände – jedenfalls wie wir es von Menschen und höheren Lebewesen kennen – nicht aus, um Bewusstsein technisch zu erzeugen: Selbstwahrnehmung heutiger Roboter sind nur erste Schritte in dieser Richtung.

Wie mehrfach in diesem Buch betont wurde, hat und wird sich Technik keineswegs auf die Simulation von natürlichen intelligenten Systemen beschränken. In Abschn. 10.1 wurden neuromorphe Rechnerstrukturen erläutert, die in dieser Weise in der Natur nicht auftreten, aber die Vorteile neuronaler Systeme der Natur mit den Vorteilen technischer Rechnerstrukturen verbinden. Ebenso sind neuronale Quantencomputer denkbar, in denen die enorme Rechengeschwindigkeit und Speicherkapazität von Quantencomputer mit neuronalen Netzen verbunden werden. Am Ende ist es technisch nicht auszuschließen, dass die Hypothese von Penrose, wonach Bewusstseinszustände im menschlichen Gehirn durch quantenphysikalische Superpositionen zu erklären seien, neurobiologisch falsch ist, aber mit einer quantenphysikalischen Rechnerstruktur eines Tages realisiert werden könnte. Die technische Herausforderung besteht zunächst darin, Superpositionen über einen längeren Zeitraum als in der Natur unabhängig von Umweltbedingungen zu realisieren. Ob und wie sie aber mit Bewusstseinszuständen verbunden werden können, ist dann noch eine ganz andere Frage.

▶   Eine Grundthese dieses Buchs ist es, dass die biologische Evolution intelligenter Systeme nur eine Möglichkeit war, die sich mehr oder weniger zufällig auf diesem Planeten ergeben hat. Im Rahmen der Gesetze von Logik, Mathematik und Physik sind andere technische Entwicklungen durchaus möglich, die teilweise schon realisiert wurden. Im Rahmen dieser Gesetze ist der Innovationsraum prinzipiell offen.

Wird es dadurch erkenntnistheoretische Durchbrüche geben, wonach bisher prinzipiell unentscheidbare und unlösbare Probleme mit Quantencomputern entscheidbar und lösbar werden?

▶   Der prinzipiellen Unentscheidbarkeit und Unlösbarkeit von Problemen liegen Gesetze der Logik und Mathematik zugrunde.

Auch ein Quantencomputer wird daher im Prinzip nicht mehr
lösen als nach der logisch-mathematischen Berechenbarkeitstheorie möglich ist: Prinzipiell algorithmisch unlösbare und unentscheidbare Probleme bleiben auch für Quantencomputer
unlösbar [29].

So ist z. B. das Stopp-Problem einer Turingmaschine auch für einen
Quantencomputer unentscheidbar. Ein weiteres Beispiel ist das Wortpro-
blem der Gruppentheorie, wonach für zwei beliebige Ausdrücke einer
Symbolgruppe geprüft werden muss, ob sie durch vorgegebene Um-
formungsregeln ineinander überführt werden können. Dahinter steckt
ein vielfach in der Praxis auftretendes Problem, ob Ausdrücke z. B. in
Sprachsystemen aufeinander zurückführbar sind oder nicht.

In der Berechenbarkeitstheorie wurde bewiesen, dass es keinen Algorithmus gibt, der in jedem Fall zu einer Entscheidung kommt. Daran
wird auch kein Quantencomputer etwas ändern. Es wird also auch in einer Zivilisation mit Quantencomputern keine Maschine geben, die alle
Probleme algorithmisch lösen kann. Gödels und Turings logisch-mathematische Grenzen bleiben also bestehen, wenn es auch zu gigantischen
Steigerungen der Rechengeschwindigkeit und Rechenkapazität kommen
wird. Jede Art von physikalischer, chemischer, biologischer und neuromorpher Rechnerstruktur wird die Gesetze der Logik und Mathematik
beachten – wie auch die Evolution der Natur selber.

Neben dem Superpositionsprinzip besagt ein weiteres (klassisch)
merkwürdiges Phänomen der Quantenphysik, dass zwei räumlich weit
entfernte Körper wie z. B. Elementarteilchen über einen gemeinsamen
Quantenzustand miteinander korreliert („verschränkt") sein können,
obwohl sie über keinerlei Mechanismus miteinander wechselwirken.

▶ In EPR (= Einstein-Podolsky-Rosen) Experimenten wurden z. B.
Photonenpaare analysiert, die aus einer zentralen Quelle in entgegen-
gesetzter Richtung auf polarisierte Filter fliegen[3]. Die Korrelationen
der Polaritätszustände werden als Verschränkungen der örtlich getrennten („lokalen") Photonen in einem („nicht-lokalen") Gesamtzustand
verstanden. Aufgrund einer Korrelation bestimmt nun eine an einem

---

[3] Zur Interpretation der EPR-Experimente vgl. [30].

System vorgenommene Messung im selben Augenblick das Ergebnis einer Messung an dem anderen System. Das lässt sich für zwei auseinandergeflogene Fußbälle im Rahmen der klassischen Physik nicht verstehen, wird aber von der Quantenmechanik für Quantensysteme präzise vorausgesagt und im EPR-Experiment bestätigt.

Klassische Information kann zwischen Sendern und Empfängern übertragen werden, die durch unterschiedliche physikalische, chemische und biologische Trägersysteme realisierbar sind. Allerdings dürfen Sender und Empfänger nicht im Größenbereich von Quanteneffekten miniaturisiert sein. In der Quantenwelt entspricht der Sender der Präparation eines Quantensystems, der Empfänger seiner Messung. Die Quantensysteme (z. B. Elementarteilchen), die sich vom präparierten Zustand eines Experiments zur Messung entwickeln, überbringen in diesem Sinn eine Information [31].

▶ Quanteninformation wird als diejenige Information verstanden, die durch Quantenteilchen von der Präparation zum Messapparat eines quantenmechanischen Experiments übertragen wird.

An den so präparierten Systemen werden Messungen und Beobachtungen ausgeführt: An dem immer gleichen Versuchsaufbau mit Präparation des Anfangszustands eines Quantenteilchens und Messung seines Endzustands können nun wiederholte Experimente ausgeführt werden. Für eine solche Messreihe werden dann die relativen Häufigkeiten der Versuchsergebnisse notiert und als Grundlage für statistische Vorhersagen verwendet. Sollte es zu groben Abweichungen vom typischen Verhalten einer Zufallsfolge kommen, gilt die Messung als fehlgeschlagen.

In der Quantenphysik lassen sich verschränkte Quantenzustände verwenden, die eine augenblickliche Quantenteleportation von Quanteninformation an entfernte Empfänger erlauben. Das ist kein Widerspruch zur Relativitätstheorie, wonach Signalübertragungen maximal nur mit Lichtgeschwindigkeit möglich sind. Tatsächlich handelt es sich ja nicht um eine „Wechselwirkung" zwischen zwei an verschiedenen Orten befindlichen Objekten. Quantenphysikalisch wird vielmehr durch die EPR-Korrelation ein einziger Quantenzustand hergestellt, der sich über den Raum zwischen den beiden Objekten verteilt.

Der Haken an der Quantenteleportation besteht allerdings darin, dass die zu sendende Quanteninformation unbekannt ist und sich erst durch den Zufall einer Messung entscheidet. Quantenteleportation kann daher nicht zur direkten Informationsübertragung verwendet werden. Insofern besteht auch kein Konflikt zur Relativitätstheorie, wonach keine Wechselwirkung schneller als Licht sein kann. Solange wir jedoch Quanteninformation nicht messen, auslesen und beobachten, kann sie augenblicklich und in beliebiger Überlagerung übertragen werden.

Technisch wurden bereits verschränkte Zustände über Kilometer lange Entfernungen auf der Erde realisiert. Mit den genannten statistischen Einschränkungen lässt sich Quantenteleportation realisieren. Lichtgeschwindigkeit mag bei der Informationsübertragung im Internet auf der Erde keine wirksame Grenze sein. Bei der Raumfahrt zum Mars in einigen Jahren wird aber die Verzögerung durch die Lichtgeschwindigkeit bei der Informationsübertragung und Steuerung von der Erde aus bereits zum Problem. Daher wird die technische Realisation verschränkter Zustände im kosmischen Maßstab eine Herausforderung der Zukunft sein. In Kap. 9 ging es um die Kommunikation mit intelligente Infrastrukturen auf der Grundlage des Internets der Dinge mit Lichtgeschwindigkeit.

Fragen
Wie lassen sich intelligente Infrastrukturen im kosmischen Maßstab auf der Grundlage eines Quanteninternets realisieren?

10.4 Singularität und Superintelligenz?

Bisher wurde gezeigt, wie KI-Systeme Menschen in bestimmten Sparten überflügeln. KI-Systeme können schneller rechnen, antworten und Fragen stellen, Zusammenhänge erkennen und voraussagen, größere Datenmengen bewältigen, besitzen ein umfangreicheres Gedächtnis etc. Bei allen exponentiellen Steigerungen der Rechen- und Speicherleistungen ändert sich allerdings nichts an den prinzipiellen Grundlagen: Unentscheidbare Probleme bleiben auch weiterhin nicht lösbar. Dennoch sind – wenigstens theoretisch – erstaunliche Steigerungen von Intelligenz in KI-Systemen denkbar, die Menschen überlegen sind. Dann sprechen wir von Superintelligenz [32]. Folgende Beispiele dienen der Erläuterung:

Beispiel

1. **Schnelle Superintelligenz:** Ein KI-System kann alles, was Menschen können, nur schneller.

Wir kennen die Erfahrung, wenn wir schneller als andere oder andere schneller als wir sind. Im ersten Fall erleben wir eine Zeitdehnung und langweilen uns zunehmend. Im anderen Fall fühlen wir uns überfordert. Denkbar sind Leistungssteigerungen von künstlichen KI-Systemen auf der Basis von Silizium oder organischen Stoffen wie z. B. Kohlenstoff in der Nanoelektronik nach dem Mooreschen Gesetz. Möglich wären aber auch neuromorphe Systeme, die neuronales Gewebe verwenden, das in der synthetischen Biologie entwickelt würde. Dieses Gewebe könnte sowohl im Schadensfall als auch zur Leistungssteigerung (enhancement) in lebenden Gehirnen implantiert werden. Enhancement des natürlichen Gehirns ist ethisch umstritten und würde auch an medizinisch-biologische Grenzen stoßen.

Bei künstlichen KI-Systemen wären im Rahmen der physikalischen Gesetze beliebige Leistungssteigerungen unterhalb der Lichtgeschwindigkeit denkbar. Die technischen Möglichkeiten des Quantencomputers würden in puncto Schnelligkeit alles bisher Dagewesene sprengen, aber nichts an den logisch-mathematischen Grenzen und Gesetzen der Berechenbarkeit ändern.

2. **Kollektive Superintelligenz:** Ein KI-System besteht aus vielen Teilsystemen, die weniger leisten können als Menschen. Das kollektive KI-System ist aber dem Menschen überlegen.

Diese Strategie der Intelligenzsteigerung wurde in der Evolution bereits als Schwarmintelligenz angelegt. Die kollektive Intelligenz z. B. einer Termitenpopulation übertrifft die Möglichkeiten einzelner Tiere bei weitem. Erst die Zusammenwirkung aller Tiere schafft die raffinierten Termitenbauten. Die Kommunikation der Insekten untereinander verwendet chemische Kodes. Die Ähnlichkeit mit den neurochemisch kommunizierenden Neuronen im Gehirn ist unverkennbar. Auch hier ist das einzelne Neuron „dumm", aber die kollektive Zusammenwirkung schafft intelligente Problemlösung. Schwarmintelligenz wird auch in der Robotertechnologie verfolgt (vgl. Abschn. 8.3).

Übertragen auf die Menschheit schafft die Zusammenwirkung vieler Menschen eine kollektive Menschheitsintelligenz, die dem einzelnen weit überlegen ist [33]. Diese kollektive Intelligenz der Menschheit wird seit Generationen über Bibliotheken und Ausbildungssysteme weitergegeben, über Computer, Datenbanken und das Internet exponentiell gesteigert und verselbstständigt sich zunehmend vom einzelnen Menschen. Wir beobachten Intelligenzverstärkungen, die nicht mehr auf Beiträge einzelner Menschen zurückgehen, sondern auf synergetische Effekte ihrer Kooperation. Dazu gehören die intelligenten Infrastrukturen, von denen in Abschn. 9.2 die Rede war. Zunehmend werden von diesen kollektiven Systemen auch automatisierte Entscheidungen getroffen. Dazu bedarf es keines Bewusstseins wie bei uns Menschen. Kollektive Superintelligenz, die dem Menschen überlegen ist, wird höchst wahrscheinlich und ist absehbar. Es ist eine große Herausforderung, diese Intelligenz zu steuern und uns Menschen dienstbar zu machen.

3. **Neue Superintelligenz:** Ein KI-System hat neue intellektuelle Fähigkeiten, die Menschen nicht im Ansatz besitzen.

Auch diese Strategie ist in der Technikgeschichte angelegt. Erfinder und Ingenieure finden intelligente Problemlösungen, die in der Evolution keineswegs vorgegeben war. Klassisches Beispiel ist das Fliegen, das Menschen von Natur aus nicht beherrschen, aber mit Düsenflugzeugen anders realisieren als Vögel mit Flügeln. Mittlerweile werden künstliche Hautsensoren für Roboter entwickelt, die nicht nur Temperatur und Druck registrieren, sondern Strahlungen und chemische Signale. Aber auch neuartige intellektuelle Fähigkeiten sind denkbar: So sind längst Roboter realisierbar, die als Gedächtnis das gesamte Internet benutzen und maschinelle Lernalgorithmen blitzschnell auf Big Data anwenden. Schließlich könnten menschliche Gehirne durch neuromorphe Schaltkreise mit neuartigen intelligenten Fähigkeiten (z. B. ein Adapter für automatische Spracherlernung) ergänzt werden.

Wie in diesem Buch vielfach gezeigt wurde, unterscheidet sich die Architektur des menschlichen Gehirns von der Digitaltechnologie unserer Computer. Im Unterschied zu gezielten und bewussten Optimierungen der Technik, die sich in kurzer Zeit vollzog, entstand die Gehirnarchitektur in der Evolution über Millionen von Jahren mehr oder weniger zufällig unter sich verändernden Bedingungen und Anforderungen. Biologische Nervenzellen entwickelten sich über lange Zeiträume aus Zellen, die zunächst beiläufig, dann verstärkt Nervensignale erzeugten, um sich schließlich auf die Erzeugung von Aktionspotentialen für Steuerungs- und Regulationsaufgaben zu spezialisieren. Dabei entstand eine höchst raffinierte neurochemische Signalverarbeitung mit Synapsen und Ionenkanälen, die erst unsere intellektuellen Fähigkeiten ermöglichte.

Andererseits können biologische Neuronen nur sehr langsam feuern, wenn man sie mit einem modernen Mikroprozessor vergleicht. Diese Langsamkeit wurde im Gehirn durch einen verstärkten Ausbau paralleler Signalverarbeitung ausgeglichen und führte zur enormen Netzdichte des menschlichen Gehirns. Mit diesen komplexen Netzen und Lernalgorithmen der Gehirne wurde die Mustererkennung möglich, die für das Überleben der Tiere einschließlich des Menschen so entscheidend ist. Demgegenüber werden Signale in der von Neumann-Architektur eines Computers sequentiell verarbeitet. Dabei setzt die Technik auf die enorme Geschwindigkeit der Signalverarbeitung, die mit der Silizium-Hardware nach dem Mooreschen Gesetz möglich ist.

Vom logisch-mathematischen Standpunkt aus sind beide Ansätze äquivalent – ein (von Neumann)-Computer bzw. eine Turingmaschine und ein (rekurrentes) neuronales Netz (mit rationalen Gewichten). Bei einer Superintelligenz könnten die Vorteile des einen Ansatzes zum Ausgleich der Nachteile des anderen Ansatzes verwendet werden. So ist das Material von technischen Mikroprozessoren, Transistoren und Memristoren stabiler und belastbarer als biologische Neuronen, Axone und Synapsen. Bei Defekten könnten sie wie verbrauchte Birnen ausgetauscht werden. Biologisches Gewebe unterliegt demgegenüber Alterungsprozessen und krankhaften Veränderungen (z. B. Tumorbildung), die wir längst nicht verstanden haben. Technisch denkbar sind also technische Gehirnnetze, die wesentlich schneller und belastbarer Signale austauschen könnten als biologische Neuronen und Synapsen.

Ein anderes Beispiel: Ein biologisches Kurzzeitgedächtnis hat den Vorteil kurzer Zugriffszeiten, allerdings den Nachteil kleiner Speicherkapazität. Die In-Memory Technologie von Big Data Datenbanken verbindet bereits den Vorteil eines biologischen Kurzzeitgedächtnisses mit gewaltigen Datenspeichern.

Neben der Hardware bzw. Wetware sind aber auch optimierte Anwendungen der Software denkbar. Wenn man bedenkt, wie mühsam es einem menschlichen Gehirn fällt, wenige Daten zu lernen und zu speichern. Fehler und Redundanzen sind geradezu typisch für biologische Gehirne. Ein Computer überträgt demgegenüber auf Tastendruck gewaltige Datenmengen exakt und vervielfältigt sie in beliebiger Anzahl für andere Computer. Andererseits führte der Umgang mit Fehlern, Redundanzen und Rauschen zum „Blick für das Wesentliche", der sich nicht in Details verliert. Die effektive Bewertung von Mustern und Entdeckung von Gesamtzusammenhängen zeichnet menschliche Intelligenz aus.

Zu den Vorteilen menschlicher Intelligenz gehören daher die neuronalen Areale, die schnelle intuitive Bewertungen und Entscheidungen, also prozedurales Lernen, möglich machen. Aber es ist technisch keineswegs ausgeschlossen, darauf spezialisierte Algorithmen ebenfalls in einer Superintelligenz zu berücksichtigen.

Welche Szenarien sind denkbar, in denen eine Superintelligenz sich entwickeln könnte? In Abb. 10.6 wird ein Takeoff einer Superintelligenz in mehreren Stufen angenommen. Die erste Stufe wäre ein menschliches Basisniveau, auf dem ein menschliches Gehirn durch ein individuelles KI-System vollständig simulierbar ist. Das könnte ein künstliches neuromorphes System sein. Keineswegs ausgeschlossen ist nach wie vor ein damit logisch-mathematisch äquivalenter Computer, wie ihn sich ursprünglich Turing vorgestellt hatte.

Im Prinzip könnten alle dann lebenden Gehirne durch ein solches KI-System ersetzt werden. Dadurch entstünde ein kollektives KI-System, das der kollektiven Intelligenz der Menschheit äquivalent wäre. Auf dem Weg dorthin müssten Teilsysteme entstehen (z. B. intelligente Infrastrukturen), die zunehmend selbstständige Entscheidungen treffen und sich selber Ziele setzen, weil sie erst damit Folgen und Konsequenzen besser als Menschen bestimmen können. Auf diesem Weg würde eine Schwelle überschritten, die schließlich zu einer Superintelligenz führt:

▶ Unter einer Superintelligenz wird ein KI-System verstanden, das der individuellen und kollektiven menschlichen Intelligenz überlegen ist.

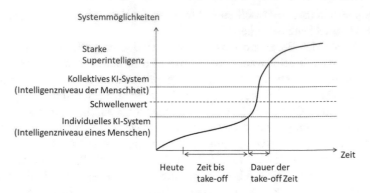

Abb. 10.6   Takeoff der Superintelligenz [32]

Ein KI-System mit der Fähigkeit, sich selbst zu verbessern, wird als „Seed AI" (Keim- oder Samenintelligenz) bezeichnet.

► Allerdings unterliegt auch eine Superintelligenz

   a) den logisch-mathematischen Gesetzen und Beweisen der Be-
      rechenbarkeit, Entscheidbarkeit und Komplexität (vgl. Abschn. 3.4,
      5.2 und 10.2),
   b) den physikalischen Gesetzen.

Logik, Mathematik und Physik bleiben der gesetzliche Rahmen je-
der Technikentwicklung. Wir benötigen daher fachübergreifende
Grundlagenforschung, damit uns die Algorithmen nicht aus dem
Ruder laufen.

Die Frage bleibt, ob diese Superintelligenz zu einem bestimmten Zeitpunkt eintreffen oder sich in einem kontinuierlich langfristigen Prozess
entwickeln wird. Die Befürworter eines punktuellen Ereignisse argumentieren: Da der Bau einer superintelligenten Maschine zu den Fähigkeiten einer superintelligenten Maschine gehört, könnte eine explosionsarti-
ge Entwicklung sich verbessernder Superintelligenzen eintreten. Bereits
1965 prognostizierte der Statistiker I. J. Good, der während des 2. Weltkriegs mit Turing zusammengearbeitet hatte: „Die ultraintelligente Maschine ist also die letzte Erfindung, die der Mensch zu machen hat" [34].

▶ Unter technologischer Singularität wird der Zeitpunkt der Entstehung einer Superintelligenz verstanden.

Der Mathematiker V. Vinge veröffentlichte 1993 einen Artikel unter dem Titel „Technological Singularity", in dem er das Ende der Ära der Menschheit mit der technologischen Singularität verband [35]. Der Informatiker und Autor R. Kurzweil führt die Singularität auf die exponentiell wachsenden Technologien zurück [36]. Dazu gehört nicht nur die Rechenkapazität nach dem Mooreschen Gesetz, sondern Nano- und Sensortechnologie, aber auch Gen-, Neurotechnologie und Technologien der synthetischen Biologie, um neue Lebensformen zu erzeugen. Die Konvergenz dieser exponentiellen Technologien öffnet Zukunftsperspektiven, die mit dramatischen Veränderungsmöglichkeiten des Menschen als biologischer Spezies verbunden werden: Warum sollten Menschen mit diesen Potentialen den Alterungsprozess und Tod als „natürlich" akzeptieren? Die faktisch verlaufende Evolution auf der Erde war selber nur ein Entwicklungsast in einer Vielzahl von Möglichkeiten im Rahmen der Evolutionsgesetze (vgl. Kap. 6), der sich unter mehr oder weniger zufälligen Bedingungen realisiert hat.

Autoren wie Kurzweil an der Singularity Universität im Silicon Valley propagieren einen Transhumanismus, in dem alle Krankheiten besiegt und die sozialen Probleme der Menschheit lösbar sind. Der amerikanische Traum nach dem Slogan „Yes, we can" verbindet sich hier mit der Annahme unbegrenzter Technologiepotentiale. Erfolgreiche Unternehmer wie z. B. B. Gates wollen die Krankheiten der Menschheit mit ihrem Kapital und moderner Medizintechnologie besiegen. Erfolgreiche Forscher wie C. Venter erklären den Umbau des Lebens zu einem profitablen Geschäftsmodell.

▶ Transhumanismus will die Grenzen des menschlichen Organismus durch Technologie überwinden. Jenseits der technologischen Singularität wird eine Superintelligenz die Entwicklung des Menschen steuern.

Was vor Jahren noch als wissenschaftlich unseriöse Phantasmen von Science Fiction Autoren abgetan wurde, erhält zunehmend realistische Züge. Am Ende bleibt allerdings die Frage, wie die Superintelligenz im Anschluss an die Singularität als Dienstleistung für den Menschen überhaupt noch kontrolliert werden kann. Um KI in ein erfolgreiches Geschäftsmodell zu verwandeln, verbünden sich nämlich einflussreiche Robotiklabore auch mit Militärtechnologie. Ein militärisches Wettrüsten von KI-Waffensystemen könnte die Entwicklungsspirale zu einer Superintelligenz einleiten, die keineswegs mehr am allgemeinen Wohlergehen der Menschheit interessiert ist.

Vor Jahrzehnten warnten bereits Molekularbiologen und Gentechnologen vor dem Missbrauch ihres Wissens und Knowhows. Angesichts steigender Autonomie von KI-Systemen warnen nun namhafte Wissenschaftler und Technologieunternehmer vor einem digitalen Wettrüsten der KI und ziehen Parallelen mit den Kernwaffen. Der unbegrenzten Energie der Kernspaltung entspricht die unbegrenzte Intelligenzsteigerung einer Superintelligenz – in beiden Fällen unkontrollierbar.

Künstliche Intelligenz wird mit anderen Technologieentwicklungen konvergieren. Technologieentwicklungen der Zukunft lassen sich durchaus wissenschaftlich seriös mit folgenden Fragen abschätzen:

Fragen

- Welche Technologien sind heute möglich?
- Für welche Technologien haben wir bereits die technischen Realisationsmöglichkeiten, um sie in den nächsten Jahren zu bauen (z. B. Energietransport durch Laserstrahlen, Elektromobile)?
- Welche Technologien sind physikalisch denkbar, aber ihre technische Realisation scheitert noch an vielen Schwierigkeiten (z. B. Fusionsreaktor, Raketenantrieb durch Fusion)?
- Welche Technologien sind physikalisch denkbar, aber ohne derzeit absehbare technische Möglichkeit der Realisation (z. B. Raketenantrieb durch Antimaterie, Fahrzeugantrieb mit Supraleitern)?
- Welche Rolle werden Nanotechnologie und Robotik in der Weltraumfahrt spielen? Wie hängen die Entwicklungsstadien der Weltraumtechnologie von den Entwicklungsstadien der menschlichen Zivilisation ab?

Es ist bemerkenswert, dass der Computerpionier K. Zuse zur Zukunft der KI im Weltraum bereits in den 1960er Jahren konkrete Projekte plante. Wenn das Universum nach Zuse ein berechenbarer zellulärer Automat ist, dann sollten auch Automaten zu seiner Besiedlung eingesetzt werden.

Am Anfang der Theorie zellulärer Automaten stand die Frage, wie sich Automaten analog zu lebenden Organismen selber reproduzieren sollten. Mathematisch wurde das Problem von J. von Neumann mit einem universellen zellulären Automaten gelöst (vgl. Abschn. 6.2). Den Ingenieur und Erfinder Zuse beschäftige aber das technische Problem des Baus eines entsprechenden Roboters. Anfang der 1970er Jahre startete Zuse sein Projekt sich selbst reproduzierender Systeme mit dem Bau der Montagestraße SRS72, die mit zugeführten Werkstücken eine Kopie von sich selber bauen sollte. Die restaurierte Montagestraße steht heute im Deutschen Museum zu München [37].

Hintergrundinformationen

Zuse verband damit die Vision einer technischen Keimzelle, die sich mit systeminterner Datenspeicherung und Datenverarbeitung durch Rückgriff auf bereit stehende Rohstoffe selber reproduzieren kann, um zu einem komplexen System wie ein biologischer Organismus auszuwachsen. Mit solchen Keimzellen, so Zuse, könnte sich die menschliche Zivilisation im Weltraum ausbreiten: Aus Keimzellen auf einem Planeten entstehen intelligente Roboterfabriken, die wiederum Keimzellen produzieren, die auf andere Planeten in anderen Sternensystemen geschossen werden, um dort den Selbstreproduktionsprozess zu wiederholen.

1980 haben amerikanische Physiker diese Szenarien als „von-Neumann-Sonde" beschrieben. Im Unterschied zu Zuse hat von Neumann ein solches Weltraumprojekt nie erwähnt.

Neue Möglichkeiten der Materialienforschung, wie sie die Nanotechnologie eröffnet, werden für die technische Selbstreproduktion sicher von zentraler Bedeutung sein. Zunächst werden sich selbst reproduzierende und mehr oder weniger autonom agierende Technologien mit Menschen in soziotechnischen Systemen eingebunden sein. Das Internet der Dinge und Industrie 4.0 sind erste Schritte in diese Richtung. Der Faktor „Mensch" wird bei dieser Entwicklung eine zentrale Herausforderung sein, um seine organischen, psychischen und intellektuellen Voraussetzungen angemessen zu berücksichtigen.

Dabei wird der Stand der Lebenswissenschaften zu berücksichtigen sein. Nach heutigem Kenntnisstand der Systembiologie lässt sich prinzipiell nicht ausschließen, dass Leben beliebig verlängerbar ist. Die Gelehrten streiten noch, ob der Tod eher genetisch bedingt ist und/oder durch ein evolutionäres Fitnessprogramm, um der Population insgesamt größere Überlebenschancen einzuräumen. Mathematische Modelle der Populationsdynamik geben dafür erstaunliche Belege.

An diesem Beispiel wird unmittelbar klar, mit welchen sozialen und gesellschaftlichen Konsequenzen solche langfristigen Zukunftsszenarien verbunden sein werden. Die technisch-wirtschaftlich hoch entwickelten Gesellschaften der Gegenwart haben bereits Schwierigkeiten genug, mit dem demographischen Wandel einer Gesellschaft fertig zu werden, deren Menschen im Alter länger fit bleiben. Schließlich die politischen Fragen: Wie werden Konflikte in solchen Gesellschaften gelöst? Welche gesellschaftlichen und politischen Organisationsformen werden unter diesen Bedingungen angebracht sein?

Wie in diesem Buch gezeigt wurde, ist der Informationsbegriff die universelle Kategorie, mit der sich nicht nur technische, sondern auch die sozialen, wirtschaftlichen und gesellschaftlichen Veränderungen erfassen lassen. Der amerikanische Astrophysiker C. Sagan (1934–1996) schlug daher eine Skala vor, die Zivilisationen nach dem Stand der Datenverarbeitung misst [38]. Seine Skala läuft von den Buchstaben A bis Z, denen jeweils steigende Datenkapazitäten entsprechen:

Hintergrundinformationen
Eine **Typ-A Zivilisation** kann nur eine Million Bits bewältigen. Das wäre ein Entwicklungsstand, in dem nur gesprochene Sprache, aber keine Schriftsprache mit Dokumenten genutzt werden kann. Man denke an Naturvölker, wie sie z. B. im Amazonasgebiet entdeckt wurden.

Eine alte Hochkultur wie Griechenland bringt es mit ihren überlieferten Schriftdokumenten auf eine geschätzte Größenordnung von einer Milliarde Bits und entspricht in der Saganschen Skala einer **Typ-C-Zivilisation**.

Sagans Einschätzung der derzeitigen Zivilisation war vor dem Big Data Zeitalter. Mit Big Data sind wir auf dem Weg vom Peta (10^{15})-Byte Zeitalter zum Exa (10^{18})-, Zetta (10^{21})- und Yotta (10^{24}) Byte-Zeitalter.

Nach den Vorstellungen des Silicon Valley geht es nach der Singularität mit einer Superintelligenz erst richtig los. Auch die Ausbreitung einer wie auch immer sich verändernden Spezies Mensch im Universum wird nach heutigen Maßstäben Superintelligenz voraussetzen. Die Kehrseite der dazu notwenigen Informationsmengen ist ein enormer Energiebedarf.

Jede Art von Zivilisation hängt von ihrem Energieverbrauch ab. Der russische Astrophysiker N. Kardashev hatte sich bereits in den 1960er überlegt, wie der Entwicklungsstand zukünftige Zivilisationen nach den

Möglichkeiten ihres Energieverbrauchs eingeteilt werden kann [39]. Danach erhält man eine quantitative Skala mit messbaren Größen. Kardashev unterschied drei Typen von Zivilisationen:

Hintergrundinformationen

Typ-1-Zivilisation beherrscht die Energie ihres Planeten. Die konsumierbare Energie eines Planeten wird durch den Bruchteil des einfallenden Lichts seiner Sonne bestimmt. Mit Blick auf die Erde können wir von einer Schätzgröße von ca. 10^{17} Watt ausgehen. Gemeint ist nicht nur die Sonnenenergie, die mittlerweile durch Solarstrom und Photovoltaik gewonnen wird. Fossile Brennstoffe sind in toten Pflanzen gespeicherte Sonnenenergie. Auch Wind, Wetter und Meeresströmungen werden erst durch Sonnenenergie möglich. Eine Zivilisation dieses Typs beherrscht alle diese Energieformen. Das erscheint für die Menschheit derzeit utopisch, allerdings physikalisch nicht ausgeschlossen.

Die Menschheit ist demnach noch eine **Typ-0-Zivilisation** mit Energieverbrauch kleiner als 10^{17} Watt. Dazu lassen sich quantitative Feinskalierungen angeben. Angefangen hat alles mit einer 0,2 PS-Zivilisation, die nur auf die Körperkraft von Menschen aufbauen konnte. Das ist die Zeit der Jäger und Sammler, bevor die Tierzucht einsetzte. Die 1-PS-Zivilisation, die durch Pferdekraft unterstützt wurde, reicht bis in das Postkutschen-Zeitalter. Erst mit der Motorisierung zunächst durch Dampfmaschinen Anfang des 19. Jahrhunderts und schließlich Verbrennungsmotoren seit Ende des 19. Jahrhunderts änderte sich der Energieverbrauch exponentiell – auf der Grundlage von Kohle und Öl, schließlich Kernenergie. Mittlerweile zapfen wir zwar die Energie auf dieser Erde in allen möglichen Speicherformen an. Aber von einer Beherrschung von z. B. Wind und Wetter ist die Menschheit noch weit entfernt, obwohl die Möglichkeit bei Nutzung entsprechender Gesetze nicht ausgeschlossen ist. Die derzeitige prozentuale Einschätzung nach dem Grad der Energienutzung liegt daher für die Menschheit bei einer Typ-0,7-Zivilisation.

In der mathematischen Theorie der Plasmaphysik haben wir die Fusionsenergie der Sonne bereits in Formeln gepackt. Der Fusionsreaktor lässt allerdings noch auf sich warten. Das wäre nach Kardaschew der erste Schritt in Richtung einer **Typ-2-Zivilisation**: Sie beherrscht die Energie der Sonne, also ca. 10^{27} Watt. Gemeint sind nicht nur Solarzellen, mit denen Sonnenenergie passiv aufgefangen wird. Der amerikanische Physiker F. Dyson beschreibt, wie eine solche Zivilisation eine gigantische Kugel um ihren Heimatstern konstruiert, um seine gesamte Strahlung zu absorbieren.

Eine **Typ-3-Zivilisation** ist galaktisch und verbraucht die Energie von Milliarden Sterne in der Größenordnung 10^{37} Watt.

Die Kardashevsche Skala können wir uns bisher nur in Bildern veranschaulichen, wie sie aus der Science Fiction Literatur bekannt sind. Die Typ-1-Zivilisation wäre die Welt von Flash Gordon, weil dort sämtliche planetarischen Energiequellen genutzt werden können. Selbst Wind und Wetter sind dann vollständig kontrollierbar. Die Typ-2-Zivilisation ist die Planetenföderation in „Star Trek", die bereits hundert nahe gelegene Sterne kolonialisiert hat. Schließlich entspricht das Imperium im Film „Krieg der Sterne" einer Typ-3-Zivilisation: Große Teile einer Galaxie mit Milliarden Sterne werden genutzt. Unter diesen Rahmenbedingungen breitet sich Superintelligenz im Universum aus ...

10.5   Technikgestaltung: KI als Dienstleistung

Da die Zukunftsprognosen der Singularity-Anhänger mit Messgrößen wie Rechen- und Speicherkapazität, Verkleinerung, Verbilligung, Effizienzsteigerung u. ä. argumentieren, scheint die digitale Zukunft der Menschheit durch entsprechende Exponentialkurven determiniert. Der genaue Zeitpunkt der Singularität, an dem Superintelligenz auftritt, wäre dann nur eine Frage der Feineinstellung der angenommenen Voraussetzungen.

Dieser digitale Determinismus ist äußerst problematisch, da die bisherigen Technologieentwicklungen keineswegs determiniert abliefen. Neue Innovationsschübe gaben den Entwicklungen häufig unvorhergesehene Richtungen. So setzten die Computerpioniere Anfang der 1950er Jahre auf wenige Großrechner. Dann kam aber überraschend Bill Gates mit seinen vielen kleinen Personalcomputern (PC). Auch das Internet als Grundlage weltweiter Kommunikation hatte zunächst niemand auf dem Bildschirm, als militärische Kommunikationsnetze eingerichtet wurden, um die Kommandostrukturen im Fall eines Atomschlags zu sichern. Der exponentielle Erfolg der Smartphones und der damit verbundenen Firmen war ebenfalls nicht langfristig geplant. Welche Entwicklungsschübe in den nächsten Jahrzehnten zu erwarten sind und welche Trendwenden sie einleiten könnten, weiß heute niemand.

Technologieentwicklung hat durchaus eine gewisse Ähnlichkeit mit der biologischen Evolution: Innovationen spielen die Rolle von Mutationen. Märkte wirken als Selektionen. Soziale Rahmenbedingungen beeinflussen Trendentwicklungen wie ökologische Rahmenbedingungen die Evolution. Während aber die Algorithmen der Evolution „blind" über Jahrmillionen wirken, sind in der Technologieentwicklung (noch) Menschen mit Bewusstsein und Wertvorstellungen beteiligt, die Trends in kurzen Zeiträumen gezielt steuern und beeinflussen können.

Umgekehrt beeinflussen Zukunftsmodelle menschliche Ziele und Wünsche und wirken durch diese Rückkopplung des menschlichen Bewusstseins auf die Zukunftsentwicklung ein: Das nennt man die normative Kraft des Faktischen. So kann die Singularitätsvorstellung des Silicon Valley gläubige Anhänger des Transhumanismus erzeugen. Wenn sie zu den Leistungsträgern von Schlüsselfirmen und Forschungszentren gehören, könnte es am Ende zu einer Selbstverstärkung kommen, die das Vorausgesagte tatsächlich Wirklichkeit werden lässt („self-fulfillig prophecy").

Bereits die Evolution zeigt aber, dass die Entwicklungsmöglichkeiten im Rahmen der Naturgesetze offen sind. Nur einige Äste der möglichen Verzweigungen wurden verwirklicht. Daher gilt:

► Die Zukunft ist im Rahmen der Naturgesetze offen. Man spricht deshalb auch von „Zukünften" statt von „einer" Zukunft [40, 41]. Technische Entwicklung ist unter sich verändernden technischen, ökonomischen, ökologischen und sozialen Bedingungen beeinflussbar. Das nennen wir Technikgestaltung.

Während Big Data mit mächtigen Algorithmen die Zukunft durchforstet, versuchen die älteren Szenario- und Delphi-Techniken qualitative Einsichten über die Zukunft zu erhalten. Damit sollen die Spielräume der Technikgestaltung getestet werden.

Die Szenarien-Techniken setzen auf ein qualitatives Verständnis von Ereignissen. Statt Superrechner und Daten geht es also um menschliches Wissen und Verstehen von Experten, das für mögliche Szenarien der Zukunft ausgewertet werden soll [42]. Diese Ansätze zielen nicht auf eine determinierte Zukunft ab, sondern berücksichtigen ein Potential von Möglichkeiten („Zukünften"), das von den Erfahrungen, Vorstellungen und Intuitionen der ausgewählten Experten abhängt.

► Szenarien beschreiben zukünftige Situationen und Zustände, die als Hypothesen angenommen werden und aus denen kausale und logische Konsequenzen gezogen werden.

Diese Konsequenzen erlauben eine Bewertung alternativer zukünftiger Szenarien als mehr oder weniger wünschenswert.

Ausgangssituation sind Gegenwart und Vergangenheit, soweit sie durch empirische Datenanalyse zugänglich sind.

Daraus wird ein Trendszenario ermittelt, das unter Annahme konstanter Nebenbedingungen in die Zukunft fortgeschrieben wird.

Hintergrundinformationen
Durch eine anzunehmende Variation der Nebenbedingungen ergeben sich jedoch alternative Möglichkeiten von Szenarien, die mit zunehmendem Abstand von der Gegenwart immer weiter vom Trendszenario abweichen.

Anschaulich gesprochen bildet sich so eine Art Trichter, der sich von der Gegenwart ausgehend um die Zeitachse des Trendszenarios immer weiter öffnet. An den Rändern lassen sich positive und negative Extremszenarien unterscheiden.

Ein Beispiel liefern zukünftige Szenarien der Energieentwicklung, die ausgehend von einer Fortschreibung der Gegenwartbedingungen unterschiedliche Szenarien von variierenden politischen Entscheidungen durchspielen.

Bei der Ausarbeitung der Szenarienentwicklung werden Phasen unterschieden, die von der Ausgangs- und Aufgabenanalyse über Faktoren- und Trendanalyse bis zur Ableitung von Konsequenzen, ihren Bewertungen und Interpretationen reichen.

Als Bewertungsverfahren für zukünftige Entwicklungen wird das Delphi-Verfahren eingesetzt [42]. An die Stelle des sagenumwobenen Orakels von Delphi treten nun Experten, die aufgrund ihres Wissens Trends- und Zukunftsmodelle ermitteln und bewerten sollen. Als Entscheidungshilfe wurde dieses Instrumentarium z. B. von Ministerien und Wissenschaftsorganisationen eingesetzt, wenn Investitionen für zukünftige Innovationen begründet werden sollten.

▶ In einem Delphi-Verfahren wird in einer ersten Runde ein Fragenkatalog vorgelegt, in einer zweiten Runde werden die Beteiligten über die Bewertungen der anderen Experten informiert, um durch Rückkopplung mit anderen Einschätzungen Schritt für Schritt weitere Bewertungsrunden einzuleiten, bis sich am Ende ein Konsens oder stabile Alternative ergeben.

Abgeschlossen werden die Delphi-Runden durch eine Roadmap, mit der dem Auftraggeber eine Handlungsstrategie bzw. ein Realisierungsplan für ein Projekt empfohlen wird.

Szenario- und Delphi-Technik machen Zukünfte nicht vollständig berechenbar, aber plausibel. In der Sprache Turings lassen sich Experten mit ihrem Wissen und ihren Intuitionen als Orakelmaschinen auffassen, deren Ergebnisse mit berechenbaren und beweisbaren Argumenten verbunden werden können.

Eine Schwachstelle ist die Auswahl der Experten. Solange man sich mit seinen Trendbewertungen in einer eingrenzbaren Disziplin bewegt, mag das noch unproblematisch sein. Wenn es aber um die zukünftige Einschätzung von soziotechnischen Systemen geht, wird die Ausgangslage deutlich schwieriger: Wer zum Bau einer Energieanlage oder eines Flughafens nur Ingenieure fragt, wird nur die Ingenieurssicht erfahren. Wer nur Sozialwissenschaftler fragt, wird nur deren Einschätzungen aufgrund sozialwissenschaftlicher Methoden hören.

Hinzu kommt die betroffene Öffentlichkeit. Hier zeichnet sich ein Bewertungs- und Kommunikationsprozess ab, der nicht nur interdisziplinäres Wissen, sondern auch Meinungen und Haltungen vermitteln muss. Soziotechnische Systeme sind komplex, ihre Realisation unter den Bedingungen von Demokratie noch komplexer. Am Ende müssen aber robuste Entscheidungen möglich sein, um zukünftige Risiken einschätzen zu können.

Technikgestaltung am Beispiel einer intelligenten Infrastruktur

Entscheidend ist dabei, dass Computernetze in die Infrastrukturen der Gesellschaft integriert sind und soziale, ökonomische und ökologische Faktoren berücksichtigt werden müssen. KI-gestützte soziotechnische Systeme ermöglichen damit Dienstleistung am Menschen. Sie sind mit ihrer Umwelt vernetzt (z. B. Internet), sollen robust gegen Störungen sein, sich anpassen und sensibel auf Veränderungen reagieren (Resilienz). Anwendungen finden sich bereits am Arbeitsplatz, im Haushalt, bei der Alten- und Krankenpflege, in Verkehrssystemen und der Luftfahrt.

Intelligente Infrastrukturen sind komplexe Systeme, die technisch verschiedene Domänen integrieren müssen [43]. In einer gemeinsamen Software sind die Infrastrukturen einer intelligenten Fabrik, eines intelligenten Gesundheitszentrums oder eines intelligenten Verkehrssystems zu erfassen. Bei der Software eines Computers sind die Nutzerebene und die Middleware mit Übersetzungsprogrammen in die Maschinensprache unterschieden. Eine intelligente Infrastruktur wie eine Stadt oder ein Flughafen wird als virtuelle Maschine verstanden. Da ist zunächst die Ebene der integrierten Kunden- und Nutzungsprozesse, auf der Kunden und Nutzer mit dem System kommunizieren und interagieren. Die Interoperabilität ist für den Nutzer sichtbar. Entsprechende Dienste werden auf der darunter liegenden Ebene nach Maßgabe des Nutzungsbedarfs integriert. Dann wird auf die domänenspezifischen Architekturen z. B. eines Verkehrssystems, des Gesundheitswesens und einer Industrieanlage zugegriffen.

Konkret können wir uns eine Stadtverwaltung vorstellen, die in einer gemeinsamen Software abzubilden ist und das städtische Verkehrssystem, Gesundheitswesen mit verschiedenen Behörden und Industrieanlagen der städtischen Energieversorgung und Mühlverbrennungsanlagen berücksichtigen muss. Die bereitgestellte Interoperabilität der Dienste erhält damit konkrete Anwendungen (semantische Interoperabilität).

▶   Technikgestaltung von Informationsinfrastrukturen erfordert eine interdisziplinäre Kooperation der Technik-, Natur-, Sozial- und Humanwissenschaften mit Physik, Maschinenbau, Elektrotechnik, Informatik, aber auch Kognitionspsychologie, Kommunikationswissenschaft, Soziologie und Philosophie.
   Erforderlich sind Modelle des Wahrnehmens, der Integration, des Wissens, Denkens und Problemlösens bis hin zu System- und Netzwerkmodellen der Techniksoziologie und Technikphilosophie.
   Ziel ist ein integratives Human Factor Engineering von Informationsinfrastrukturen.

Human-centered Engineering zielt auf integrierte hybride System- und Architekturkonzepte für eine verteilte analoge/digitale Kontrolle und Steuerung, Mensch-Technik-Interaktion und integrierte Handlungsmodelle, soziotechnische Netzwerke und Interaktionsmodelle. Dazu bedarf es des schrittweisen Aufbaus von Referenzarchitekturen, Domänenmodelle und Anwendungsplattformen einzelner Disziplinen als Voraussetzung für die bewusste Situations- und Kontextwahrnehmung, Interpretation, Prozessintegration und ein verlässliches Handeln und Steuern der Systeme.

Menschliche Einflussfaktoren (human factors) bei Informationsinfrastrukturen müssen fachübergreifend (interdisziplinär) erforscht werden – von klassischen Fragen der Ergonomie, der Integration von adaptiven und adaptierbaren Strukturen im Arbeitsablauf und der entsprechenden

Auswirkungen der Nachvollziehbarkeit bis hin zu Problemen der Anpassung des sozialen Verhaltens unter Einfluss der Nutzung entsprechender Systeme. Empfohlen wird einfache, robuste und intuitive Mensch-Maschine-Interaktion, trotz multifunktionaler und komplexer Dienste und Handlungsmöglichkeiten.

Kriterien der Technikgestaltung

Gefordert ist Sensibilität für zunehmenden Kontrollverlust in offenen sozialen Umgebungen mit komplex vernetzten und autonom interagierenden Systemen und Akteuren, Verlässlichkeit und Vertrauen der Systeme hinsichtlich Safety, IT-Sicherheit und Privatsphäre. Die Benchmarks lauten:

- Leistung und Energieeffizienz (Umwelt),
- Knowhow-Schutz in offenen Wertschöpfungsketten,
- Abschätzung und Bewertung von ungewissen und verteilten Risiken,
- angemessenes und faires Verhalten bei Zielkonflikten verschiedener Teilsysteme, verbindlich auszuhandelnde Domänen- und Qualitätsmodelle, Regeln und Policies (z. B. Compliance).

Intelligente Infrastrukturen entwickeln sich auf dem Hintergrund einer sich verändernden Gesellschaft: Sie verändern damit auch die Strukturen von Demokratien. Durch digitale Kommunikation können sich Bürgerinnen und Bürger schneller informieren. Veränderungen der Gesellschaft, die neue soziotechnische Systeme nach sich ziehen könnten, führen zu einer deutlich gestiegenen Aufmerksamkeit durch zivilgesellschaftliche Organisationen, NGOs und der Öffentlichkeit. Aufgrund von Echtzeit-Informationen, höherer Reaktivität in zunehmender Netzdichte und damit verbundenen Kaskadeneffekte entstehen neue liquide (nicht starre und „verflüssigte") Demokratieformen. Bessere und schnellere Information veranlasst Bürgerinnen und Bürger, stärkere Beteiligungen an Entscheidungen über die Einführung von soziotechnischen Systemen einzufordern.

▶ Technikgestaltung ist nicht nur eine Aufgabe von Experten, sondern bezieht die Gesellschaft mit ein.

Stärkere Beteiligung der Zivilgesellschaft entspricht der Forderung nach partizipativer Demokratie. Dazu müssen technische Lösungen ökologische, ökonomische und gesellschaftliche Dimensionen mit einbezogen werden. Wir sprechen dann von nachhaltigen Innovationen. Trotz größerer Partizipation sollten soziotechnische Großprojekte realisierbar bleiben, um den Innovationsstandort nicht zu gefährden. Nachhaltige Innovationen sollten daher auch robust sein. Nachhaltige und robuste Innovationen machen die Zukunftsfähigkeit einer Gesellschaft erst möglich.

In der globalen Digitalisierung, Informations- und Wissensvermehrung schaffen nachhaltige Informationsinfrastrukturen erst die Voraussetzung für Innovationspotentiale der Gesellschaft. Dafür müssen integrative Forschungs- und Lehrzentren geschaffen werden, in denen sich Ingenieur- und Naturwissenschaften zusammen mit Human- und Sozialwissenschaften auf die Herausforderungen soziotechnischer Systeme vorbereiten [44].

Hintergrundinformationen
In diesen interdisziplinären Forschungsclustern zeichnet sich die Universität von morgen ab. Sie liegen quer zu den traditionellen Fakultätsunterscheidungen von Technik-, Natur-, Sozial- und Geisteswissenschaften. Man spricht daher auch von einer Matrixstruktur: Die Fachdisziplinen werden dabei als Matrixzeilen verstanden. Die Maltrixspalten sind die integrativen Forschungsprojekte, die verschiedene Forschungselemente der Disziplinen abgreifen. Die TU München hat dazu im Rahmen der Exzellenzinitiative 2012 das Munich Center for Technology in Society (MCTS) gegründet. An der Universität Augsburg wurde bereits 1998 das Institut für Interdisziplinäre Informatik (I^3) gegründet, das sich der gesellschaftlichen Integration des (damaligen) Internets widmete.

Dahinter steht die grundlegende Einsicht, dass Wissenschaft nicht losgelöst von der Gesellschaft arbeitet. Ohne soziale Strukturen und gesellschaftliche Prozesse zu berücksichtigen, kann kaum eine Innovation der Ingenieur- und Naturwissenschaften (insbesondere der KI-Forschung) Erfolg haben.

Fragen

Wie ließen sich intelligente Städte (smart cities) kreieren, ohne Wissen über das künftige Zusammenleben in den Städten?

Wie sollten Forscher intelligente Nahrungs- und Versorgungsketten für die wachsende Weltbevölkerung entwickeln, ohne die Lage in Entwicklungsländern zu beachten?

Wie könnten Roboter alten Menschen helfen, ohne auf deren Bedürfnisse Rücksicht zu nehmen?

Wie sollen Großtechnologieprojekte wie z. B. intelligente Energienetze in der Gesellschaft integriert werden, ohne die damit verbunden sozialen, ökonomischen und ökologischen Faktoren zu berücksichtigen?

Nicht nur der Anwendungsforschung, auch der Grundlagenforschung stellen sich Fragen, die ohne Sozial- und Geisteswissenschaften nicht beantwortet werden können:

Was sind die Kriterien, nach denen wir forschen?

Wie kann Wissenschaft jenseits unserer gängigen Vorstellung funktionieren?

Wie lernen wir aus gescheiterten Ansätzen?

▶ Humanwissenschaftliche Fragen müssen von Anfang an in der Technikgestaltung berücksichtigt werden und nicht erst in einem anschließenden „Add on", das zum Zug kommt, wenn die Technik bereits Tatsachen geschaffen hat.

Die Wechselwirkungen zwischen Wissenschaft, Technik und Gesellschaft ist dabei aus drei Perspektiven zu untersuchen – Wissen, Bewerten und Kommunizieren:

Naturwissenschaft- & Technik-Studien: Sozial- und Humanwissenschaftler erforschen die gesellschaftlichen Aspekte von Naturwissenschaft und Technik – darunter Philosophen, Historiker, Soziologen, Politologen und Psychologen.

Ethik & Verantwortung: Wirtschafts- und Medizinethiker, Umwelt- und Technikethiker bewerten Forschung und Entwicklung.

Medien & Wissenschaft: Kommunikations- und Medienwissenschaftler untersuchen, wie sich Forschung und Gesellschaft austauschen können.

In der Technikgestaltung konzentrieren sich Humanwissenschaftler auf die empirische Untersuchung konkreter Probleme. Dazu sollten Labs gegründet werden, die folgende Kriterien erfüllen:

1. Forschungsprojekte entstehen interdisziplinär aus Technik-/Naturwissenschaften und Sozial-/Humanwissenschaften („Interdisziplinarität").
2. Sie sind projekt-orientiert, d. h. entwickeln ethische und sozialwissenschaftliche Fragen aus konkreten Projekten („Projektorientierung", „bottom up").
3. Sie sind auf öffentlichen Dialog angelegt („Transparenz", „Gläsernes Labor"). Daher sind diese Laboratorien schon während der laufenden Forschung offen für die gesellschaftliche Diskussion. Die gemeinsamen Erkenntnisse sollen auch der Politik als Grundlage für ihre Entscheidungen dienen.

In einer immer besser informierten Gesellschaft wird der Ruf nach Partizipation an Entscheidungsverfahren über Infrastruktur- und Technologieprojekte immer lauter. Die bisherige Antwort des Rechtsstaats waren Planfeststellungsverfahren, in denen die Phasenübergänge von der Planerstellung durch den Vorhabenträger über Anhörungsverfahren, öffentliche Auslegung, Erörterung, Weiterleitung des Anhörungsergebnisses bis zum Planfeststellungsbeschluss juristisch genau festgelegt waren.

Allerdings wird Beteiligung von Bürgern und Behörden oft obrigkeitsstaatlich anmutend als „Anhörung" deklariert. Eine sog. „Präklusionswirkung" schließt jede Art von Einwendung nach Ablauf der Ausschlussfrist aus. Lernprozesse sind also nicht möglich, obwohl sich technische, soziale und ökonomische Bedingungen verändern können. Es handelt sich um ein „lineares" Legitimationsverfahren, das eine veränderte komplexe Welt zur Kenntnis nehmen muss.

Bis zu welchem Grad ist Partizipation möglich, ohne die Entscheidungs- und Zukunftsfähigkeit einer Gesellschaft zu verspielen? Die Spielregeln zwischen Bürgerbeteiligung, technisch-wissenschaftlicher Kompetenz (Forschungsinstitute, Universitäten u. a.), den Parlamenten als demokratisch legitimierten Entscheidungsträgern, der Judikative und Exekutive müssen neu überdacht werden. Die technisch-ökonomisch-ökologische Entwicklung verändert politische Strukturen.

▶ Ziel muss es sein, dass künftige Generationen von Ingenieuren, Informatikern und Naturwissenschaftlern die Verknüpfung mit der Gesellschaft ganz selbstverständlich als Teil ihrer Arbeit betrachten. Dazu müssen die Studierenden aller Fächer sensibilisiert werden. Die technische Gestaltung des Mensch-Maschine Verhältnisses in der KI-Forschung ist nur unter Berücksichtigung humanwissenschaftlicher Faktoren möglich.
Die großen Zukunftsfragen der Künstlichen Intelligenz können nur interdisziplinär beantwortet werden.
Dabei sollte jeder Entwicklungsschritt sowohl auf der technischen Ebene als auch auf der Ebene der Organisation untersucht werden, um die sozialen Implikationen und Herausforderungen im Dialog mit der Gesellschaft zu erörtern und Konsequenzen zu ziehen.

Mit dieser Strategie könnten wir vermeiden, die „Singularität" zu verschlafen. Sonst werden wir eines Morgens wach und von einer Superintelligenz mit ihrem Transhumanismus zwangsbeglückt.

Literatur

1. Mainzer K (2005) Symmetry and Complexity. The Spirit and Beauty of Nonlinear Science. World Scientific, Singapore
2. Mainzer K (2005) Thinking in Complexity. The Computational Dynamics of Matter, Mind, and Mankind, 5. Aufl. Springer, Berlin
3. Mainzer K, Chua L (2013) Local Activity Principle. Imperial College Press, London
4. Banerjee R, Chakrabarti BK (2008) Models of Brain and Mind. Physical, Computational, and Psychological Approaches. Progress in Brain Research. Elsevier Science, Amsterdam
5. Chua L (1971) Memristor: the missing circuit element. IEEE Transaction on circuit Theor 18(5):507–519
6. Chua L (2014) If it's pinched it's a memristor. Semiconductor Science and Technology 29(10):104001–104002
7. Sah MP, Kim H, Chua LO (2014) Brains are made of memristors. IEEE Circuits and Systems Magazine 14(1):12–36
8. Williams RS (2008) How we found the missing memristor. IEEE spectrum 45(12):28–35

9. Tetzlaff R (Hrsg) (2014) Memristors and Memristive Systems. Springer, Berlin, S 14 (nach Fig. 1.5)
10. Siegelmann HT, Sontag ED (1995) On the computational power of neural nets. Journal of Computer and Systems Science 50:132–150
11. Siegelmann HT, Sontag ED (1994) Analog computation via neural networks. Theoretical Computer Science 131:331–360
12. Blum L, Shub M, Smale S (1989) On a theory of computation and complexity over the real numbers: NP-completeness, recursive functions and universal Machines. Bulletin of the American Mathematical Society 21(1):1–46
13. Turing AM (1939) Systems of logic based on ordinals. Proc London Math Soc 2:161–228
14. Feferman S (2006) Turing's Thesis. Notices of the American Mathematical Society 53(10):1200–1206
15. K. Mainzer, Mathematischer Konstruktivismus, Diss. Universität Münster 1973
16. Bennett CH (1995) Logical Depth and Physical Complexity. In: Herken R (Hrsg) The Universal Turing Machine. A Half-Century Survey. Springer, Wien, S 227–235
17. Brooks RA (2005) Menschmaschinen. Campus Sachbuch, Frankfurt
18. Wagman M (1996) Human Intellect and Cognitive Science. Towards a General Unified Theory of Intelligence. Westport Conn.
19. Wagman M (1995) The Science of Cognition. Theory and Research in Psychology and Artificial Intelligence. Wetstport Conn
20. Mainzer K (2016) Information: Algorithmus-Wahrscheinlichkeit-Komplexität-Quantenwelt-Leben-Gehirn-Gesellschaft. Berlin
21. Audretsch J, Mainzer K (Hrsg.) (1996) Wieviele Leben hat Schrödingers Katze? Zur Physik und Philosophie der Quantenwelt, 2. Aufl. Heidelberg
22. Feynman RP (1982) Simulating Physics with computers. Intern J Theor Physics 21:467–488
23. Deutsch D, Eckert A (2000) Concepts of Quantum Computation. In: Bouwmeester D, Ekert A, Zeilinger A (Hrsg.) (2000) The Physics of Quantum Information, Quantum Cryptography, Quantum Teleportation, Quantum Computation. Berlin, Kap. 4
24. Watrous J (1995) On one-dimensional quantum cellular automata. Proceedings of the 36th Annual Symposium on Foundations of Computer Science. IEEE Computer Society Press, Milwaukee (Wisconsin)
25. Mainzer K, Chua L (2011) The Universe as Automaton. From Simplicity and Symmetry to Complexity. Berlin, Kap. 7
26. Penrose R (2001) Computerdenken: Die Debatte um Künstliche Intelligenz, Bewusstsein und die Gesetze der Physik. Heidelberg, Kap. 10
27. Penrose R (1995) Schatten des Geistes: Wege zu einer neuen Physik des Bewußtseins. Heidelberg
28. Mainzer K (2018) The Digital and the Real World. Computational Foundations of Mathematics, Science, Technology, and Philosophy. Singapur

29. Deutsch D (1985) Quantum theory, the Church-Turing principle and the universal quantum computer. Proc R Soc London A 400:97–117

30. Mainzer K (1996) Naturphilosophie und Quantenmechanik. In: Audretsch J, Mainzer K (Hrsg) Wieviele Leben hat Schrödingers Katze? Zur Physik und Philosophie der Quantenmechanik, 2. Aufl. Heidelberg, S 245–299

31. Keyl M (2002) Fundamentals of quantum informatiuon theory. Physics Reports. A Review Section of Physics Letters 369:431–54

32. Bostrom N (2014) Superintelligenz. Szenarien einer kommenden Revolution. Suhrkamp, Berlin

33. Shanahan M (2010) Embodiment and the Inner Life. Cognition and Consciousness in the Space of Possible Minds. Oxford University Press, New York

34. Good IJ (1965) Speculations concerning the first ultraintelligent machine. In: Alt FL, Robinoff M (Hrsg) Advances in Computers. Academic Press, New York, S 31–88

35. Vinge V (1993) The coming technological singularity: How to survive in the post-human era. Vision-21: Interdisciplinary Science and Engineering in the Era of Cyberspace NASA Conference Publication 10(129):11–22 (NASA Lewis Research Center)

36. Kurzweil R (2005) The Singularity is Near. When Humans transcend Biology. Viking, New York

37. Eibisch N (2011) Eine Maschine baut eine Maschine baut eine Maschine.... Kultur und Technik 1:48–51

38. Slovskij IS, Sagan C (1966) Intelligent Life in the Universe, Holden-Day. San Francisco

39. Kardashev NS (1964) Transmission of information by extraterrestrial civilizations. Soviet Astronomy 8(2):217–221

40. acatech (2012) Technikzukünfte. Vorausdenken – Erstellen – Bewerten. Springer, Berlin

41. Wilms F (2005) Szenariotechnik. Vom Umgang mit der Zukunft. Haupt, Bern, Stuttgart, Wien

42. Häder M (Hrsg) (2002) Delphi-Befragungen. Ein Arbeitsbuch. Springer VS, Wiesbaden

43. Geisberger E, Broy M (Hrsg) (2012) AgendaCPS. Acatech Studie. Springer, Berlin

44. Mainzer K (2012) Von der interdisziplinären zur integrativen Forschung. Gegenworte Berlin-Brandenburgische Akademie der Wissenschaften 28:26–30

Wie sicher ist Künstliche Intelligenz? 11

11.1 Neuronale Netze sind eine Black Box

Machine Learning verändert unsere Zivilisation dramatisch. Wir verlassen uns immer mehr auf effiziente Algorithmen, weil die Komplexität unserer zivilisatorischen Infrastruktur sonst nicht zu bewältigen wäre: Unsere Gehirne sind zu langsam und bei den anstehenden Datenmengen hoffnungslos überfordert. Aber wie sicher sind KI-Algorithmen? Bei der praktischen Anwendung beziehen sich Lernalgorithmen auf Modelle neuronaler Netze, die selber äußerst komplex sind. Sie werden mit riesigen Datenmengen gefüttert und trainiert. Die Anzahl der dazu notwendigen Parameter explodiert exponentiell. Niemand weiß genau, was sich in diesen „Black Boxes" im Einzelnen abspielt. Es bleibt häufig ein statistisches Trial-and-Error Verfahren. Wie sollen aber Verantwortungsfragen z. B. beim autonomen Fahren oder in der Medizin entschieden werden, wenn die methodischen Grundlagen dunkel bleiben?

► Im Machine Learning mit neuronalen Netzen benötigen wir mehr Erklärung (explainability) und Zurechnung (accountability) von Ursachen und Wirkungen, um ethische und rechtliche Fragen der Verantwortung entscheiden zu können!

© Springer-Verlag GmbH Deutschland, ein Teil von Springer Nature 2019
K. Mainzer, *Künstliche Intelligenz – Wann übernehmen die Maschinen?*,
Technik im Fokus, https://doi.org/10.1007/978-3-662-58046-2_11

Beim statistischen Lernen sollen Abhängigkeiten und Zusammenhänge aus Beobachtungsdaten durch Algorithmen abgeleitet werden. Dazu können wir uns ein naturwissenschaftliches Experiment vorstellen, bei dem in einer Serie von veränderten Bedingungen (Inputs) entsprechende Ergebnisse (Outputs) folgen. In der Medizin könnte es sich um einen Patienten handeln, der auf Medikamente in bestimmter Weise reagiert. Dabei nehmen wir an, dass die entsprechenden Paare von Input- und Outputdaten unabhängig durch dasselbe unbekannte Zufallsexperiment erzeugt werden. Statistisch sagt man deshalb, dass die endliche Folge von Beobachtungsdaten $(x_1, y_1), \ldots, (x_n, y_n)$ mit Inputs x_i und Outputs y_i $(i = 1, \ldots, n)$ durch Zufallsvariablen $(X_1, Y_1), \ldots, (X_n, Y_n)$ realisiert wird, denen eine unbekannte Wahrscheinlichkeitsverteilung $P_{X,Y}$ zugrunde liegt.

Algorithmen sollen nun Eigenschaften der Wahrscheinlichkeitsverteilung $P_{X,Y}$ ableiten. Ein Beispiel wäre die Erwartungswahrscheinlichkeit, mit der für einen gegebenen Input ein entsprechender Output auftritt. Es kann sich aber auch um eine Klassifikationsaufgabe handeln: Eine Datenmenge soll auf zwei Klassen aufgeteilt werden. Mit welcher Wahrscheinlichkeit gehört ein Element der Datenmenge (Input) eher zu der einen oder anderen Klasse (Output)? Wir sprechen in diesem Fall auch von binärer Mustererkennung.

Hintergrundinformationen

Beim Erkennen eines binären Musters werden die Daten einer Datenmenge X auf zwei mögliche Klassen verteilt, die mit $+1$ bzw. -1 bezeichnet werden. Diese Zuordnung wird durch eine Funktion $f : X \to Y$ mit $Y = \{+1, -1\}$ beschrieben. Beim statistischen Lernen eines binären Musters geht es darum, aus einer Klasse $\mathcal{F}$ von Funktionen diejenige Zuordnung f zu ermitteln, bei der die Fehlerabweichung bzw. der erwartete Irrtum minimal ist. Wir sprechen auch von der *Risikominimierung* des statistischen Lernens [1]:

$$R[f] = \int \frac{1}{2} |f(x) - y| \, dP_{X,Y}(x, y)$$

Da aber die Wahrscheinlichkeitsverteilung $P_{X,Y}$ für alle Werte unbekannt ist, kann diese Formel und damit die gesuchte Mustererkennung mit minimaler Fehlerabweichung nicht berechnet werden. Es stehen uns nur die endlich vielen empirisch beobachteten Zuordnungen $(x_1, y_1), \ldots, (x_n, y_n)$ zur Verfügung. Wir beschränken uns daher auf eine *empirische Risikominimierung*. Dazu ermitteln wir schrittweise für jede Zuordnungsfunktion f der Klasse $\mathcal{F}$ den empirischen Trainingsirrtum beim Lernen aus einem Sample mit Umfang n:

$$R_{emp}^n[f] = \frac{1}{n} \sum_{i=1}^{n} \frac{1}{2} |f(x_i) - y_i|$$

Dadurch wird eine Folge von Funktionen der Klasse $\mathcal{F}$ mit verbessertem Trainingsirrtum erzeugt. Die zentrale Frage ist, ob durch dieses Verfahren eine Mustererkennung mit einer minimal möglichen Fehlerabweichung ermittelt werden kann. Mathematisch heißt das Problem, ob die so ermittelte Funktionenfolge in der Klasse $\mathcal{F}$ gegen eine Funktion mit minimaler Fehlerabweichung konvergiert.

Tatsächlich lässt sich beweisen, dass eine solche Konvergenz bzw. ein solcher Lernerfolg nur für kleine Teilklassen garantiert ist. Ein Beispiel ist die Vapnik-Chervonenkis (VC) Dimension, mit der sich die Kapazität und Größe solcher Funktionenklassen bestimmen lässt [2]. Mit großer Wahrscheinlichkeit ist dann das Risiko nicht größer als das empirische Risiko (plus einem Term, der mit der Größe der Funktionenklasse wächst.)

Die derzeitigen Erfolge des Machine Learning scheinen die These zu bestätigen, dass es auf möglichst große Datenmengen ankommt, die mit immer stärkerer Computerpower bearbeitet werden. Die erkannten Regularitäten hängen dann aber nur von der Wahrscheinlichkeitsverteilung der statistischen Daten ab.

▶ *Statistisches Lernen* versucht, ein probabilistisches Modell aus endlich vielen Daten von Ergebnissen (z. B. Zufallsexperimente) und Beobachtungen abzuleiten (Abb. 11.1).

▶ *Statistisches Schließen* versucht umgekehrt, Eigenschaften von beobachteten Daten aus einem angenommenen statistischen Modell abzuleiten (Abb. 11.1).

Datenkorrelationen können Hinweise auf Sachverhalte liefern, müssen es aber nicht. Stellen wir uns eine Testreihe vor, bei der sich eine günstige Korrelation zwischen einer verabreichten chemischen Substanz und der Bekämpfung bestimmter Krebstumore ergibt. Dann entsteht Druck des betroffenen Unternehmens, mit einem entsprechenden Medikament in die Produktion zu gehen und Gewinne abzuschöpfen. Aber auch betroffene Patienten mögen darin ihre letzte Chance sehen. Tatsächlich erhalten wir ein nachhaltiges Medikament aber nur, wenn wir

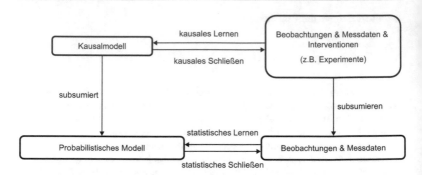

Abb. 11.1 Statistisches und kausales Lernen [3]

den zugrunde liegenden kausalen Mechanismus des Tumorwachstums, also die Gesetze der Zellbiologie und Biochemie verstanden haben.

Bereits Newton war kaum an Datenkorrelationen der fallenden Äpfel an den Apfelbäumen seines väterlichen Bauernhofs interessiert, sondern an dem zugrundeliegenden mathematischen Kausalgesetz der Gravitation, mit dem genaue Erklärungen und Prognosen der fallenden Äpfel und der Himmelskörper möglich wurden, letztlich auch die darauf aufbauende Satelliten- und Raketentechnik.

Statistisches Lernen und Schließen aus Daten reichen also nicht aus. Wir müssen vielmehr die kausalen Zusammenhänge von Ursachen und Wirkungen hinter den Messdaten erkennen. Diese kausalen Zusammenhänge hängen von den Gesetzen der jeweiligen Anwendungsdomäne unserer Forschungsmethoden ab, also den Gesetzen der Physik im Beispiel von Newton, den Gesetzen der Biochemie und des Zellwachstums im Beispiel der Krebsforschung, etc. Wäre es anders, könnten wir mit den Methoden des statistischen Lernens und Schließen bereits die Probleme dieser Welt lösen. Tatsächlich scheinen das einige kurzsichtige Zeitgenossen beim derzeitigen Hype der Künstlichen Intelligenz zu glauben.

► Statistisches Lernen und Schließen ohne kausales Domänenwissen ist blind – bei noch so großer Datenmenge (Big Data) und Rechenpower!

Neben der Statistik der Daten bedarf es zusätzlicher Gesetzes- und Strukturannahmen der Anwendungsdomänen, die durch Experimente und Interventionen überprüft werden. Kausale Erklärungsmodelle (z. B. das Planetenmodell oder ein Tumormodell) erfüllen die Gesetzes- und Strukturannahmen einer Theorie (z. B. Newtons Gravitationstheorie oder die Gesetze der Zellbiologie):

▶ Beim *kausalen Schließen* werden Eigenschaften von Daten und Beobachtungen aus Kausalmodellen, d. h. Gesetzesannahmen von Ursachen und Wirkungen, abgeleitet. Kausales Schließen ermöglicht damit, die Wirkungen von Interventionen oder Datenveränderungen (z. B. durch Experimente) zu bestimmen (Abb. 11.1).

▶ *Kausales Lernen* versucht umgekehrt, ein Kausalmodell aus Beobachtungen, Messdaten und Interventionen (z. B. Experimente) abzuleiten, die zusätzliche Gesetzes- und Strukturannahmen voraussetzen (Abb. 11.1).

Ein strukturelles Kausalmodell besteht aus einem System von strukturellen Zuordnungen von Ursachen zu Wirkungen mit eventuellen Störvariablen. Ursachen und Wirkungen werden durch Zufallsvariablen beschrieben. Ihre funktionalen Zuordnungen (unter Berücksichtigung von Störvariablen) werden durch Gleichungen definiert, also z. B. Wirkung $X_j = f(X_i, N)$ in funktioneller Abhängigkeit von Ursache X_i und Störvariable N. Anschaulich kann das Netzwerk der Ursachen und Wirkungen durch einen Graphen von Knoten und Kanten dargestellt werden. Zufallsvariablen von Ursachen und Wirkungen entsprechen Knoten. Kausale Wirkungen entsprechen gerichteten Pfeifen: $X_i \rightarrow X_j$ bedeutet, dass Ursache X_i Wirkung X_j auslöst.

Es lässt sich beweisen, dass ein Kausalmodell eine eindeutige Wahrscheinlichkeitsverteilung der Daten einschließt (Abb. 11.1: „subsumiert"), aber nicht umgekehrt: Für Kausalmodelle (z. B. Planetenmodell) müssen zusätzliche Gesetze (z. B. Gravitationsgesetz) angenommen werden [4]. Um kausale Abhängigkeiten von Ereignissen zu erkennen, muss die Unabhängigkeit der sie darstellenden Zufallsvariablen ermittelt werden. Statistisch lässt sich die Unabhängigkeit der Resultate x und y zweier Zufallsvariablen (anschaulich Zufallsexperimente) X und Y dadurch ausdrücken, dass ihre Verbundwahrscheinlichkeit $p(x,y)$ faktorisierbar ist, d. h. $p(x, y) = p(x)\, p(y)$. Man spricht in diesem

Fall auch von der Markov-Bedingung. Auf dieser Grundlage lässt sich der Kalkül einer kausalen Unabhängigkeitsrelation ⊥⊥ einführen [5]:

Sei $p(x)$ die Dichte der Wahrscheinlichkeitsverteilung P_X einer Zufallsvariablen X:

x unabhängig von $Y(X \perp\!\!\!\perp Y)$: $\Leftrightarrow p(x, y) = p(x)\, p(y)$

$\qquad\qquad\qquad$ für alle Werte x, y von X, Y

$X_1, \ldots, X_d$ gegenseitig unabhängig: $\Leftrightarrow p(x_1, \ldots, x_d) = p(x_1) \cdot \ldots \cdot p(x_d)$

$\qquad\qquad\qquad$ für alle Werte $x_1, \ldots, x_d$ von $X_1, \ldots, X_d$

X unabhängig von Y unter Bedingung $Z(X \perp\!\!\!\perp Y \,|\, Z)$: $\Leftrightarrow p(x, y|z) = p(x|z)\, p(y|z)$

$\qquad\qquad\qquad$ für alle Werte x, y, z von X, Y, Z mit $p(z) > 0$.

Bedingte Unabhängigkeitsrelationen erfüllen folgende Regeln:

$$X \perp\!\!\!\perp Y|Z \Rightarrow Y \perp\!\!\!\perp X|Z \qquad \text{(Symmetrie)}$$
$$X \perp\!\!\!\perp Y, W|Z \Rightarrow X \perp\!\!\!\perp Y|Z \qquad \text{(Dekomposition)}$$
$$X \perp\!\!\!\perp Y, W|Z \Rightarrow X \perp\!\!\!\perp Y|W, Z \qquad \text{(schwache Vereinigung)}$$
$$X \perp\!\!\!\perp Y|Z \text{ and } X \perp\!\!\!\perp W|Y, Z \Rightarrow X \perp\!\!\!\perp Y, W|Z \qquad \text{(Kontraktion)}$$
$$X \perp\!\!\!\perp Y|W, Z \text{ and } X \perp\!\!\!\perp W|Y, Z \Rightarrow X \perp\!\!\!\perp Y, W|Z \qquad \text{(Schnittmenge)}$$

Beispiel

Kausales Strukturmodell mit Zuordnungen und graphischer Darstellung [6]

$$X_1 := f_1(X_3, N_1)$$
$$X_2 := f_2(X_1, N_2)$$
$$X_3 := f_3(N_3)$$
$$X_4 := f_4(X_2, X_3, N_4)$$

N_1, N_2, N_3, N_4 unabhängige Störvariablen

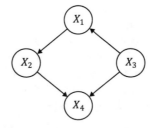

Die Unabhängigkeit der Zufallsvariablen X_1, X_2, X_3, X_4 in der statistischen Verteilung P_{X_1,X_2,X_3,X_4} lässt sich durch $X_2 \perp\!\!\!\perp X_3|X_1$ und $X_1 \perp\!\!\!\perp X_4|X_2, X_3$ bzw. durch die Markov-Faktorisierung darstellen:

$$p(x_1, x_2, x_3, x_4) = p(x_3)\, p(x_1|x_3)\, p(x_2|x_1)\, p(x_4|x_2, x_3).$$

Ziel des kausalen Lernens ist es also, hinter der Verteilung von Mess- und Beobachtungsdaten die kausalen Abhängigkeiten von Ursachen und Wirkungen zu entdecken. Ausgangssituation ist ein endliches Sample einer Datenerhebung: In Abb. 11.2 wird dazu eine Verbundwahrscheinlichkeit (z. B. P_{X_1,X_2,X_3,X_4}) von unabhängig und identisch verteilten (i. i. d. = independent and identically distributed) Zufallsvariablen (z. B. X_1, X_2, X_3, X_4) vorausgesetzt. Durch Unabhängigkeitstests und Experimente lassen sich daraus Kausalmodelle ableiten, die durch

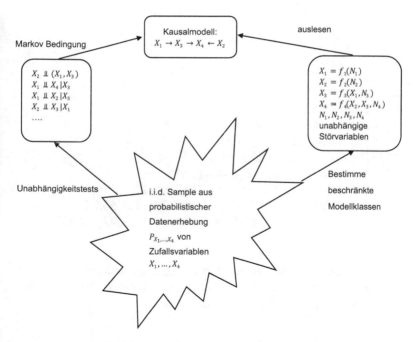

Abb. 11.2   Von Datenerhebungen zu Kausalmodellen [7]

Unabhängigkeitsrelationen bzw. wahrscheinlichkeitstheoretische Faktorisierung oder Kausalgesetze bestimmt sind. Auf der Grundlage solcher Kausalmodelle lassen sich die Abhängigkeiten von Ursachen und Wirkungen graphisch darstellen. Damit wird die eingangs geforderte Zuordnung (accountability) von Ursachen und Wirkungen erst möglich, die zur Klärung von Verantwortungsfragen (responsibility) notwendig ist.

Die neuronalen Netze, die beim Machine Learning praktisch angewendet werden, müssen über eine große Anzahl von Knoten verfügen. Die Anzahl möglicher Kausalmodelle (mit entsprechender graphischer Darstellung) steigt damit exponentiell [8]:

d	Anzahl der Kausalmodelle mit d Knoten
1	1
2	3
3	25
4	543
5	29281
6	3781503
7	1138779265
8	783702329343
9	1213442454842881
10	4175098976430598143
11	31603459396418917607425
12	521939651343829405020504063
13	18676600744432035186664816926721
14	1439428141044398334941790719839535103
15	237725265553410354992180218286376719253505
16	83756670773733320187699303047996412235223138303
	$\cdots$

Wegen dieser Explosion von Parametern führt die Komplexität praktischer Anwendungen zu einer dramatischen Herausforderung des Machine Learning, die häufig unterschätzt wird:

Beispiel

In der Gehirnforschung haben wir es mit einem der komplexesten neuronalen Netze zu tun, das in der Evolution entstand. Im mathematischen Modell nehmen wir vereinfachend einen Vektor z an, mit dem die Aktivität einer großen Anzahl von Gehirnregionen kodiert wird. Die Dynamik (d. h. die zeitliche Entwicklung) von z wird bestimmt durch eine Differentialgleichung

$$\frac{d}{dt}z = F(z, u, \theta)$$

mit F gegebener Funktion, u Vektor der externen Stimulationen und θ Parameter der kausalen Verbindungen [9].

Die Gehirnaktivität z kann aber nicht direkt beobachtet werden. Functional resonance imaging fMRI bestimmt nur den Verbrauch an Nährstoffen (Sauerstoff und Glukose) zur Kompensation des gestiegenen Energiebedarfs, der durch Blutfluss geliefert wird (hämodynamische Antwort). Das Anwachsen wird durch das blood-oxygen-level-dependent (BOLD) Signal bestimmt. Daher muss z im dynamischen Kausalmodell durch eine Zustandsvariable x ersetzt werden, in der die Gehirnaktivität mit der hämodynamischen Antwort berücksichtigt wird:

$$\frac{d}{dt}x = F(x, u, \theta).$$

Dazu wird die gemessene Zeitreihe des BOLD Signals $y = \lambda(x)$ mit der Zustandsvariablen x verbunden.

Tatsächlich haben wir es beim menschlichen Gehirn mit einer Datenflut zu tun, die durch 86 Milliarden Neuronen hervorgebracht wird. Wie im Einzelnen die kausalen Wechselwirkungen hinter diesen Datenwolken ablaufen, bleibt vorläufig weiterhin eine Black Box. *Statistisches Lernen* aus gemessenen Daten reicht aber auch im Zeitalter von Big Data und wachsender Rechenpower nicht aus. Mehr Erklärung der kausalen Wechselwirkungen zwischen den einzelnen Gehirnregionen, also *kausales Lernen*, ist eine zentrale Herausforderung der Gehirnforschung, um bessere medizinische Diagnose, psychologische und rechtliche Zurechnungsfähigkeit zu erhalten [10].

Beispiel

Ein hochaktuelles technisches Beispiel für die wachsende Komplexität neuronaler Netze sind selbst-lernende Fahrzeuge. So kann ein einfaches Automobil mit verschiedenen Sensoren (z. B. Nachbarschaft, Licht, Kollision) und motorischer Ausstattung bereits komplexes Verhalten durch ein sich selbst organisierendes neuronales Netzwerk erzeugen. Werden benachbarte Sensoren bei einer Kollision mit einem äußeren Gegenstand erregt, dann auch die mit den Sensoren verbundenen Neuronen eines entsprechenden neuronalen Netzes. So entsteht im neuronalen Netz ein Verschaltungsmuster, das den äußeren Gegenstand repräsentiert. Im Prinzip ist dieser Vorgang ähnlich wie bei der Wahrnehmung eines äußeren Gegenstands durch einen Organismus – nur dort sehr viel komplexer.

Wenn wir uns nun noch vorstellen, dass dieses Automobil mit einem „Gedächtnis" (Datenbank) ausgestattet wird, mit dem es sich solche gefährlichen Kollisionen merken kann, um sie in Zukunft zu vermeiden, dann ahnt man, wie die Automobilindustrie in Zukunft unterwegs sein wird, selbst-lernende Fahrzeuge zu bauen. Sie werden sich erheblich von den herkömmlichen Fahrerassistenzsystemen mit vorprogrammiertem Verhalten unter bestimmten Bedingungen unterscheiden. Es wird sich um ein neuronales Lernen handeln, wie wir es in der Natur von höher entwickelten Organismen kennen.

Wie viele reale Unfälle sind aber erforderlich, um selbstlernende („autonome") Fahrzeuge zu trainieren? Wer ist verantwortlich, wenn autonome Fahrzeuge in Unfälle verwickelt sind? Welche *ethischen* und *rechtlichen Herausforderungen* stellen sich? Bei komplexen Systemen wie neuronalen Netzen mit z. B. Millionen von Elementen und Milliarden von synaptischen Verbindungen erlauben zwar die Gesetze der statistischen Physik, globale Aussagen über Trend- und Konvergenzverhalten des gesamten Systems zu machen. Die Zahl der empirischen Parameter der einzelnen Elemente ist jedoch unter Umständen so groß, dass keine lokalen Ursachen ausgemacht werden können. Das neuronale Netz bleibt für uns eine „Black Box". Vom ingenieurwissenschaftlichen Standpunkt aus sprechen Autoren daher von einem „dunklen Geheimnis" im Zentrum der KI des Machine Learning: „... *even the engineers who designed [the machine learning-based system] may struggle to isolate the reason for any single action*" [11].

Zwei verschiedene Ansätze im Software Engineering sind denkbar:

1. Testen zeigt nur (zufällig) gefundene Fehler, aber nicht alle anderen möglichen.
2. Zur grundsätzlichen Vermeidung müsste eine formale Verifikation des neuronalen Netzes und seiner zugrundeliegenden kausalen Abläufe durchgeführt werden.

Der Vorteil des automatischen Beweisens (Abschn. 3.4) ist es, die Korrektheit einer Software als mathematisches Theorem zu beweisen [12]. Das leisten Beweisassistenten [13, 14]. Daher lautet der Vorschlag, eine formale Metaebene über dem neuronalen Netz des Machine Learning einzuführen, um dort Korrektheitsbeweise mit einem *Beweisassistenten* (proof assistant) automatisch ausführen zu lassen [15]. Dazu stellen wir uns ein selbst-lernendes Automobil ausgestattet mit Sensoren und damit verbundenem neuronalen Netz vor – quasi als Nervensystem und Gehirn des Systems. Ziel ist es, dass das Verhalten des Automobils nach den Regeln der Straßenverkehrsordnung verläuft. Die Straßenverkehrsordnung wurde 1968 in der Wiener Konvention formuliert.

In einem ersten Schritt wird das Automobil wie z. B. ein Flugzeug mit einer Black Box ausgestattet, um die Fülle der Verhaltensdaten zu registrieren. Diese Datenmasse sollte von den Verkehrsregeln der Wiener Konvention impliziert werden. Diese logische Implikation realisiert die gewünschte Kontrolle, um Fehlverhalten auszuschließen. Auf der Metaebene wird die Implikation formalisiert, um ihren Beweis durch einen Beweisassistenten zu automatisieren.

Dazu müsste zunächst das Rechtssystem der Wiener Konvention formalisiert werden. In einem nächsten Schritt müsste aus der Datenmasse der Black Box die Bewegungsbahn, also der kausale Bewegungsablauf des Fahrzeugs extrahiert werden. Dazu bietet sich das *kausale Lernen* an, das wir vorher erklärt haben. Der kausale Bewegungsablauf lässt sich graphisch in einer Kausalkette von Ursachen und Wirkungen repräsentieren. Diese Darstellung der Bahnkurve des Fahrzeugs müsste auf der Metaebene in einer formalen Sprache repräsentiert werden. Diese formale Beschreibung müsste von den forma-

lisierten Vorschriften der Wiener Konvention impliziert werden. Der
formale Beweis dieser Implikation wird durch den Beweisassistenten
automatisiert und könnte mit heutiger Rechenpower blitzschnell realisiert werden.

Zusammengefasst folgt: Machine Learning mit neuronalen Netzen
funktioniert, aber wir können die Abläufe in den neuronalen Netzen
nicht im Einzelnen verstehen und kontrollieren. Heutige Techniken
des Machine Learning beruhen meistens nur auf *statistischem Lernen*,
aber das reicht nicht für sicherheitskritische Systeme. Daher sollte
Machine Learning mit *Beweisassistenten* und *kausalem Lernen* verbunden werden. Korrektes Verhalten wird dabei durch Metatheoreme
in einem logischen Formalismus garantiert.

Dieses Modell selbst-lernender Fahrzeuge erinnert an die Organisation des Lernens im *menschlichen Organismus*: Verhalten und
Reaktionen laufen dort ebenfalls weitgehend unbewusst ab. „Unbewusst" heißt, dass wir uns der kausalen Abläufe des durch sensorielle
und neuronale Signale gesteuerten Bewegungsapparats nicht bewusst
sind. Das lässt sich mit Algorithmen des *statistischen Lernens* automatisieren. In kritischen Situationen reicht das aber nicht aus: Um
mehr Sicherheit durch bessere Kontrolle im menschlichen Organismus zu erreichen, muss der Verstand mit kausaler Analyse und lo-
gischem Schließen eingreifen. Unser Ziel ist es, dass dieser Vorgang
im Machine Learning durch Algorithmen des *kausalen Lernens* und
logischer Beweisassistenten automatisiert wird.

11.2   Entscheiden unter unvollständiger Information

In komplexen Märkten verhalten sich Menschen nicht nach den axio-
matisch festgelegten rationalen Erwartungen eines „repräsentativen
Agenten" (homo oeconomicus), sondern entscheiden und handeln mit
unvollständigem Wissen, Emotionen und Reaktionen (z. B. Herdenver-
halten). Der amerikanische Nobelpreisträger Herbert A. Simon (1916–
2001) spricht daher von beschränkter Rationalität (bounded rationality)
[16]. Gemeint ist damit, dass wir uns angesichts von komplexen Datenmassen mit vorläufig befriedigenden Lösungen zufriedengeben und
nicht perfekte Lösungen anstreben sollten.

Bleiben aber Entscheidungen unter beschränkter Rationalität und Information einer algorithmischen Bestimmung prinzipiell verschlossen? Bemerkenswert ist in dem Zusammenhang eine KI-Software, die menschliche Champions in Poker schlug [17]. Poker ist aus verschiedenen Gründen spektakulär. Im Unterschied zu Brettspielen wie Schach und Go ist nämlich Poker ein Beispiel für Entscheidungen unter unvollständiger Information. Von genau dieser Art sind Alltagsentscheidungen, die unter unvollständige Information bei z. B. Verhandlungen zwischen Unternehmen, Rechtsfällen, militärischen Entscheidungen, medizinischer Planung, Cybersecurity u. a. stattfinden. Brettspiele wie Schach und Go betreffen demgegenüber Entscheidungen, bei denen jeder Spieler zu jedem Zeitpunkt einen vollständigen Überblick über die gesamte Spielsituation hat. Bei Poker vermutet man immer Emotionen und Gefühle im Spiel, um den Gegner z. B. mit Pokerface aufgrund unvollständiger Information zu täuschen. Bis aber Maschinen in der Lage sein werden, menschliche Emotionen zu verstehen oder gar zu realisieren, würden – so dachten selbst KI-Experten – noch viele Jahre vergehen, wenn es überhaupt gelingen sollte. Tatsächlich umschifft Poker Libratus das Problem der Emotionen und schlägt Menschen durch schiere Computerpower plus allerdings raffinierter Mathematik.

► Künstliche Intelligenz muss also keineswegs menschliche Intuition und Emotion nachahmen, um den Menschen bei Entscheidungen unter unvollständiger Information zu schlagen.

An dieser Stelle wird klar, dass technisch erfolgreiche KI vor allem eine Ingenieurwissenschaft ist, die effizient Probleme lösen will. Es geht nicht darum, menschliche Intelligenz zu modellieren, simulieren oder gar zu ersetzen. Auch in der Vergangenheit waren erfolgreiche ingenieurwissenschaftliche Lösungen nicht darauf aus, die Natur zu imitieren: Solange Menschen versuchten, den Flügelschlag der Vögel nachzuahmen, ging das Fliegen schief. Erst als sich Ingenieure auf die Grundgesetze der Aerodynamik besannen, fanden sie Lösungen, wie sich tonnenschwere Fluggeräte bewegen lassen – Lösungen, die in der Evolution von der Natur nicht gefunden wurden. Davon zu unterscheiden sind Gehirnforschung und Neuromedizin, die den menschlichen Organismus modellieren und verstehen wollen – so wie er in der natürlichen Evolution entstanden ist.

Grafisch wird ein Spielverlauf oder eine Verhandlungssituation durch einen Spielbaum dargestellt. Eine Spielsituation entspricht einem Astknoten, aus dem sich nach den Spielregeln endlich viele Spielzüge ergeben, die durch entsprechende Äste im Spielbaum dargestellt werden. Diese Äste enden wieder mit Astknoten (Spielsituationen), aus denen wieder neue mögliche Äste (Spielzüge) entspringen. So entfaltet sich ein komplexer Spielbaum.

In einem ersten Ansatz sucht ein effektiver Algorithmus die Schwächen eines vergangenen Spiels im entsprechenden Spielbaum heraus und versucht sie, in nachfolgenden Spielen (Spielbäumen) zu minimieren. Dabei spielt das System nicht zehn-, hundert- oder tausendmal gegen sich, sondern millionenfach aufgrund der enormen Rechenleistung eines Supercomputers. Bei ca. 10^{126} Spielsituationen im Pokerspiel würden das aber selbst die schnellsten Supercomputer in keiner realistischen Zeit schaffen. Nun kommt Mathematik zum Einsatz: Mit Theoremen der mathematischen Wahrscheinlichkeits- und Spieltheorie lässt sich beweisen, dass sich in bestimmten Spielsituationen keine Erfolgschancen für nachfolgende Spieläste ergeben. Sie können also vernachlässigt werden, um so Rechenzeit zu reduzieren.

Auf diesem Hintergrund unterscheiden wir bei Poker Libratus zwei Algorithmen [18]: Counterfactual Regret Minimization (CFR) ist ein iterativer Algorithmus, um Nullsummenspiele mit unvollständiger Information zu lösen. Regret-Based Pruning (RBP) ist eine Verbesserung, die es erlaubt, die Entwicklungsäste wenig erfolgreicher Aktionen im Spielbaum zeitweise zu „beschneiden" (pruning), um den Algorithmus CFR zu beschleunigen. Aufgrund eines Theorems von N. Brown und T. Sandholm 2016 gilt: In Nullsummenspielen beschneidet RBP jede Aktion, die nicht Teil einer besten Antwort eines Nash-Gleichgewichts ist. Ein Nash-Gleichgewicht ist eine Spielkonstellation, in der kein Spieler sein Resultat durch eine einseitige Strategie verbessern kann.

In Spielen mit unvollständiger Information versucht man daher, ein Nash-Gleichgewicht zu finden. In 2-Personen-Nullsummenspielen mit weniger als ca. 10^8 möglichen Spielkonstellationen (Knoten im Spielbaum) kann ein Nash-Gleichgewicht exakt durch einen linearen Algorithmus (Computerprogramm) gefunden werden. Für größere Spiele verwendet man iterative Algorithmen (z. B. CFR), die zu einem Nash-Gleichgewicht als Grenzwert konvergieren.

Nach jedem Spiel berechnet CFR das „Bedauern" (regret) über eine Aktion an jedem Entscheidungspunkt eines Spielbaums, minimiert damit den Grad des Bedauerns und verbessert so die Spielstrategie: „Kontrafaktisch" meint also „Was hätte man besser machen können?" Falls eine Aktion z. B. mit negativem Bedauern verbunden ist, überspringt RBP diese Aktion für die minimale Anzahl von Iterationen, die notwendig ist, bis das damit verbundene Bedauern positiv in CFR wird. Die übersprungenen Iterationen werden dann in einer einzigen Iteration erledigt, sobald das „pruning" beendet ist. So kommt es zur Reduktion von Rechenzeit und Speicherplatz, die von heutigen physikalischen Maschinen beherrschbar ist.

▶ KI-Software, die auf der Grundlage großer Datenmengen mit steigender Computerpower schneller und effektiver umfangreiches Erfahrungswissen erzeugt, wird für menschliches Entscheiden bei unvollständiger Information unverzichtbar. In für den Menschen unübersichtlichen Verhandlungssituationen wird diese Art von KI-Software die Möglichkeiten von Gewinnstrategien prüfen und günstige Entscheidungen vorschlagen können. Das wird z. B. bei komplexen Unternehmensverhandlungen ebenso wichtig werden wie bei der Unterstützung von schwierigen rechtlichen Entscheidungen. Mit steigender Effizienz dieser Software wird aber zugleich die Urteilskraft des Menschen herausgefordert: Möglichkeiten und Grenzen dieser Software müssen in der Grundlagenforschung genau bestimmt werden, um nicht im blinden Vertrauen auf unverstandene Algorithmen zu scheitern.

11.3 Wie sicher sind menschliche Institutionen?

Durch das exponentielle Wachstum von Rechenpower wird sich die Algorithmisierung der Gesellschaft beschleunigen. Algorithmen werden zunehmend Institutionen ersetzen und dezentrale Strukturen der Dienstleistung und Versorgung schaffen. Ein Einstiegsszenario für diese neue digitale Welt bietet die Datenbanktechnologie Blockchain [19]. Es

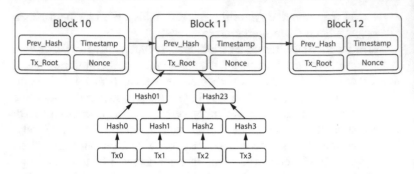

Abb. 11.3 Blockchain mit Hashkodierung

handelt sich um eine Art dezentraler Buchhaltung, die z. B. Banken zur
Vermittlung von Geldgeschäften zwischen Kunden durch Algorithmen
ersetzt. Erfunden wurde diese dezentrale Vermittlungsinstanz nach der
Weltfinanzkrise 2008, die wesentlich durch menschliches Fehlverhalten
in nationalen und internationalen Zentralbanken verursacht wurde.

Blockchain lässt sich als Buchführung über eine fortlaufende dezentrale Datenbank vorstellen [20]. Die Buchführung ist nicht zentral gela-
gert, sondern befindet sich als Kopie auf jedem Computer der beteiligten
Akteure. Auf jeder „Seite" (block) der Buchführung werden Transaktionen zwischen den Akteuren und Sicherheitscodes solange notiert, bis sie
„voll" ist und eine neue Seite „aufgeschlagen" werden muss. Formal handelt es sich um eine erweiterbare Liste von Datensätzen (blocks), die mit
kryptographischen Verfahren verkettet sind (Abb. 11.3). Jeder Block enthält einen kryptographisch sicheren Hash des vorherigen Blocks, einen
Zeitstempel und Transaktionsdaten. Neue Blöcke werden durch ein Kon-
sensverfahren (z. B. Proof-of-Work-Algorithmus) erzeugt.

▶   Durch das Buchführungssystem „Blockchain" können digitale Gü-
    ter bzw. Werte (Währungen, Verträge etc.) beliebig vervielfältigt
    werden: „Alles ist Kopie!" Nach dem Internet der Dinge (IoT = In-
    ternet of Things, vgl. Kap. 9) kündigt sich damit das Internet der
    Werte (IoV = Internet of Values) an.

Wegen der aufeinander aufbauenden Speicherung von Daten in Blockchains sind einseitige Veränderungen sofort erkennbar. Jeder beteiligte Akteur würde Veränderungen in seiner Kopie des Blockchain erkennen, da dazu die ineinander verketteten Blocks „ausgepackt" werden müssten. Hinzu kommt die hohe Rechenkapazität des gesamten Netzwerks beim „block mining", die Blockchains praktisch fälschungssicher macht. Eine dezentrale Kryptowährung arbeitet in folgenden Schritten [21]:

1. Neue Transaktionen werden signiert und an alle Knoten der Akteure gesendet.
2. Jeder Knoten (Akteur) sammelt neue Transaktionen in einem Block.
3. Jeder Knoten (Akteur) sucht nach dem sogenannten Nonce (Zufallswert), der seinen Block gültig macht.
4. Wenn ein Knoten (Akteur) einen gültigen Block findet, sendet er den Block an alle anderen Knoten (Akteure).
5. Die Knoten (Akteur) akzeptieren den Block nur, wenn er den Regeln entsprechend gültig ist:
   a) Der Hashwert des Blocks muss dem aktuellen Schwierigkeitsgrad entsprechen.
   b) Alle Transaktionen müssen korrekt signiert sein.
   c) Die Transaktionen müssen den bisherigen Blöcken entsprechend gedeckt sein (keine Doppelausgaben).
   d) Neuemission und Transaktionsgebühren müssen den akzeptierten Regeln entsprechen.
6. Die Knoten (Akteure) bringen ihre Akzeptanz des Blocks zum Ausdruck, indem sie dessen Hashwert in ihre neuen Blöcke übernehmen.

Das Erstellen eines neuen gültigen Blocks (mining) entspricht dem Lösen einer kryptographischen Aufgabe (proof-of-work). Die Schwierigkeit der Aufgabe ist im Netz so geregelt, dass im Mittel alle 10 Minuten ein neuer Block erzeugt wird. Die Wahrscheinlichkeit erfolgreichen Mining ist proportional zur eingesetzten Rechenleistung. Dazu muss der Schwierigkeitsgrad des Mining ständig an die aktuelle Rechenleistung des Netzes angepasst werden. Der proof-of-work Algorithmus läuft in folgenden Schritten ab. Der dabei verwendete Schwellenwert ist umgekehrt proportional zur Mining-Schwierigkeit [22]:

1. Block initialisieren, Root-Hash aus Transaktionen berechnen
2. Hashwert berechnen: h = SHA256(SHA256(block header))
3. Wenn h >= Schwellenwert, Blockheader verändern und zurück zu Schritt 2
4. Sonst (h < Schwellenwert): Gültiger Block gefunden, Berechnung stoppen und Block veröffentlichen.

▶ Der *Mining-Schwierigkeitsgrad* ist ein Maß dafür, wie schwierig es ist, einen Hashwert kleiner als eine gegebene Zielvorgabe (target) zu finden. Das Bitcoin-Netzwerk hat eine globale Block-Schwierigkeit:

$$\text{difficulty} = \text{difficulty\_1\_target}/\text{current target}$$
$$(\text{Target ist eine Zahl mit 256 bit.})$$

Der Schwierigkeitsgrad wird alle 2016 Blocks angepasst – passend zur Zeit, um sie zu finden.

Mit der gewünschten Rate von einem Block pro 10 Minuten benötigen 2016 Blocks genau zwei Wochen.

Zeit (2016 Blocks) > 2 Wochen ⇒ Schwierigkeitsgrad muss verkleinert werden

Zeit (2016 Blocks) < 2 Wochen ⇒ Schwierigkeitsgrad muss erhöht werden

▶ Der *Nonce-Wert* ist ein 32-bit Feld, dessen Wert derart gesetzt wird, dass der Hash (Schlüsselcode) des betreffenden Blocks mit einer Folge von Nullen beginnt. Der Rest des Felds (mit definierter Bedeutung) darf dabei nicht geändert werden:

- Da es als undurchführbar gilt, die Bitkombination des richtigen Hashs vorauszusagen, müssen viele verschiedene Hashwerte versucht werden:
- Der Hashwert wird so lange für jeden Noncewert berechnet, bis sein Hash mit der geforderten Anzahl von Nullen gefunden ist.
- Die Anzahl der geforderten Nullbits wird durch den Mining-Schwierigkeitsgrad festgelegt.
- Der sich ergebende Hash muss einen Wert kleiner als der derzeitige Mining-Schwierigkeitsgrad haben.

- Da diese iterative Berechnung Zeit und Ressourcen erfordert, beweist die Präsentation des Blocks mit dem korrekten Nonce-Wert den geforderten Arbeitsaufwand (*proof-of-work*).

Die in dem neuen Block enthaltenen Transaktionen sind zunächst nur von dem Teilnehmer bestätigt, der den Block erzeugt hat. Sie sind damit nur bedingt glaubwürdig. Wurde der Block aber von den anderen Teilnehmern ebenfalls als gültig akzeptiert, werden diese seinen Hashwert in ihre neu zu erstellenden Blöcke eintragen. Hält die Mehrheit der Teilnehmer den Block für gültig, wird die Kette ausgehend von diesem Block am schnellsten weiterwachsen. Hält sie ihn nicht für gültig, wird die Kette ausgehend vom bisher letzten Block weiterwachsen. Die Blöcke bilden also einen Baum.

Nur die vom ersten Block (Wurzel) längste in dem Baum enthaltene Kette wird als gültig betrachtet. Dadurch besteht diese Form der Buchhaltung automatisch aus denjenigen Blöcken, die die Mehrheit als gültig akzeptiert haben. Dieser erste Block, mit dem eine Kryptowährung gestartet wird, wird als Genesis-Block bezeichnet. Er ist der einzige Block, der keinen Hashwert eines Vorgängers enthält.

Das Bitcoin-Netzwerk basiert auf einer von den Teilnehmern gemeinsam mit Hilfe einer Bitcoin-Software verwalteten dezentralen Datenbank (Blockchain), in der alle Transaktionen verzeichnet sind. Anstelle von Vertrauenspersonen und Institutionen (z. B. Banken, staatliche Währungskontrolle, Notenbanken) treten rechenaufwändige und praktisch fälschungssichere Algorithmen (z. B. proof-of-work Algorithmus). Eigentumsnachweise an Bitcoin können in einer persönlichen digitalen Brieftasche gespeichert werden. Der Umrechnungskurs von Bitcoin in andere Zahlungsmittel bestimmt sich durch Angebot und Nachfrage. Hierdurch können Spekulationsblasen ausgelöst werden, was derzeit noch ein Problem für die allgemeine Akzeptanz von Bitcoin darstellt.

▶ Blockchain wird eine Einstiegstechnologie für eine dezentrale digitale Welt sein, in der Menschen als Kunden und Bürger ihre Transaktionen und Kommunikationen unmittelbar und ohne zwischengeschaltete Institutionen realisieren.

Die Perspektive dieser Technologie ist keineswegs auf Banken und Geldverkehr eingeschränkt. Denkbar sind auch zukünftige Entwicklungen, in denen andere Dienstleistungseinrichtungen und staatliche Institutionen durch Algorithmen ersetzt werden. Was auf den ersten Blick sehr basisdemokratisch wirkt, erweist sich bei näherer Analyse alles andere als demokratisch. Der Grundgedanke der Demokratie lautet, dass jeder unabhängig von seiner Stellung und seinem Ankommen nur eine Stimme hat: One man – one vote! Tatsächlich hängt z. B. bei Bitcoin die Macht der Einflussnahme aber von der Rechenpower ab, mit der ein Kunde sich bei der Realisierung eines neuen Blocks durchsetzt: Umso größer die zur Verfügung stehende Rechenpower, umso größer die Wahrscheinlichkeit und das Vertrauen, dass jemand die dazu notwendige kryptographische Aufgabe lösen und damit Sicherheit garantieren kann (proof-of-work).

Mit wachsendem Blockchain werden diese Aufgaben immer komplexer und rechenintensiver. Rechenintensität ist aber auch energieaufwendig. Dass rechenintensive Algorithmen gewaltige Energiemengen verschlingen, wird dabei kaum bedacht. Das Rechennetz von Bitcoin verbrauchte im November 2017 so viel Kilowatt pro Stunde wie das gesamte Land Dänemark. Daher können Länder mit billiger Energie und Kühlung für heiß laufende Supercomputer die meisten Bitcoins produzieren (z. B. China). Wenn nicht gegengesteuert und nachgebessert wird, verheißen solche Infrastrukturen keineswegs die Heilsversprechungen einer direkten Demokratie, sondern steigende Energieprobleme (und damit wachsende Umweltprobleme). Bei der Digitalisierung kommt es am Ende auf die Gesamtbilanz von besserer Infrastruktur, weniger Energieverbrauch, besserer Umwelt und mehr Demokratie an.

Literatur

1. Peters J, Janzing D, Schölkopf B (2017) Elements of causal inference. Foundations and learning algorithms. The MIT Press, Cambridge, S 6f
2. Vapnik VN (1998) Statistical learning theory. Wiley, New York
3. Peters et al. (Anm. 1), 6, nach Figure 1.1
4. Mooij JM, Janzing D, Schölkopf B (2013) From ordinary differential equations to structural causal models: the deterministic case. Proceedings of the 29th Annual Conference on Uncertainty in artificiaL Intelligeence (UAI), S 440–448
5. Pearl J (2009) Causality: models, reasoning, and inference. Cambridge University Press, Cambridge
6. Peters et al. (Anm. 1), 84, nach Figure 6.1
7. Peters et al. (Anm. 1), 144, nach Figure 7.1

8. Foundation Inc OEIS (2017) The on-line encyclopedia of integer sequences. http://oeis.org/A003024.2017. Zugegriffen: 24.11.2018
9. Friston K, Harrison I, Penny W (2003) Dynamic causal modelling. Neuroimage 19:1273–1302
10. Lohmann G, Erfurth K, Müller K, Turner R (2012) Critical comments on dynamic causal modelling. Neuroimage 59:2322–2329
11. Knight W (2017) The dark secret at the heart of AI. Mit Technol Rev 11:1–22
12. Mainzer K (2018) The digital and the real world. Computational foundations of mathematics, science, technology, and philosophy. World Scientific, Singapur (Kap. 7)
13. Schwichtenberg H (2006) Minlog. In: Wiedijk F (Hrsg) The seventeen provers of the World. Lecture notes in artificial intelligence, Bd. 3600. Springer, Berlin, S 151–157
14. Nipkow T, Paulson LC, Wenzel M (2002) Isabelle/HOL. A proof assistant for higher-order logic. Springer, Heidelberg
15. Mainzer K (2018) Wie berechenbar ist unsere Welt. Herausforderungen für Mathematik, Informatik und Philosophie im Zeitalter der Digitalisierung. Springer, Wiesbaden
16. Simon H (1947) Administrative behavior: A study of decision-making processes in administrative organizations. Macmillan, New York
17. Bowling M, Burch N, Johanson M, Tammelin O (2015) Heads-up holdem poker is solved. Science 347(6218):145–149
18. Brown N, Sandholm T (2017) Reduced space and faster convergence in imperfect-information games via pruning. International Conference on Machine Learning (ICML)
19. Economist Staff (2015) Blockchains: The great chain of being sure about things. The Economist 31. October
20. Narayanan A, Bonneau J, Felten F, Miller A, Goldfeder S (2016) Bitcoin and cryptocurrency technologies. A comprehensive introduction. Princeton University Press, Princeton
21. Kryptowährung. Wikipedia. https://de.wikipedia.org/wiki/Kryptow%C3%A4hrung. Zugegriffen: 24.11.2018
22. Wikipedia (2017) Bitcoin. https://de.wikipedia.org/wiki/Bitcoin. Zugegriffen: 24.11.2018

Künstliche Intelligenz und Verantwortung

Künstliche Intelligenz (KI) ist ein internationales Zukunftsthema in Forschung und Technik, Wirtschaft und Gesellschaft. Aber Forschung und technische Innovation der KI reichen nicht aus. KI-Technologie wird unsere Lebens- und Arbeitswelt dramatisch verändern. Der globale Wettstreit der Gesellschaftssysteme (z. B. Chinesischer Staatsmonopolismus, US-amerikanische IT-Giganten, europäische Marktwirtschaft mit individuellen Freiheitsrechten) wird entscheidend davon abhängen, wie wir unser europäisches Wertesystem in der KI-Welt positionieren.

12.1 Social Score und Neue Seidenstraße

Supercomputer und Machine Learning werden in Ländern wie China bereits als Schlüssel zur Weltherrschaft betrachtet. Selbst der Einsatz von Kernwaffen wird nachrangig, da die Berechnung der dazu notwendigen Datenmengen und der strategischen Planung von starken Rechnern abhängig ist. Salopp formuliert: Das Atomzeitalter war gestern; heute und morgen geht es um Digitalisierung und Künstliche Intelligenz. Carl Friedrich von Weizsäcker hatte die Verantwortung des Naturwissenschaftlers im Atomzeitalter herausgestellt [1]. Diese Frage verschärfte sich damals auf dem Hintergrund des Kalten Krieges zwischen West- und Ostblock. Heute geht es um Verantwortung im Zeitalter von Digitali-

© Springer-Verlag GmbH Deutschland, ein Teil von Springer Nature 2019
K. Mainzer, *Künstliche Intelligenz – Wann übernehmen die Maschinen?*,
Technik im Fokus, https://doi.org/10.1007/978-3-662-58046-2_12

sierung und Künstlicher Intelligenz. Bevor wir dazu in Abschn. 12.2 kommen, soll zunächst die veränderte weltpolitische Situation untersucht werden.

Hintergrundinformationen

Dass mathematische Methoden zusammen mit Computerpower militärisch entscheidend sind, wurde bereits während des 2. Weltkriegs klar. Bekannt ist die Geschichte der britischen und polnischen Mathematiker, Logiker und Kryptologen, denen die Entschlüsselung der deutschen Verschlüsselungsmaschine Enigma gelang [2]. Die Entschlüsselung hat bei der Luftschlacht um England, vor allem aber beim U-Boot-Krieg wesentlich zur Verkürzung des Krieges beigetragen. Die Verschlüsselungsmaschine Enigma (griech. Geheimnis) wurde nicht nur zur Verschlüsselung militärischer Nachrichten eingesetzt, sondern auch von anderen staatlichen Stellen des nationalsozialistischen Deutschlands. Sie betraf also bereits das, was wir heute Infrastruktur nennen. Ab 1939 arbeitete Alan Turing als Kryptoanalytiker in Bletchley Park, der Zentrale der britischen Codeknacker. Die Abläufe in einer Turingmaschine hatten Turing bei der Entwicklung seines Entschlüsselungsverfahrens inspiriert.

Strategische Planung setzt den Einsatz leistungsfähiger Prognoseinstrumente in Politik, Wirtschaft und Militär voraus. Hier spielt das Machine Learning mittlerweile eine Schlüsselrolle.

Hintergrundinformationen

Im Jahr 1965 veröffentliche der Physiker Wilhelm Fucks seinen damaligen Bestseller „Formeln zur Macht" [3]. Mit einfachen Wachstumsgleichungen wurden bemerkenswerte Voraussagen abgeleitet: China würde in absehbarer Zeit zur Supermacht aufsteigen und die USA mit Abstand verdrängen. Diese Voraussage war auf dem Höhepunkt des Kalten Kriegs, als sich USA und Sowjetunion als die beiden führenden Weltmächte hochgerüstet gegenüberstanden, nicht ohne weiteres zu erwarten. Krisenpunkte sind nach Fucks als metastabile Gleichgewichte vorausberechenbar. Bündnisse erbringen kalkulierbare Vorteile. Ausgewählte Messgrößen waren 1965 vor allem Bevölkerungswachstum, Stahl und Energieproduktion – sicher aus heutiger Sicht eine einseitige Auswahl. Aber es geht um mathematische Modelle mit Wenn-Dann-Aussagen: Wenn bestimmte Annahmen zutreffen, dann folgen mit einer bestimmten Wahrscheinlichkeit die logisch-mathematisch abgeleiteten Ereignisse. Das Buch zeigte der damaligen Nachkriegsgeneration zudem, wie völlig illusorisch die im 2. Weltkrieg von deutscher Seite verfolgte Welteroberungsideologie aufgrund der Größenverhältnisse des Landes war – ganz abgesehen von den damit verbundenen furchtbaren moralischen Verbrechen. Allerdings war der Buchtitel „Formeln zur Macht" schillernd, erinnert er doch an Nietzsches „Wille zur Macht". Die mathematischen Methoden des Buchs schienen das Gegenprogramm zu verkünden: Politiker können vieles „wollen". Im damaligen Atomzeitalter war es Einsteins Formel $E =$

mc^2, die die Welt erzittern ließ. Wer die Sprache der Mathematik nicht versteht, kann diese Welt nicht verstehen [4].

Prognose mit Big Data scheint sich zunächst harmlos und sogar nützlich anzulassen: Gesundheits- und Versicherungsunternehmen sammeln große Mengen von Daten über sportliche Betätigungen, Ernährung und Alkoholkonsum, um so wahrscheinliche Behandlungskosten oder sogar Todeszeitpunkte vorauszuberechnen. In den USA werden Prognosesysteme eingesetzt, um für Strafgefangene eine mehr oder weniger günstige Sozialprognose abzugeben, um sie auf Bewährung entlassen zu können. Dazu werden gewaltige Datenbanken mit den Daten auf Bewährung entlassener Gefangener angelegt, um mit Big Data Algorithmen statistische Muster und Korrelationen über sozial günstiges Verhalten zu extrahieren.

Was in China unter dem Titel „Social Score" ab 2020 realisiert sein soll, ist allerdings noch einmal von einer ganz anderen Dimension [5]: Alle Bürgerinnen und Bürger sollen in einer totalen Bewertung ihres sozialen Verhaltens erfasst werden. Nun kennen wir in Deutschland bereits die berüchtigten „Punkte in Flensburg", mit denen Verkehrssünden geahndet werden. Schriften und Leistungen von Hochschullehrern und Forschern werden international mit sogenannten Impactfaktoren bewertet, die z. B. bei Berufungen herangezogen werden. Viele regen sich über Daten einer Gesundheitskarte auf. Aber Social Score à la Chinoise bewertet alles und jedes in einem öffentlichen Punktesystem, das über Kredite und Wohnungsvermietung ebenso entscheiden kann wie über berufliche Beförderungen oder staatliche Vergünstigungen. Am Ende könnte man ein mehr oder weniger gesellschaftlich wertvoller Mensch sein, dessen Leben im Alter sich mehr oder weniger großer Pflegeunterstützung erfreuen dürfte.

Die National Security Agency (NSA) der USA möchte dem natürlich nicht nachstehen und versucht bereits das Verhalten eines Politikers in einer Krise mit Millionen von Gleichungen zu berechnen. Die einzelnen Gleichungen sind in der Regel keineswegs kompliziert, sondern linear und beziehen sich auf die einzelnen gemessenen Verhaltensparameter. Aber es ist die Masse dieser Daten, die Supercomputer stundenlang rechnen lässt. Hier setzt die chinesische Regierung an und will ihre Supercomputer Tianhe bis 2020 fertiggestellt haben, um die Rechenzeit des derzeit schnellsten Rechners Summit aus den USA mit 1,5 Trillionen Rechenschritte pro Sekunde auf 3 Trillionen zu verdoppeln [6].

Mit dieser Technologie soll es dann möglich sein, das Verhalten einzelner Bürger auf der Grundlage ihres Social Score in wenigen Sekunden vorauszusagen. Die Effizienz soll noch dadurch gesteigert werden, dass die notwendigen linearen Gleichungen auf einen Umfang von weniger als eine Million gesenkt werden sollen. Der Ehrgeiz von politischer Führung, Militär und Nachrichtendienste richtet sich nicht nur auf Innenpolitik, sondern auch Außenpolitik: Am Ende möchte man künftige Krisen rechtzeitig erkennen und voraussagen, um den Staat innen- und außenpolitisch zu kontrollieren und stabilisieren. Dahinter stehen keineswegs die bekannten Horrorvorstellungen eines Big Brothers, der finstere Ausbeutungsstrategien der Masse zu Gunsten von wenigen anstrebt. Vielmehr geht es um einen hochentwickelten Wohlfahrtsstaat, der aber die Destabilisierung und Krisenanfälligkeit westlicher Demokratien vermeiden will [7].

> ► Diese Art von „Weltrevolution" soll auch keineswegs in einem Gewaltakt eingeführt werden. Im globalen Wettstreit werden vielmehr, so kalkuliert man, die Bürgerinnen und Bürger westlicher Demokratien die Vorteile stabiler und effizienter Technokratien erkennen und übernehmen.

Tatsächlich, so wird hier angenommen, werden Bürgerinnen und Bürger auch nicht im traditionellen Sinn von einer politischen Führung „gelenkt". Vielmehr steuert sich eine solche Gesellschaft aufgrund des „objektiv erhobenen, algorithmisch perfekt berechneten und sozial anerkannten" Social Score selber. Es sei ja schließlich keine „Partei" von fehleranfälligen Menschen, die lenkt und steuert, sondern ein Netz intelligenter Algorithmen. Was sich heute bereits im autonomen Fahren ankündigt, wo Millionen von Verkehrstoten durch Automatisierung vermieden werden, soll sich dann im großen politischen Stil fortsetzen.

Hintergrundinformationen

Was aus westlicher Perspektive schockieren mag und als technokratische Allmachtsphantasie (noch?) abgelehnt wird, fällt in Asien auf einen kulturell unterschiedlichen Resonanzboden. In einer über Jahrhunderte konfuzianisch geprägten Gesellschaft ist es keineswegs fremdartig, dass jedes Mitglied der Gesellschaft je nach Verdiensten und Verfehlungen einen Rang, also Social Score, nach allgemein anerkannten Tugenden einnimmt. Die konfuzianische Tugendethik setzt keineswegs individuelle Freiheitsrechte an die Spitze der Wertehierarchie, sondern das Allgemeinwohl, dem alle nach ihren Verdiensten zu dienen haben [8–10]. Das wird als vernünftig angesehen und hat z. B. China im Unterschied zu seinen Nachbarvölkern über Jahrhunderte Stabilität garantiert. Machine Learning, Big Data und Berechenbarkeit werden als Chancen moderner Technologie gesehen, um in dieser Tradition fortzufahren.

Die dazu notwendigen Prognosesysteme sind nicht nur für chinesische Softwarehäuser ein gutes Geschäft. Auch die großen amerikanischen Internet-Konzerne wie Google, Facebook und Amazon wittern ökonomisch lukrative Anwendungsmöglichkeiten für Gesundheitssysteme, Regierungsbehörden und Unternehmen ihrer Länder. Das Silicon Valley wird zwar noch als Kaderschmiede der weltweiten Künstlichen Intelligenz gehandelt. Es könnte sich aber ergeben, dass am Ende China (wie von Wilhelm Fucks 1965 auf anderer Grundlage vorausgesagt) das Rennen machen wird: Das Social Core Programm wird als strategisches Gesamtprojekt dieses riesigen Landes in einem straffen Zeitplan mit einem gewaltigen Kapitalaufwand durchgesetzt, dem sich alle unternehmerischen und technologischen Interessen unterzuordnen haben. Dabei wird aus chinesischer Sicht die zunehmende Unfähigkeit westlicher Demokratien bemerkt, große Strukturprojekte durchzusetzen. Daher muss Europa zeigen, dass es selber eine globale IT- und KI-Strategie hat und nicht im lokalen Parteien- und Ländergezänk verfällt. Einzelne europäische IT- und KI-Trendsetter wie z. B. das kleine Estland als Leuchtturm reichen dazu nicht aus.

▶ Die Schlüsselfrage im globalen Wettstreit der Künstlichen Intelligenz lautet, ob eine KI-Technokratie mit (z. B. chinesischem) Staatskapitalismus und konfuzianischer Ethik sich gegen westliche Marktwirtschaft und Demokratie durchsetzt, in der KI-Systeme als Dienstleistung individueller Freiheitsrechte verstanden werden.

Der erste Systemwettstreit fand im Kalten Krieg statt, als marktwirtschaftliche Demokratien gegen kommunistische Zentralverwaltungswirtschaft antraten. Dabei ging es um militärische Vorherrschaft, um das jeweilige politische und wirtschaftliche System auszuweiten. In der Endphase des Ostblocks wurde bereits in den hochentwickelten Ländern wie z. B. der DDR massiv auf kybernetische Modelle und Rechnertechnologie gesetzt. Aber die mangelnde Effizienz des Wirtschaftssystems verbunden mit der Restriktion seiner Bürger führt schließlich zur Implosion. Gleichzeitig zeichnete sich in den westlichen Demokratien und Marktwirtschaften ein Wettstreit um Standortvorteile ab: Wer hat das bessere Steuer-, Lohn-, Sozial- und Bildungssystem, um bessere Chancen für Innovation und Investition zu bieten? Dieser Wettstreit der westlichen Länder untereinander hält an.

Überlagert werden die lokalen Auseinandersetzungen vom neuen globalen Wettstreit westlicher Demokratien mit einem technokratischen Staatskapitalismus, der nicht nur in China anzutreffen ist, sondern teilweise auch in Russland und kleineren asiatischen Staaten wie Vietnam. Im Unterschied zum ersten globalen Wettstreit haben Länder wie China nun marktwirtschaftliche Elemente wie privates Unternehmertum und freie Preisbildung eingebaut. Unter den weltweit 500 größten Unternehmen im Jahr 2018 sind 103 Firmen aus China, allerdings mit Mehrheitsbeteiligung des Staates bei 73 Firmen. Auch der Bankensektor ist weitgehend unter staatlicher Kontrolle. Während aber westliche Demokratien von Wahlperioden, Regierungswechsel und damit verbundenen Krisen und Destabilisierungen abhängig sind, können Länder wie China langfristig große Innovations- und Infrastrukturprojekte (wie Künstliche Intelligenz) durchsetzen.

Der Aufstieg Chinas gelang zunächst mit Importen billiger Konsumgüter, die im Westen zum Verlust von Arbeitsplätzen führten. Andererseits öffnete China neue Absatzmärkte für deutsche Schlüsseltechnologie wie z. B. Automobil-, Motorindustrie und Elektrotechnik. China ist mittlerweile der wichtigste Handelspartner des Exportlandes Deutschland. Außenhandelsüberschüsse machten China zu einem reichen Land, das in einem nächsten Schritt dazu übergehen konnte, Schlüsselindustrie (z. B. Robotik, Elektromobilität, Biotechnologie) in westlichen Ländern einzukaufen und damit das entsprechende Know-how zu erwerben. Hierzu gehört ein Strategieprojekt globalen Ausmaßes, das den Anspruch Chinas seit Jahrhunderten als Land der Mitte erneut unterstreicht – die Seidenstraße.

Im Projekt der Neuen Seidenstraße sollen alte Handelsstraßen zwischen China und Europa zu Infrastrukturen mit Energie-, Kommunikations- und Informationsnetzen, Eisenbahnlinien, Häfen und Straßen ausgebaut werden [11]. China investiert in diese Infrastrukturnetze, zu der die jeweiligen Anliegerstaaten nicht fähig wären. Das schafft zwar Fortschritt für diese Länder, aber auch politische Abhängigkeiten. Infrastrukturen dieses Ausmaßes lassen sich nur durch Unterstützung mit Digitalisierung und Künstlicher Intelligenz steuern. Güterverkehr und Logistik werden heute schon durch Robotik, Sensortechnik und Satellitenkommunikation unterstützt. Handels- und Kapitalströme der Neuen Seidenstraße werden wie früher auch den Transfer von Ideen, Innovation und Kultur befördern – nun mit den Mitteln der Informationstechnik und Künstlichen Intelligenz.

Um im Wettbewerb mit China zu bestehen, muss Europa zunächst auf die Öffnung des chinesischen Markts für die eigenen Produkte dringen. Das gemeinsame Plädoyer für den freien Welthandel ist gut, muss aber in beiden Richtungen fair sein. China spricht selber offiziell von einer Winwin-Situation. Nur so wird die Neue Seidenstraße auch den beiderseitigen Wohlstand sichern können.

12.2 Künstliche Intelligenz und globaler Wettstreit der Wertsysteme

Der Social Score der chinesischen KI-Technokratie setzt eine totale Datenerfassung aller Bürgerinnen und Bürger voraus. In den westlichen Demokratien stehen die Freiheitsrechte des einzelnen Individuums im Zentrum des Wertesystems. Man spricht dann von der Autonomie der Person. In der KI-Forschung redet man zwar bereits z. B. vom „autonomen" Fahren. Tatsächlich handelt es sich heute noch immer häufig nur um vorprogrammierte Fahrerassistenzsysteme. Auch im Fall des Machine Learning sind die Lernalgorithmen vom Programmierer vorgegeben, obwohl sich das System selber in gegebenen Situationen entscheiden und daraus lernen kann.

Hintergrundinformationen
Ein anderes Beispiel sind „moralische" Kriegsroboter (moral soldier), die das US-Militär entwickelt. Hintergrund ist die Erfahrung mit Soldaten, die im Zivilleben soziale Bürger waren, aber im Krieg (z. B. My Lai Massaker im Vietnam Krieg 1968) nach traumatischen Kriegserfahrungen verrohten und fürchterliche Kriegsverbrechen

beginnen. Ähnlich wie beim Autofahren, so die technische Überlegung, lassen sich menschliche Defizite bei emotionalen Belastungen vermeiden, indem verlässliche KI-Systeme zum Einsatz kommt, die sich in jedem Fall an die Regeln halten – sei es im Verkehrsrecht oder Völkerrecht.

Ein technisches System, das sich an vorprogrammierte moralische Regeln hält, ist damit selber aber noch nicht „moralisch". Auch im Fall von Lernalgorithmen haben wir es bestenfalls mit KI-Systemen zu tun, die mit trainierten Tieren oder Kleinkindern verglichen werden können. Autonomie im Sinn politischer Freiheitsrechte meint aber eine höhere Stufe:

► Autonom ist der in jeder Hinsicht selbstbestimmte Mensch, der zur Selbstgesetzgebung fähig ist.

Hintergrundinformationen

Nach Kant ist eine Handlung nur dann moralisch gerechtfertigt, wenn sie Grundlage einer allgemeinen Gesetzgebung sein kann [12]. Das ist der Kerngedanke seines Kategorischen Imperativs: Die Regel (Kant: „Maxime") meiner Handlung muss verallgemeinerungsfähig sein. Mein Recht endet dort, wo das Recht des anderen beginnt. Dringe ich in den Freiraum des anderen ein, so ist diese Handlung nicht verallgemeinerungsfähig: Sie würde unweigerlich den Krieg aller gegen alle nach sich ziehen. Die Maxime meiner Handlung müsste also im Prinzip die Grundlage eines allgemeinen Gesetzes sein können, das z. B. der Deutsche Bundestag beschließt. In diesem Sinn bedeutet Autonomie die Fähigkeit zur „Selbstgesetzgebung".

Technisch lässt sich nicht ausschließen, dass eine Künstliche Intelligenz eines Tages auch zur „Selbstgesetzgebung" fähig ist, d. h. sie gibt sich ihre Gesetze als Programme selber: Sie programmiert sich selbst! In der Gewaltenteilung westlicher Demokratien ist die Gesetzgebung das Recht des Parlaments (d. h. legislative Gewalt), das von der Bevölkerung eines Landes in freien Wahlen gewählt wurde. In Abschn. 10.3 war bereits von einer Superintelligenz die Rede, die den besseren Überblick über globale Situationen hat als der einzelne Mensch. In diesem Fall hätten wir allerdings unsere Autonomie aufgegeben. KI wäre nicht länger nur Dienstleistungssystem; mit den Worten von Hegel wäre KI nicht länger „Knecht", sondern „Herr".

Spätestens an dieser Stelle stellt sich die Frage nach der Verantwortung im Zeitalter der Digitalisierung und Künstlicher Intelligenz grundsätzlich. Der Verantwortungsbegriff hat eine lange rechtliche und philosophische Tradition [13].

▶ Unter Verantwortung versteht man im Allgemeinen die Pflicht einer handelnden Person (bzw. Personengruppe) gegenüber einer anderen Person (bzw. Personengruppe) aufgrund eines Anspruchs, der durch eine Instanz (z. B. Institution, Staat, Gesellschaft) erhoben wird.

Erste Unterscheidungskriterien sind z. B. kausale Verantwortung mit Blick auf die Verursachung (z. B. Programmierfehler eines Programmierers), Rollenverantwortung mit Blick auf eine Aufgabe (z. B. Lehrer für seine Schulklasse), Fähigkeitenverantwortung mit Blick auf die Erfüllbarkeit (z. B. ein Mediziner bei einem Unfall) und Haftungsverantwortung, die von der Verursachung abweichen kann (z. B. „Eltern haften für ihre Kinder") [14]. Die Feststellung der kausalen Verantwortung ist nicht normativ, sondern beruht auf empirischen Erkenntnissen. Sie ist das zentrale Problem bei den „Black Boxes" neuronaler Netze, von denen in Abschn. 11.1 die Rede war.

In Haftungsfragen werden juristische Personen (z. B. Unternehmen) als verantwortliche Handlungssubjekte behandelt. Strafrechtliche Verantwortung für Institutionen gibt es jedoch nach deutschem Recht (im Unterschied z. B. zum US-amerikanischen Recht) nicht. Wenigstens moralisch wird aber Unternehmen auch Verantwortung zugeschrieben. Man spricht dann von Corporate Governance und Corporate Social Responsibility.

Juristisch wird Verantwortung als die Pflicht einer Person verstanden, für ihre Entscheidungen und Handlungen nach festgelegten Vorschriften Rechenschaft (engl.: accountability) ablegen zu müssen. Formal bezieht sich also Recht nicht auf moralische oder religiöse Verantwortung (z. B. Gewissen), sondern („positivistisch") auf die Verletzung von Rechtsvorschriften, die durch ein Gericht festgestellt wird. Damit ist Verantwortung im juristischen Sinn immer an empirische Fakten gebunden. Deshalb ist die Forderung nach mehr Erklärbarkeit von kausalen Abläufen im Machine Learning von grundlegender Bedeutung für die Klärung rechtlicher Verantwortung (vgl. Abschn. 11.1).

Juristisch unterscheidet man bei der *Rechenschaftspflicht* (accountability) z. B. folgende Aspekte [15]:

a) Mit *Handlungsverantwortung* wird die Rechenschaftspflicht hinsichtlich der Art der Aufgabendurchführung bezeichnet.

b) Mit *Ergebnisverantwortung* wird die Rechenschaftspflicht hinsichtlich der Zielerreichung bezeichnet.

c) Mit *Führungsverantwortung* wird die Rechenschaftspflicht hinsichtlich der wahrgenommenen Führungsaufgaben, auch bei der zugehörigen Fremdverantwortung, bezeichnet.

Im Recht bezieht sich Verantwortung nicht nur auf Personen, sondern auch auf Sachgüter (z. B. Computer) und auf Anforderungen eines Eigentümers, Treuhänders oder Mieters. Mit zunehmendem Grad von Autonomie intelligenter Systeme (vgl. Arbeitsdefinition von KI in Kap. 1) stellt sich die Frage, bis zu welchem Grad z. B. Roboter noch als Sachgüter behandelt werden können oder ob wir rechtlich bereits Zwischenbereiche zwischen Sachgütern und Personen berücksichtigen müssen. Das Tierrecht zeigt, wie wenig angebracht die traditionelle Unterscheidung von Sache und Person ist, wenn wir moderne Erkenntnisse der Evolutionsbiologie und Kognitionspsychologie zugrunde legen: Tiere sind leidensfähige Lebewesen und keine „Sachen", andererseits aber noch keine „Personen" [16, 17].

Künstliche Intelligenz unterliegt ohne Zweifel dem Prinzip der Verantwortung: Erst der Mensch sollte bestimmen, wie sie eingesetzt wird. Spezialisierung und die damit wachsende Komplexität technischer, sozialer und ökologischer Zusammenhänge führen jedoch zu einer Diffusion von Verantwortung: Der Einzelne ist verstärkt auf die Informationen bzw. Einschätzungen anderer Experten angewiesen. Als Folge ergibt sich die Notwendigkeit der institutionellen Zuschreibung von Verantwortung durch gesetzliche oder vertragliche Bestimmungen, z. B. im Haftungsrecht, und/oder die Zuschreibung der Verantwortung auf kollektive Akteure wie z. B. Unternehmen und Verbände. Allerdings begünstigt die Diffusion von Verantwortung auch klare Rechtsverstöße und Missbrauch von Technik, die in der Öffentlichkeit zu Empörung und Verunsicherung führen. Sicherheit und Vertrauen in Technik sind aber Voraussetzung für die Zukunftsfähigkeit unseres Landes.[1]

---

[1] Die Deutsche Akademie für Technikwissenschaften (acatech) hat 2018 das Arbeitsprojekt „Verantwortung" eingerichtet, um aktuelle Fälle interdisziplinär aus technischer, ökonomischer, rechtlicher und ethischer Sicht aufzuarbeiten und zu bewerten. Der VDI hatte bereits einen Normenkatalog für ingenieurwissenschaftliche Verantwortung vorgelegt.

Mit Blick auf komplexe KI-Systeme und KI-Infrastrukturen ist der Verantwortungsbegriff zu erweitern. Systemtheoretisch muss neben individueller Verantwortung auch kollektive und kooperative Verantwortung analysiert werden. Dabei sollte Verantwortung auch denjenigen zugeschrieben werden können, die für das Design von KI-Systemen (z. B. Industrie 4.0), die Entstehung von Schnittstellen und den Einsatz der Infrastruktur zuständig sind. Hierbei sind die Grade der Einwirkungsmöglichkeit zu bemessen.

Die Verantwortung für die Zukunft erfordert es, Risiken frühzeitig zu erkennen und zu bewerten. In der Verantwortungsdebatte der Zukunft wurde insbesondere von Hans Jonas das Gebot herausgestellt, solche Handlungen zu unterlassen, die eine existenzielle Gefährdung der Umwelt oder künftiger Generationen nach sich ziehen könnten [18]. Das trifft insbesondere für Künstliche Intelligenz zu. Niemand kann allerdings zukünftige Innovationen wie der Astronom die Stellung eines Planeten voraussagen. Daher haben wir statt Technologiefolgenabschätzung in Abschn. 10.4 die Forderung der Technikgestaltung erhoben. Sie muss verbunden sein mit frühzeitiger Bildung und Ausbildung.

▶ Dazu wird gefordert, das Thema von Ethik und Verantwortung in allen Studiencurricula einer Hochschule, die mit KI-Themen befasst sind, in passenden Lehrformaten abzubilden. Erforderlich ist, den Studierenden aller Fakultäten, die sich mit KI-Themen beschäftigen, in ihren Studiencurricula Raum zu geben, um sich mit den ethischen Fragen der Verantwortung ihrer KI-Forschung beschäftigen zu können. Die Frage der ethischen Verantwortung muss bereits im Studium integriert sein, so wie später ethisch-gesellschaftliche Fragen bereits in der Forschung und Technikentwicklung berücksichtigt werden sollten. Nur so gelingt nachhaltige Technikgestaltung.

Umfang und Inhalt der ethischen Studienformate in den mit KI befassten Studiengängen sollte mit den Studiengangskoordinatoren abgesprochen werden. Die Inhalte müssen neben allgemeinen Grundsätzen an die konkreten ethischen Verantwortungsfragen der einzelnen KI-Studiengänge in Informatik, Ingenieur- und Naturwissenschaften, Medizin und Wirtschaftswissenschaften anschließen.

Ethik sollte also nicht als Innovationsbremse missverstanden werden. Sensibilisierung für Ethik und Verantwortung fördern vielmehr Innovationsvorteile wie z. B. größere Rechtssicherheit und soziale Akzeptanz von KI-Forschung in der Gesellschaft. Im Zentrum steht die internationale Herausforderung, wie KI-Systeme als Dienstleistung von demokratischen Gesellschaften verstanden werden sollen, die sich weiterhin auf ihre individuellen Freiheits- und Menschenrechte berufen wollen. International wird dadurch der Standortvorteil von Deutschland gestärkt: Deutschland sollte nicht nur in der KI-Innovation stark sein, sondern auch die gesellschaftlichen Verantwortungsfragen berücksichtigen.

▶   Europa muss nicht nur führend in der KI-Innovation (z. B. an der Schnittstelle von Machine Learning und Industrie in Industrie 4.0) sein, sondern ein damit verbundenes attraktives gesellschaftliches Umfeld aufbauen. Schutz von individuellen Freiheitsrechten und sichere Sozialsysteme in einer Marktwirtschaft bleiben auch im Zeitalter von Digitalisierung und Künstlicher Intelligenz hohe Güter, die von allen Menschen weltweit erkannt und wertgeschätzt werden.

Literatur

1. von Weizsäcker CF (1978) Die Verantwortung der Wissenschaft im Atomzeitalter, 6. Aufl. Vandenhoeck & Ruprecht, Göttingen
2. Hinsley FH, Stripp A (1993) Codebreakers – the inside story of Bletchley park. Oxford University Press, Reading
3. Fucks W (1965) Formeln zur Macht. Prognosen über Völker, Wirtschaft, Potentiale, 3. Aufl. Deutsche Verlagsanstalt, Stuttgart
4. Mainzer K (2014) Die Berechnung der Welt, von der Weltformel zu Big Data. C. H. Beck, München
5. Planning Outline for the Construction for a Social Credit System (2014–2020). China Copyright and Media. 14. Juni 2014 (wordpress.com)
6. Yonxiang Lu (Editor-in-Chief) (2010) Science & technology in China: a roadmap to 2050. Strategic general report of the Chinese academy of sciences, Beijing (science press). Springer, Heidelberg
7. Chunli BAI (Hrsg) (2014) Vision 2020: emerging trends in science and technology and strategic option of China. Bulletin of the Chinese Academy of Sciences (BCAS), Bd. 28 no.1

8. Konfuzius (2007) Das Große Lernen = Da Xue. Chinese Text Project. http://ctext.org/analects. Zugegriffen: 18. Jan. 2016

9. Huang C (2009) Konfuzianismus: Kontinuität und Entwicklung. transcript Verlag, Bielefeld

10. Hayes LD (2012) Political systems of east Asia. China, Korea and Japan. Routledge, New York

11. Hartmann WD, Maenning W, Run Wang (2017) Chinas Neue Seidenstraße. Kooperation statt Isolation – Der Rollentausch im Welthandel. Frankfurter Allgemeine Buch, Frankfurt

12. Kant I (1900) Ausgabe der Preußischen Akademie der Wissenschaften. Berlin, AA IV, 421: „Handle nur nach derjenigen Maxime, durch die du zugleich wollen kannst, dass sie ein allgemeines Gesetz werde."

13. Nida-Rümelin J (2011) Verantwortung. Reclam, Stuttgart

14. Hart HL (1968) Punishment and responsibility. Essays in the philosophy of law. Oxford University Press, Oxford

15. Baumgartner HM, Eser A (Hrsg) (1983) Schuld und Verantwortung: philosophische und juristische Beiträge zur Zurechenbarkeit menschlichen Handelns. Mohr, Tübingen, S 136

16. Zech H (2012) Information als Schutzgegenstand. Mohr Siebeck, Tübingen

17. Mainzer K (2016) Information: Algorithmus-Wahrscheinlichkeit-Komplexität-Quantenwelt-Leben-Gehirn-Gesellschaft. Berlin University Press, Berlin, S 172

18. Jonas H (1979) Das Prinzip Verantwortung. Versuch einer Ethik für die technologische Zivilisation. Suhrkamp, Frankfurt am Main

Weiterführende Literatur

Arora S, Barak B (2009) Computational Complexity. A Modern Approach. Cambridge University Press, Cambridge

Bibel W (2000) Intellectics and Computational Logic. Kluwer Acad. Publ., Dordrecht, Boston, London

Bishop CM (2006) Pattern Recognition and Machine Learning. Springer, New York

Boersch I, Heinsohn J, Socher R (2007) Wissensverarbeitung. Eine Einführung in die Künstliche Intelligenz für Informatiker und Ingenieure, 2. Aufl. Spektrum Akademischer Verlag, Heidelberg

Bostrom N (2014) Superintelligenz. Szenarien einer kommenden Revolution. Suhrkamp, Berlin

Brynjolfsson E, McAfee A (2015) The Second Machine Age, 2. Aufl. Plassen Verlag, Kulmbach

Braitenberg V (1986) Künstliche Wesen. Verhalten kybernetischer Vehikel. Vieweg+Teubner Verlag, Braunschweig

Brooks RA (2005) Menschmaschinen. Campus Sachbuch, Frankfurt

Ertel W (2013) Grundkurs Künstliche Intelligenz. Eine praxisorientierte Einführung, 3. Aufl. Springer Vieweg, Wiesbaden

Fogel DB (1995) Evolutionary Computation: Towards a New Philosophy of Machine intelligence. Wiley-IEEE Press, Piscataway N.J.

Glymour C, Scheines R, Spirtes P, Kelley K (1987) Discovering Causal Structures. Artificial Intelligence, Philosophy of Science, and Statistical Modeling. Academic Press, Orlando

Görz G, Schneeberger J (Hrsg) (2003) Handbuch der Künstlichen Intelligenz, 4. Aufl. Oldenbourg, München

Hall JS (2007) Beyond AI: Creating the Conscience of the Machine. Prometheus Books, Amherst

Hausser R (2014) Foundations of Computational Linguistics: Human-Computer Communication in Natural Language, 3. Aufl. Springer, Berlin

Holland J (1975) Adaption in Natural and Artificial Systems. University of Michigan Press, Ann Arbor

© Springer-Verlag GmbH Deutschland, ein Teil von Springer Nature 2019

K. Mainzer, *Künstliche Intelligenz – Wann übernehmen die Maschinen?*,

Technik im Fokus, https://doi.org/10.1007/978-3-662-58046-2

Hopcroft JE, Motwani R, Ullman J (2001) Introduction to Automata Theory, Langua-
ges, and Computation. Addison Wesley, Readings
Hromkovic J (2011) Theoretische Informatik. Formale Sprachen, Berechenbarkeit,
Komplexitätstheorie, Algorithmik, Kommunikation und Kryptographie, 4. Aufl.
Vieweg Teubner, Wiesbaden
Jerison HJ (Hrsg) (1988) The Evolutionary Biology of Intelligence. Springer, New
York
Kaku M (2013) Die Physik der Zukunft. Unser Leben in 100 Jahren. Rowohlt Ta-
schenbuch Verlag, Reinbek b. Hamburg
Kasabov N (Hrsg) (2000) Future Directions for Intelligent Systems and Informa-
tion Sciences. The Future of Speech and Image Technologies, Brain Computers,
WWW, and Bioinformatics. Physica, Heidelberg
Koza JR et al (2003) Genetic Programming IV: Routine Human-Competitive Machine
Intelligence, 2. Aufl. Springer, Norwell (Mass.)
Knoll A, Christaller T (2003) Robotik. Fischer Taschenbuch Verlag, Frankfurt
Lämmel U, Cleve J (2008) Künstliche Intelligenz, 3. Aufl. München
LMU-Forschungsverbund: Intelligente Infrastrukturen und Netze (2014) In-
formations- und Kommunikationstechnologien als Treiber für die Konvergenz In-
telligenter Infrastrukturen und Netze. Studie im Auftrag des Bundesministeriums
für Wirtschaft und Energie (Projekt-Nr. 39/13)
Lunze J (2010) Künstliche Intelligenz für Ingenieure, 2. Aufl. Oldenbourg Wissen-
schaftsverlag, München
Mainzer K (1994) Computer – Neue Flügel des Geistes? Die Evolution computerge-
stützter Technik, Wissenschaft, Kultur und Philosophie. De Gruyter, Berlin/New
York
Mainzer K (1997) Gehirn, Computer, Komplexität. Springer, Berlin
Mainzer K (2003) KI – Künstliche Intelligenz. Grundlagen intelligenter Systeme.
Wissenschaftliche Buchgesellschaft, Darmstadt
Mainzer K (2010) Leben als Maschine? Von der Systembiologie zur Robotik und
künstlichen Intelligenz. Mentis, Paderborn
Mainzer K, Chua L (2011) The Universe as Automaton. From Simplicity and Sym-
metry to Complexity. Springer, Berlin
Mainzer K, Chua L (2013) Local Activity Principle. Imperial College Press, London
Mainzer K (2014) Die Berechnung der Welt. Von der Weltformel zu Big Data. C.H.
Beck-Verlag, München
Mainzer K (2016) Information: Algorithmus-Wahrscheinlichkeit-Komplexität-
Quantenwelt-Leben-Gehirn-Gesellschaft. Berlin
Mainzer K (2018) Wie berechenbar ist unsere Welt. Herausforderungen für Mathe-
matik, Informatik und Philosophie im Zeitalter der Digitalisierung. Wiesbaden
Mainzer K (2018) The Digital and the Real World. Computational Foundations of
Mathematics, Science, Technology, and Philosophy. Singapur
Metzinger T (Hrsg) (2009) Grundkurs Philosophie des Geistes, 2. Aufl. Mentis Verlag
GmbH, Paderborn (3 Bde.)

Minsky M (2006) The Emotion Machine: Commonsense Thinking, Artificial intelligence, and the Future of the Human Mind. Simon & Schuster, New York

Mittelstrass J (Hrsg) (2004) Enzyklopädie Philosophie und Wissenschaftstheorie. Metzlersche J.B. Verlagsb, Stuttgart (4 Bde.)

Moravec HP (1990) Mind Children. Der Wettlauf zwischen menschlicher und künstlicher Intelligenz. Hoffmann und Campe, Hamburg

Murphy KP (2012) Machine Learning: A Probabilistic Perspective. Adaptive Computation and Machine Learning. The MIT Press, Cambridge (Mass.)

Nilson NJ (2009) The Quest for Artificial Intelligence: A History of Ideas and Achievements. Cambridge University Press, New York

Penrose R (2001) Computerdenken: Die Debatte um Künstliche Intelligenz, Bewusstsein und die Gesetze der Physik. Heidelberg

Peters J, Janzing D, Schölkopf B (2017) Elements of Causal Inference. Foundations and Learning Algorithms. Cambridge (Mass.)

Pfeifer R, Scheier C (2001) Understanding Intelligence. Bradford Books, Cambridge (Mass.)

Picard RW (1997) Affective Computing. MIT Press Ltd, Cambridge (Mass.)

Ritter H, Martinetz T, Schulten K (1991) Neuronale Netze. Addison Wesley, Bonn

Russel l S, Norvig P (2004) Künstliche Intelligenz: Ein moderner Ansatz. Pearson Studium, München

Shapiro SC (Hrsg) (1992) Encyclopedia of Artificial Intelligence, 2. Aufl. New York

Shulman C (2010) Whole Brain Emulation and the Evolution of Superorganisms. The Singularity Institute, San Francisco, CA

Siegert H, Norvig P (1996) Robotik: Programmierung intelligenter Roboter. Springer, Berlin

Sutton R, Barto A (1998) Reinforcement-Learning: An Introduction. A Bradford Book, Cambridge (Mass.)

Schwichtenberg H, Wainer SS (2012) Proofs and Computations. Cambridge University Press, Cambridge

Vapnik VN (1998) Statistical Learning Theory. New York (NY)

Wegener I (2003) Komplexitätstheorie. Grenzen der Effizienz von Algorithmen. Springer, Berlin

Zöller-Greer P (2010) Künstliche Intelligenz. Grundlagen und Anwendungen. Dornstetten, Composia Verlag GbR

Personenverzeichnis

Sachverzeichnis

Printed in the United States
By Bookmasters